JN320352

# 機能性不織布
## ―原料開発から産業利用まで―

# Nonwovens
## ―from the raw material development to industrial use―

監修：日向　明

シーエムシー出版

# はじめに

　わが国の不織布業界は現在重要なターニングポイントにさしかかっているといえる。本文中で詳しく述べるが，従来右肩上がりを続けた生産が2000年をピークに足踏みをしている。周囲からは「不織布よ，おまえもか？」の声が聞こえてくる。果たしてそうなるのかは当業界に関連する人々の対応如何であろう。

　わが国の不織布を見ると一般産業界の裾の広さのお陰で非常に幅広い展開がなされている。それに伴い末端商品へのきめの細かい対応が不織布でもなされている。このことは何でも良いから多く作ろうと言う世界ではなく，これからも競争力を無くさない要因になる。ニーズに対応する力がわが国では強いのではないだろうか。例えば乾いた雑巾すら絞る自動車業界に対応してゆくためには，単なる値下げの話ではなく，異なる提案ができるかである。企業の苦しみながらの対応はまた業界の強さを物語っている。

　今ひとつはシーズである。わが国の技術の広がりは色々な情報を元に新しいものを生み，それが需要に繋がってゆく。例えば繊維などでも次々に新しい機能を付加されたものが市場に出されおり，これがまた新しい不織布の誕生になっている。

　本書は1997年に出版された「機能性不織布の最新技術」(シーエムシー出版)に繋がるものである。その後の技術発展あるいは前回触れなかったものを中心に現在業界が直面している興味深い世界をそれぞれの専門の立場より解説あるいは論議していただいたものであり，私としても執筆された方々のご努力に深謝する次第である。

　わが国の輸出不織布の平均単価は輸入単価の3.6倍となっている(2002年重量ベース)。このような姿を取れることは非常に大きな強みであり，日本の特徴を出していると言えよう。現在，不織布の次のドライビングフォースなるものを世界は真剣に探している。そうすることに我々も人後に落ちるものではないが，わが国としてはさらに日本の強みを生かすことが必要である。

　本書が原反メーカー・加工業者・原材料業者・機械メーカー・商社など不織布に直接関係する人々，また展開された各用途の中で間接に不織布と関係する人々にとって何らかの発想の種を提供し，それが業界の利につながり，わが国の不織布産業の隆盛へ広がるならばこれに過ぎたる喜びはない。

2004年5月

　　　　　　　　　　　　　　　　　　　　　　　　　　　　日向　明

## 普及版の刊行にあたって

本書は2004年に『機能性不織布の新展開』として刊行されました。普及版の刊行にあたり，内容は当時のままであり加筆・訂正などの手は加えておりませんので，ご了承ください。

2009年11月

シーエムシー出版　編集部

## 執筆者一覧（執筆順）

| | |
|---|---|
| 日向　　明 | 日本不織布協会　関西支部　支部長 |
| 松尾　達樹 | SCI-TEX　代表 |
| 谷岡　明彦 | 東京工業大学大学院　理工学研究科　有機・高分子物質専攻　教授 |
| 夏原　豊和 | 東洋紡績㈱　AP事業部　主席部員 |
| 鶴海　英幸 | 日本エクスラン工業㈱　研究開発部 |
| Chris Potter | (現) Lenzing Fibers Ltd. Business Manager, Business Unit Nonwoven Fibers |
| Andrew Slater | (現) Lenzing Fibers Ltd. Technical Customer Service, Business Unit Nonwoven Fibers |
| 野村　悦子 | (現)㈲ファイバーコーディネートサービス　代表 |
| 杉山　博文 | (現)東洋紡績㈱　生活・産業資材事業部　プロコン・P84グループ　部員 |
| 谷口　正博 | 三菱レイヨン・エンジニアリング㈱　プラント事業部　プラントシステム部　部長 |
| Cliff Bridges | Polymer Group,Inc.　北アメリカグループ　ディスポーザブル＆リミテッドユース・プロダクツ　マーケティングマネージャー |
| 井澤　仁美 | Polymer Group,Inc.　アジアグループ　大阪テクニカルオフィス　カスタマー・リレーションシップマネージャー |
| 大郷　耕輔 | 東京農工大学大学院　工学教育部　博士後期課程 |
| 朝倉　哲郎 | (現)東京農工大学　工学部　生命工学科　教授 |
| Bernd Kunze | Reifenhäuser GmbH & Co. Maschinenfabrik General Manager Nonwoven Division |

| | | |
|---|---|---|
| Michael Baumeistar | | Reifenhäuser GmbH & Co. Maschinenfabrik Technical Director Nonwoven Division |
| 吉田 雄二 | | 日立造船㈱　機械エンジニアリング事業本部　プラスチック機械営業部　部長 |
| 石橋 正年 | | 伊藤忠テクスマック㈱　繊維機械第二部<br>(現)伊藤忠システック㈱　産資機械部　マネジャー |
| 尾﨑 隆宏 | | (現)㈱ティ・ワイ・テックス　取締役常務 |
| 松井 祐司 | | 日華化学㈱　テキスタイル・ケミカル開発部　産業資材グループ　主席 |
| 大垣 豊 | | (現)日本バイリーン㈱　空調資材本部　技術部　担当部長 |
| 熊野 隆 | | 呉羽テック㈱　研究開発部　部長<br>(現) Kureha (Thailand) Co., Ltd.　Managing Director |
| 小菅 一彦 | | (現)東レ・デュポン㈱　常務理事　新事業推進室　技術統括 |
| 高安 彰 | | (現)髙安㈱　事業開拓室　室長 |
| 飯田 教雄 | | (現)ライオン㈱　研究開発本部　薬品第1研究所　所長 |
| 伝田 郁夫 | | (現)スリーエムヘルスケア㈱　安全衛生製品技術部　主任 |
| 藤岡 良一 | | (現)アンビック㈱　開発部　ディレクター |
| 田中 政尚 | | (現)日本バイリーン㈱　第一事業部　産業資材本部　技術部　部長 |
| 高瀬 俊明 | | (現)日本バイリーン㈱　第一事業部　産業資材本部　課長 |
| 西村 淳 | | (現)三井化学産資㈱　土木資材部　部長代理 |
| 鈴木 克昇 | | (現)ユニチカ㈱　岡崎事業所　不織布技術部 |
| 岡本 誉士夫 | | ダイキン工業㈱　空調生産本部　商品開発グループ　主任技師 |
| 松永 篤 | | (現)ユニチカ㈱　不織布技術部　マネージャー |

執筆者の所属表記は，注記以外は2004年当時のものを使用しております．

# 目　次

## 【総論編】

### 第1章　不織布の現況　　日向　明

1　はじめに …………………………… 3
2　不織布とは ………………………… 4
3　数字にみるわが国の不織布産業 …… 5
　3.1　わが国の不織布生産量 ………… 7
　3.2　わが国の不織布輸出入 ………… 10
4　不織布への新しい試み …………… 12
　4.1　繊維 ……………………………… 12
　4.2　製造法 …………………………… 19
　4.3　用途展開 ………………………… 22

### 第2章　不織布原料の開発

1　繊維の太さ・形状・構造の動きと不織布
　　………………………松尾達樹 … 25
　1.1　はじめに ………………………… 25
　1.2　繊維の太さ ……………………… 26
　　1.2.1　太さとその効果 …………… 26
　　1.2.2　太さを変えるための技術的手段
　　　　………………………………… 26
　　1.2.3　繊維太さに関わる技術・製品の
　　　　動向 …………………………… 28
　1.3　繊維の長さ ……………………… 28
　　1.3.1　長さとその効果 …………… 28
　　1.3.2　長さを変えるための技術的手段
　　　　………………………………… 28
　　1.3.3　長さに関わる技術・製品の動向
　　　　………………………………… 29
　1.4　繊維の巻縮 ……………………… 29
　　1.4.1　巻縮とその効果 …………… 29
　　1.4.2　巻縮を賦与するための技術手段
　　　　………………………………… 29
　　1.4.3　巻縮に関わる技術・製品の動向
　　　　………………………………… 29
　1.5　繊維の断面形状 ………………… 30
　　1.5.1　断面形状とその効果 ……… 30
　　1.5.2　断面形状を変えるための技術的
　　　　手段 …………………………… 30
　　1.5.3　断面形状に関わる技術・製品の
　　　　動向 …………………………… 31
　1.6　繊維の断面マクロ構造 ………… 31
　　1.6.1　断面マクロ構造とその効果 … 31
　　1.6.2　断面マクロ構造を変える技術的
　　　　手段 …………………………… 31
　　1.6.3　断面マクロ構造に関わる技術・

I

|  |  |  |  |
|---|---|---|---|
| | 製品の動向 ………… 31 | 4.2 | テンセル®の製造方法 ………… 54 |
| 1.7 | 繊維の表面物理化学的構造 ……… 31 | 4.3 | テンセル®加工の特性 ………… 55 |
| | 1.7.1 表面物理化学的構造とその効果 | 4.4 | 生地の物性 ……………………… 56 |
| | …………………………………… 31 | | 4.4.1 スパンレース …………… 56 |
| | 1.7.2 表面物理化学的構造を付与する | | 4.4.2 ニードルパンチ ………… 58 |
| | 技術的手段 …………………… 32 | | 4.4.3 ラテックスボンディング …… 59 |
| | 1.7.3 表面物理化学的構造に関わる | | 4.4.4 エアレイ ……………… 59 |
| | 技術・製品の動向 …………… 32 | | 4.4.5 湿式工程 ……………… 60 |
| 2 | ナノファイバーと不織布…谷岡明彦… 33 | 4.5 | 最終製品のメリット ……………… 60 |
| 2.1 | はじめに ………………………… 33 | 4.6 | おわりに ………………………… 61 |
| 2.2 | ナノファイバーの定義 …………… 33 | 5 | 耐熱性繊維と不織布………杉山博文… 62 |
| 2.3 | ナノファイバーテクノロジー …… 34 | 5.1 | はじめに ………………………… 62 |
| 2.4 | ナノファイバーの製造法 ………… 36 | 5.2 | 耐熱性繊維 ……………………… 62 |
| 2.5 | ナノファイバーの特徴 …………… 37 | | 5.2.1 長期的に耐熱性に優れる繊維 |
| 2.6 | ナノファイバーの問題点 ………… 38 | | …………………………………… 63 |
| 2.7 | ナノファイバー不織布の用途 …… 40 | | (1) ポリテトラフルオロエチレン |
| 2.8 | おわりに ………………………… 42 | | 繊維（PTFE） …………… 64 |
| 3 | ガス吸着・金属防錆繊維と不織布 | | (2) ポリイミド繊維（PI）…… 64 |
| | ………………夏原豊和, 鶴海英幸… 44 | | (3) m-アラミド繊維（PMIA）…… 65 |
| 3.1 | 開発の背景 ……………………… 44 | | (4) ポリパラフェニレンサルファ |
| 3.2 | 製品概要 ………………………… 44 | | イド繊維（PPS） ………… 65 |
| 3.3 | 製品の特長と用途例 ……………… 44 | | 5.2.2 短期的に高い耐熱性を示す繊 |
| 3.4 | 今後の展開 ……………………… 53 | | 維（難燃, 耐炎性など）……… 65 |
| 4 | TENCEL®—機能性不織布としての純 | | (1) p-アラミド繊維 ………… 65 |
| | 粋セルロース繊維……Chris Potter, | | (2) PBO繊維 ……………… 66 |
| | Andrew Slater, 野村悦子… 54 | 5.3 | 不織布用途 ……………………… 67 |
| 4.1 | はじめに ………………………… 54 | 5.4 | おわりに ………………………… 67 |

## 第3章　不織布の新製法

|  |  |  |  |
|---|---|---|---|
| 1 | スチームジェット技術による不織布の | 1.2 | SJ技術とは？ …………………… 69 |
| | 開発…………………谷口正博… 69 | 1.3 | SJ技術開発の経緯 ……………… 70 |
| 1.1 | はじめに ………………………… 69 | 1.4 | SJ装置の概要 …………………… 70 |

| | | | |
|---|---|---|---|
| 1.5 | SJ技術による加工方法の特徴 …… 71 | 2.4 | APEX®のその他の特質：強度，耐水性，均一性すべてにおいてより優れている ……………………… 78 |
| 1.6 | SJ技術を用いた新製品／新素材の開発状況の概要 ……………… 72 | | |
| 1.7 | テスト装置の概略仕様 ………… 73 | 2.5 | ハイテク繊維が最後の一線を超える ……………………………… 80 |
| 1.8 | SJ技術の今後の課題 …………… 74 | | |
| 1.8.1 | 交絡能力の向上 ………… 74 | 2.6 | 動きに合わせて動くファブリック ―Mirastretch™ファブリック … 81 |
| 1.8.2 | 前処理技術に対する検討 … 74 | | |
| 1.8.3 | 工業的生産技術の確立 ……… 74 | 2.7 | 使い捨て品や短寿命品への利用 … 82 |
| 1.8.4 | 熱融着繊維を用いた新規な不織布の製造技術の開発 ……… 75 | 2.8 | おわりに …………………………… 83 |
| | | 3 | エレクトロスピニング法 |
| 1.8.5 | 不織布製造技術以外へのSJ技術の応用展開の検討 ………… 75 | | …………大郷耕輔，朝倉哲郎… 84 |
| | | 3.1 | はじめに …………………………… 84 |
| 1.9 | おわりに ………………………… 75 | 3.2 | エレクトロスピニング法 ………… 85 |
| 2 | APEX®技術による最新素材の開発 | 3.2.1 | 概略 ………………………… 85 |
| | …………Cliff Bridges，井澤仁美… 76 | 3.2.2 | 装置 ………………………… 86 |
| 2.1 | はじめに …………………………… 76 | 3.2.3 | 実験条件と試料調整 ……… 88 |
| 2.2 | 生活における繊維素材の変遷 …… 76 | 3.3 | エレクトロスピニング法の応用 … 91 |
| 2.3 | APEX®技術による想像の具現化 … 76 | 3.4 | 今後の展望 ………………………… 93 |

# 第4章　不織布製造機器の進展

| | | | |
|---|---|---|---|
| 1 | スパンボンド―ライコフィル：ライフェンホイザー社の不織布技術― | 2.1 | はじめに …………………………… 104 |
| | | 2.2 | エアレイドとのコンビネーション |
| | ………………………… Bernd Kunze， | | ……………………………………… 104 |
| | Michael Baumeister，吉田雄二… 98 | 2.2.1 | 製造工程 ………………… 104 |
| 1.1 | はじめに …………………………… 98 | 2.3 | スパンボンドとのコンビネーション |
| 1.2 | Reicofilの使用例 ………………… 98 | | ……………………………………… 105 |
| 1.2.1 | ルーフィング ……………… 99 | 2.3.1 | スパンレイドとドライレイドの歴史的直面 ……………… 105 |
| 1.2.2 | ワイパー ………………… 101 | | |
| 1.2.3 | 衛生材料 ………………… 102 | (1) | ドライレイドの長所 ……… 105 |
| 1.3 | おわりに ………………………… 103 | (2) | ドライレイドの短所 ……… 106 |
| 2 | スパンレース製造技術の動向 | (3) | スパンレイドの長所 ……… 106 |
| | ………………………… 石橋正年… 104 | (4) | スパンレイドの短所 ……… 106 |

|       | 2.3.2 SPUNjetとは ………………… 106 |
|---|---|
|       | (1) SPUNjetの由来 ……………… 106 |
|       | (2) コストパフォーマンス ……… 106 |
|       | (3) 高生産能力 …………………… 107 |
|       | (4) 上質な製品作り ……………… 107 |
|       | (5) 典型的なSPUNjet不織布特性 |
|       | ……………………………………… 107 |
|       | (6) 目付け範囲 …………………… 107 |
|       | (7) 1：1のMD：CD比 ………… 107 |
|       | (8) 高抗張力と低エネルギー結合 |
|       | ……………………………………… 107 |
|       | (9) 嵩高性 ………………………… 108 |
|       | (10) 水処理管理……………………… 108 |
|       | (11) SPUNjetのさまざまなプラント |
|       | 構成 …………………………… 108 |
| 3 | ニードルパンチ機の動向…尾﨑隆宏… 110 |
| 3.1 | はじめに ………………………… 110 |
| 3.2 | 第1パンチ機（プレパンチ機）への |
|       | ウエブ供給 ……………………… 110 |
| 3.3 | MMD（Multi Motion Drive, マル |

チモーションドライブ）機構 …… 111
3.4　ファイバーエンタングルメントが
　　　主な機種 ………………………… 113
3.5　スパンボンドシートのニードリング
　　　…………………………………… 116
3.6　天然繊維のニードリング ……… 116
3.7　その他のニードルパンチ機 …… 116
4　不織布の後加工………………松井祐司… 119
4.1　はじめに ………………………… 119
4.2　現状：後加工の分類 …………… 119
4.3　最近の後加工剤 ………………… 120
　4.3.1　非ハロゲン難燃剤 …………… 121
　4.3.2　消臭剤 ………………………… 121
　4.3.3　水系ウレタン樹脂 …………… 121
　4.3.4　マイナスイオン発生剤 ……… 123
　4.3.5　花粉キャッチャー剤 ………… 124
　4.3.6　光触媒 ………………………… 124
　4.3.7　スキンケア・ヘルスケア加工剤
　　　　　……………………………… 124
4.4　おわりに ………………………… 125

## 【応用編】

### 第5章　空調エアフィルタ　　大垣　豊

1　はじめに ……………………………… 129
2　空調エアフィルタの基礎 …………… 130
　2.1　エアフィルタの用途と使用目的 … 130
　2.2　除去対象とされる汚染物質 ……… 131
　2.3　エアフィルタの分類と性能試験方法
　　　　……………………………………… 132
　2.4　エアフィルタの粒子捕集原理 …… 133
　2.5　エアフィルタの性能 ……………… 135
　　2.5.1　圧力損失（単位：パスカル，Pa）
　　　　　………………………………… 135
　　2.5.2　捕集効率（単位：％）………… 136
　　2.5.3　ダスト保持容量 ……………… 136
　　2.5.4　性能ファクタQF（Quality
　　　　　Factor）…………………………… 136

2.6 その他の物性 ……………… 137
3 高性能フィルタ …………………… 137
4 ケミカルフィルタ ………………… 139
　4.1 除去対象の分子状汚染物質 … 139
　4.2 ケミカルフィルタの種類 …… 140
　4.3 ケミカルフィルタによる分子汚染物質の捕集原理 ……………… 142
　4.4 ケミカルフィルタの性能試験方法 143
　4.5 ケミカルフィルタの性能 …… 143
　4.6 ケミカルフィルタからのアウトガス
　　　……………………………… 143
　4.7 ケミカルフィルタの設置例 …… 144
5 環境対策フィルタ ………………… 145
　5.1 リサイクル再資源化 ………… 145
　5.2 洗浄再生 ……………………… 146
　5.3 規制化学物質の不使用化 …… 146
　5.4 生分解性繊維使用フィルタ … 146
　5.5 ろ材交換式減容型フィルタ … 146
　5.6 LCA分析 ……………………… 146
6 あとがき …………………………… 147

## 第6章　自動車関連

1 自動車用エアクリーナに用いられる不織布………………熊野　隆 … 149
　1.1 はじめに ……………………… 149
　1.2 使用目的 ……………………… 149
　1.3 濾材に要求される特性 ……… 149
　1.4 エアークリーナのダスト性能試験
　　　……………………………… 150
　1.5 不織布の構造 ………………… 150
　1.6 不織布の作り方の変遷 ……… 151
　1.7 おわりに ……………………… 152

2 リサイクル可能な自動車内装・外装材の開発………小菅一彦, 高安　彰 … 153
　2.1 序論 …………………………… 153
　2.2 吸音材料・遮音材料とは …… 154
　2.3 難燃性とは …………………… 155
　2.4 新規吸音性不織布"RUBA™"の開発 …………………………… 156
　　2.4.1 吸音性能・遮音性能 ……… 156
　　2.4.2 難燃性吸音不織布 ………… 157
　2.5 今後の展開 …………………… 158

## 第7章　医療・衛生材料

1 貼付剤………………飯田教雄 … 160
　1.1 はじめに ……………………… 160
　1.2 貼付剤開発の変遷 …………… 161
　　1.2.1 基剤 ………………………… 161
　　1.2.2 支持体 ……………………… 161
　　1.2.3 有効成分 …………………… 162
　1.3 含水ゲル貼付剤の機能 ……… 163
　1.4 支持体による貼付剤の高機能化 … 163
　　1.4.1 フィルムラミネート不織布 … 163
　　　(1) 保湿用シート剤 …………… 164
　　　(2) 外用消炎鎮痛剤 …………… 164
　　　(3) 透明製剤 …………………… 166
　　1.4.2 ドットプリント加工不織布 … 166
　1.5 おわりに ……………………… 167

2 マスク………………伝田郁夫 … 169
　2.1 はじめに ……………………… 169

| | |
|---|---|
| 2.2 防じんマスクの種類について …… 169 | 2.6 防じんマスクの選択使用について |
| 2.3 フィルターについて ……………… 171 | ………………………………………… 174 |
| 2.4 使い捨て式防じんマスク ………… 172 | 2.7 防じんマスク選択後の課題 ……… 176 |
| 2.5 取替え式防じんマスク …………… 173 | 2.8 おわりに …………………………… 177 |

# 第8章　電気材料

| | |
|---|---|
| 1 電気絶縁材料…………藤岡良一… 178 | 1.3.5 芳香族ポリアミド薄葉体不織 |
| 1.1 はじめに …………………………… 178 | 布ヒメテックA® ……………… 187 |
| 1.2 絶縁材料 …………………………… 178 | 2 電池セパレータ材 |
| 1.2.1 分類 ………………………… 178 | …………田中政尚，高瀬俊明… 188 |
| 1.2.2 要求特性 …………………… 178 | 2.1 電池の種類について ……………… 188 |
| （1）機械的特性 ……………… 179 | 2.2 アルカリ二次電池について ……… 188 |
| （2）電気特性 ………………… 179 | 2.3 小型二次電池の用途別適性 ……… 188 |
| （3）熱特性 …………………… 179 | 2.4 アルカリ二次電池セパレータの要 |
| （4）化学的性質 ……………… 180 | 求特性 ……………………………… 189 |
| （5）寸法安定性 ……………… 180 | 2.5 アルカリ二次電池セパレータの開 |
| 1.2.3 絶縁材の種類と技術動向の概 | 発の歴史 …………………………… 190 |
| 要 ………………………………… 180 | 2.6 アルカリ二次電池用不織布セパレー |
| （1）紙 ………………………… 180 | タの不織布製法 …………………… 191 |
| （2）織布 ……………………… 181 | 2.7 乾式法，湿式法における構成繊維 |
| （3）フィルム ………………… 181 | 材料 ………………………………… 193 |
| （4）不織布 …………………… 181 | 2.8 ポリオレフィン不織布の親水化処 |
| （5）プレスボード …………… 182 | 理 …………………………………… 195 |
| 1.3 電気絶縁用不織布について ……… 182 | 2.9 アルカリ二次電池用セパレータの |
| 1.3.1 不織布の分類 ……………… 182 | 最近の開発状況 …………………… 197 |
| 1.3.2 特徴 ………………………… 183 | 2.9.1 電池群構成時の耐ショート性 |
| 1.3.3 用途 ………………………… 183 | の向上 ………………………… 197 |
| （1）回転機（モーター，発電機）… 183 | 2.9.2 細繊維の使用 ……………… 197 |
| （2）トランス（変圧器）…………… 184 | 2.10 アルカリ二次電池セパレータへの |
| （3）コンデンサー ………………… 184 | 開発要求 …………………………… 197 |
| （4）電線・ケーブル ……………… 185 | 2.11 最近の電気自動車用ニッケル水素 |
| 1.3.4 プリント配線板 …………… 185 | 電池セパレータ …………………… 197 |

2.12 おわりに …………………… 198

## 第9章　土木用不織布　　西村　淳

1　はじめに ……………………… 200
2　国内での利用状況 …………… 200
3　土木用不織布の機能と用途 … 202
　3.1　ジオシンセティックスの機能 …… 202
　3.2　土木用不織布の用途 ……… 204
4　土木用不織布の展開 ………… 204
　4.1　軟弱路床上舗装の路床／路盤分離材としての利用 ………… 204
　4.2　建設発生土による盛土への利用 … 206

## 第10章　不織布資材に要望される農業用途の動向　　鈴木克昇

1　はじめに ……………………… 208
2　農業用資材としての不織布 … 208
　2.1　カーテン資材 ……………… 208
　2.2　育苗用下敷き ……………… 208
　　2.2.1　水稲用育苗時の下敷き資材 … 209
　　2.2.2　ポットでの育苗時の下敷き資材 …………………………… 209
　2.3　べたがけ資材 ……………… 209
3　近年の動向 …………………… 210
　3.1　植木ポット ………………… 210
　3.2　保水シート ………………… 211
　3.3　透水・防根シート ………… 212
　3.4　いちごの内成らせシート … 213
　3.5　糖度アップシート ………… 214
　3.6　不織布資材の複合使用例 … 215
4　農業用途資材を取り巻く環境 ………… 216
5　おわりに ……………………… 217

## 第11章　新用途展開

1　光触媒空気清浄機 …… 岡本誉士夫 … 218
　1.1　はじめに …………………… 218
　1.2　光触媒チタンアパタイト … 218
　1.3　光触媒チタンアパタイトの除菌性能の検証 ……………………… 219
　　1.3.1　電子顕微鏡による吸着状態の可視化 ……………………… 219
　　　(1)　インフルエンザウイルスの吸着 …………………………… 219
　　　(2)　黄色ブドウ球菌の吸着 ……… 219
　　1.3.2　抗菌・抗ウイルス・毒素分解試験 ………………………… 219
　　1.3.3　アレルゲン不活化試験 …… 220
　　1.3.4　花粉分解試験 ……………… 221
　1.4　家庭用空気清浄機への搭載 … 222
　1.5　まとめ ……………………… 222
　1.6　今後の展開 ………………… 223
2　生分解性不織布 …… 松永　篤 … 224
　2.1　はじめに …………………… 224
　2.2　生分解プラスチックの成形性 …… 225
　2.3　生分解プラスチックの環境分解特性 ………………………… 225

2.4　用途展開 ………………………… 227
　2.4.1　農業・土木・園芸用途 ……… 227
　2.4.2　生活・雑貨・衛生用途 ……… 227
2.5　最近の動向 ……………………… 227
2.5.1　行政の動向 …………………… 227
2.5.2　ポリマーメーカーの動向 …… 227
2.6　今後の課題 ……………………… 228

# 総論編

# 第1章　不織布の現況

日向　明*

## 1　はじめに

　不織布誕生以来順調に伸びてきたわが国の不織布産業もここに来て足踏みをしている(図1)。それでも他の繊維産業に比べれば非常に良いといえるのではという見方もあるが，世界的にまだまだ伸びている業界とすれば不満というべきであろう。いかにわが国の不織布の存在価値を内外に示し，不織布産業を伸ばしていくかが問われている。その一つの答えが機能性不織布とも言える。

　最近不織布に関する問合せが多いが，その中には用語の混乱も少なくない。幸い，不織布の用語に関するJISが3年前にできたので最初に問題のありそうな用語について説明し，その後に数字でみたわが国不織布産業の現況について述べる。最後に不織布の明日に向かっての試みの幾つかを紹介したい。

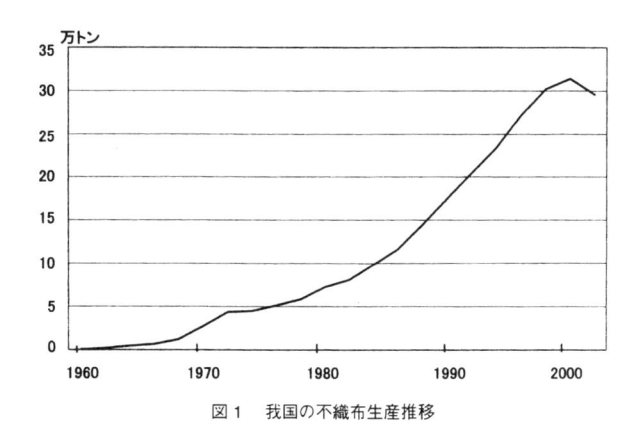

図1　我国の不織布生産推移

---

＊　Akira Hinata　日本不織布協会　関西支部　支部長

## 2 不織布とは

2001年にできたJIS L 0222「不織布用語」では不織布は次のように定義されている。

「繊維シート，ウェブ又はバットで，繊維が一方向又はランダムに配向しており，交絡，及び／又は融着，及び／又は接着によって繊維間が結合されたもの。ただし，紙，織物，編物，タフト及び縮絨フェルトを除く。」

このJISの中には短繊維不織布，長繊維不織布，湿式不織布，乾式不織布を始め，エアレイド，スパンボンド，メルトブローン，フラッシュ紡糸，ケミカルボンド，水流交絡，ニードルパンチ，ステッチボンド，サーマルボンド，バーストファイバー，トウ開繊，スプリットファイバーなどの不織布が載っている。ここではレジンボンドの用語が載っていないが，ケミカルボンドの替わりに広く使われている言葉である。ケミカルボンドがレジンボンドと水素結合に分かれると考えたらよい。

ステッチボンドなどに対するISOとの不整合の問題もあるが，JISの定義では不十分なものに湿式不織布と紙の境界がある。ISO 9092 (1988) では次のように不織布を定義している。なおアスペクト比は繊維長を繊維径で除した値である。

「①繊維状物質の50％以上がアスペクト比300以上であるか

②繊維状物質の30％以上がアスペクト比300以上であり，かつ密度が0.4g/cc以下」

またその後生まれている言葉もある。スパンレイドとスパンメルトであり，既存のスパンボンド及びスパンレースとの混乱も起こっている。スパンレイドは従来のスパンボンドに替わって使

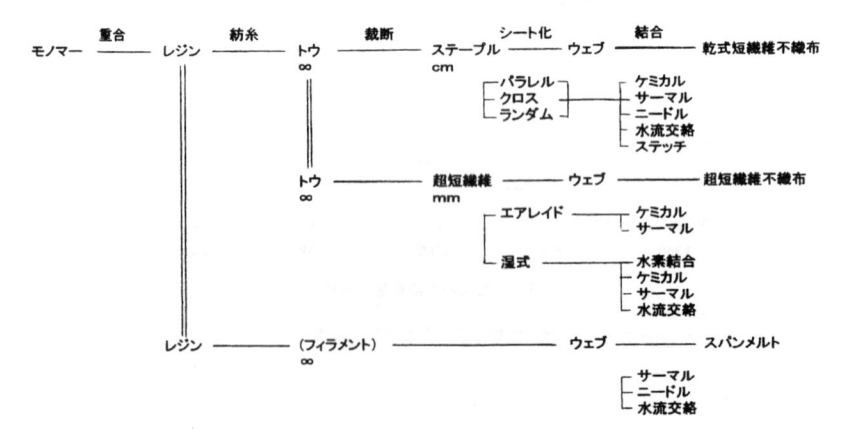

図2 主な不織布の製法

第1章　不織布の現況

われるようになった言葉である。湿式やホットメルト樹脂などの場合は未だにスパンボンドなのだが，一般的に直接紡糸法によるウェブ形成技術に関してはlaying（積層）までであり，bonding（結合）は既存のものであるとの考えから欧州を中心に使われだしている。また古くはメルトブローンもスパンボンドの中に入れていたが，現在では分けるのが一般的になり，スパンボンド（スパンレイド）と合わせてスパンメルトと呼称している。

スパンレースはhydroentanglementを直訳した水流交絡法である。DuPontの開発以来スパンレースと言う用語は広く使われているが，同社としてはレースタイプでないものまでこの名で呼ばれることに抵抗しており，JISでも水流交絡を採用している。すなわちこれらの語は次のような関係になる。

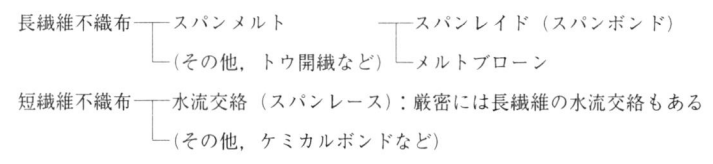

長繊維不織布─┬─スパンメルト　　　　　┬─スパンレイド（スパンボンド）
　　　　　　└─（その他，トウ開繊など）└─メルトブローン
短繊維不織布─┬─水流交絡（スパンレース）：厳密には長繊維の水流交絡もある
　　　　　　└─（その他，ケミカルボンドなど）

境界領域にあるものを除けば，不織布は次のどこかに大体入る（図2）。

## 3　数字にみるわが国の不織布産業

わが国の不織布生産量は経済産業省動態調査によるここ数年の値を見ると図3の如くで2000年の314,123トンをピークに，少し落ちた所で平らになっている（2003年の速報値は296,753トンである）。一方，出荷平均価格を算出しこれに生産量を乗じて生産金額を求めると図4の如くなり，そのピークは単価の値下がりのためもう少し早く1997年になる。すなわち世紀の変わり目の頃がわが国の不織布にとって一つの変換点になっている。スタートを1996年にとったのはこの時から統計のとり方が変わったためである。これを世界の不織布生産量と比較してみたい。

まずアジアであるが，わが国の不織布協会（ANNA）のようなものがあるのは韓国（KNIC），

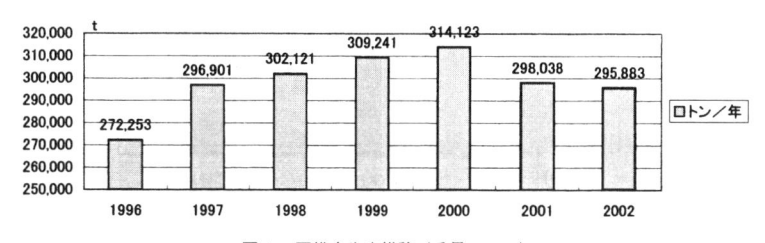

図3　不織布生産推移（重量ベース）

機能性不織布の新展開

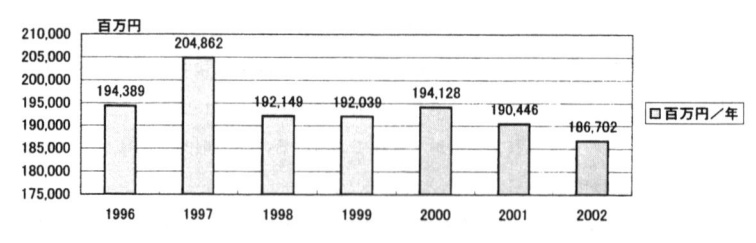

図4 不織布生産量推移（金額ベース）

台湾（TNA），中国（CNTA）であり，この4者で作ったアジア不織布協会（ANFA）の統計では図5の如くであり，日本はシェア29%である．最近の中国の年間成長率は非常に大きく，1999年にわが国の生産量を追い抜いている．

世界では北米の不織布協会（INDA），西欧の不織布協会（EDANA）があり，その年次リポートを利用すると図6の如くである．ただしINDAの報告は生産ではなく出荷量である．しかしこ

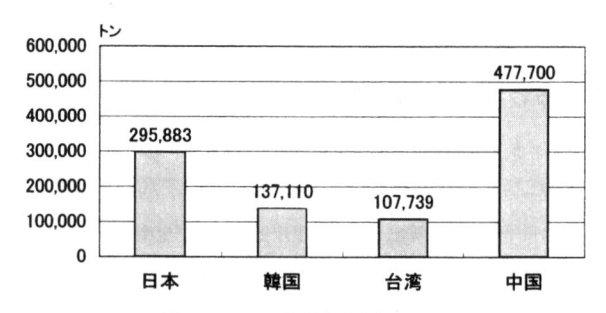

図5 アジアの不織布生産量（2002）

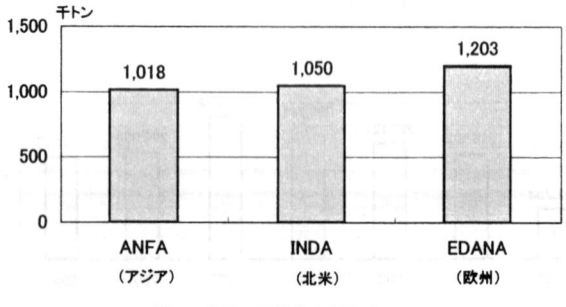

図6 世界の不織布生産量（2002）

第1章　不織布の現況

れらの境界の集計値には非加盟会社の抜けがある。国的に見てもアジアのその他の国(インドネシア、タイなど)、中近東、東欧、アフリカ、中南米、オセアニアなどが抜けている。大雑把に言って2002年度でこれらが100トン程度とすれば、世界の総計は400～450万トンと推定される。わが国の30万トンの年産量は約7％に相当する。

## 3.1　わが国の不織布生産量

不織布の製法別の生産シェアを表1、図7にあげておく。現在の主な製法はニードルパンチとスパンメルトであり、それぞれ30％近い。衣料・敷物に関係したニードルパンチが高いのは不織布後進国に良く見られた現象であり、先進国はスパンメルトが主流となっている。わが国でニードルパンチが高いのは産業用と考えられる。それでもニードルパンチはシェアを下げ、スパンメルトがシェアをあげている。またケミカルボンドは2000年63,639トン（シェア20.2％）あったものが2001年42,975トン（14.4％）、そして2002年の38,052トン（12.9％）と激減している。

表1　製法別不織布生産量（トン）

|  | 1996 | 2001 | 2002 | '02/'01% |
|---|---|---|---|---|
| ケミカルボンド | 54,133 | 42,975 | 38,052 | 88.5 |
| サーマルボンド | 29,425 | 40,610 | 41,726 | 102.7 |
| ニードルパンチ | 88,935 | 86,127 | 86,388 | 100.3 |
| スパンレース | 12,355 | 16,431 | 17,053 | 103.8 |
| スパンメルト | 62,179 | 81,248 | 83,161 | 102.4 |
| その他乾式 | 7,697 | 9,020 | 9,063 | 100.5 |
| 湿　　式 | 17,529 | 21,625 | 20,443 | 94.5 |
| 合　　計 | 272,253 | 298,038 | 295,883 | 99.3 |

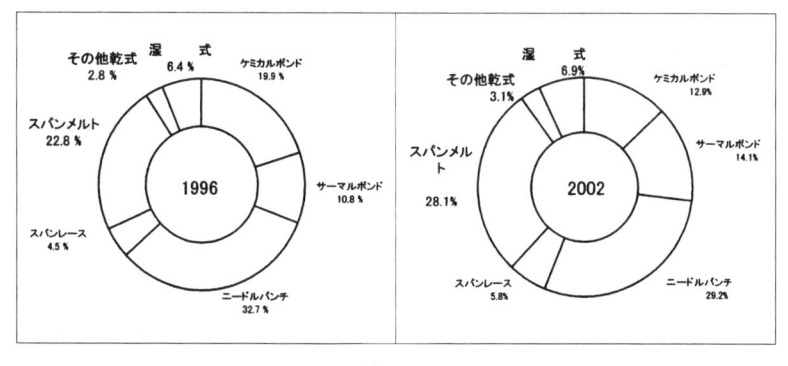

図7　製法別不織布シェア

機能性不織布の新展開

表2　用途別不織布生産量（トン）

|  | 1996 | 2001 | 2002 | '02/'01% |
|---|---|---|---|---|
| 衣　料　用 | 13,920 | 10,901 | 7,966 | 73.1 |
| 産業用(車両用) |  |  | 47,723 |  |
| その他の産業用 | 78,751 | 87,493 | 49,492 | 111.1 |
| 土木・建築用 |  |  | 28,883 |  |
| 農業・園芸用 | 37,003 | 40,318 | 1,245 | 74.7 |
| 生活関連 | 55,621 | 44,972 | 44,721 | 99.4 |
| 医療・衛生用 | 46,198 | 83,723 | 88,025 | 105.1 |
| そ　の　他 | 39,304 | 30,631 | 27,826 | 90.8 |
| 合　　計 | 270,797 | 298,038 | 295,883 | 99.3 |

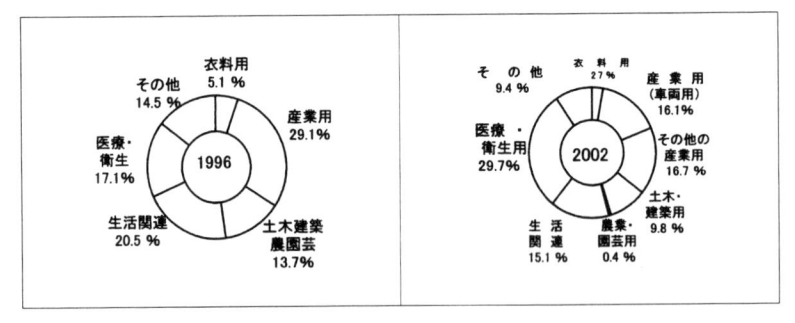

図8　用途別不織布生産量シェア

副原料使用による環境問題対策，低価格品の海外生産などのためと考えられる。

次に不織布を用途別に見てみたい（表2及び図8参照）。2002年より一部分類法が変っているが，産業用が車両用とその他に分かれ，土木・建築・農園芸用が土木・建築と農園芸に分割されたのである。かって洋服の芯地と言えば不織布の代名詞ともいえた衣料用途は縫製作業の海外移転の進む中でここ2～3年で半減してきている。1996年13,920トン（シェア5.1％），2000年12,043トン（3.8％），2001年10,901トン（3.7％），2002年7,966トン（2.7％）。用途で伸びているのは自動車を中心とした産業用と赤ちゃんのおむつを主体とした衛生材料用途であり，ともに30％程度となっている。なおここに来て赤ちゃんのおむつは出生減，輸入増，機能アップなどにより増加が止まりはじめた。

不織布原料の中心は繊維であるが，わが国では表3及び図9に示す如くポリエステルが全体の1/3を占めている。世界的にはポリプロプレンが圧倒的である。わが国でも次第に増えてきている傾向があるが，その原因はスパンレイドであろう。これについては日本化学繊維協会の合繊長繊維不織布専門委員会が毎年発表している数値があり（表4），加盟7社の2002年実績ではポリ

第 1 章　不織布の現況

表 3　使用繊維原料（トン）

| 原材料繊維 | 1996 | 2001 | 2002 | '02/'01% |
|---|---|---|---|---|
| ポリエステル | 95,676 | 104,757 | 110,512 | 105.5 |
| ポリプロピレン | 53,588 | 81,678 | 86,507 | 105.9 |
| ナイロン | 16,552 | 13,370 | 13,016 | 97.4 |
| その他合繊 | 38,071 | 40,062 | 35,456 | 88.5 |
| レーヨン | 15,818 | 17,735 | 17,235 | 97.2 |
| パルプ | 21,009 | 20,805 | 20,680 | 99.4 |
| 羊毛 | 2,932 | 2,120 | 1,891 | 89.2 |
| ガラス繊維 | 2,820 | 3,653 | 2,823 | 77.3 |
| その他 | 30,013 | 31,439 | 29,605 | 94.2 |
| 合計 | 276,479 | 315,619 | 317,725 | 100.7 |

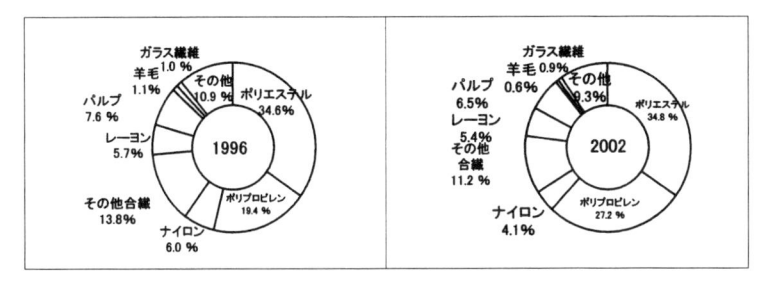

図 9　使用繊維原料シェア

表 4　合繊長繊維不織布生産実績（トン）

|  | 2001 | 2002 | '02/'01% |
|---|---|---|---|
| ポリプロピレン | 43,889 | 45,569 | 103.8 |
| ポリエステル | 31,537 | 30,719 | 97.4 |
| ナイロン | 3,198 | 2,719 | 85.0 |
| 合計 | 78,624 | 79,006 | 100.5 |

プロピレンが57.7％，ポリエステルが38.9％である。
　表 5 には2001年及び2002年末における生産方式別設備能力及び生産能力アップを載せておく。
　表 6 には出荷数量と金額を載せている。残念ながら2002年以降乾式の生産方式別のデータが削られることになり，乾式は各種製法の合計しか判らなくなった。出荷金額を数量で割れば単価が出てくるので，表 7 にはこうして求めた単価推移をあげておく。前述の理由により2002年度は乾式の内容不明である。1996年時に比べ12％の単価ダウンが起こっており，対前年では 2 ％弱である。湿式は価格が維持できている。ケミカルボンドは2000年から2001年にかけて生産量

表5　不織布生産設備能力（トン／月）

|  | 2001 | 2002 | 2002-2001 |
|---|---|---|---|
| ケミカルボンド | 5,127 | 5,100 | －27 |
| サーマルボンド | 5,040 | 4,945 | －95 |
| ニードルパンチ | 9,420 | 9,373 | －47 |
| スパンレース | 2,090 | 2,147 | 57 |
| スパンメルト | 7,297 | 8,947 | 1,650 |
| その他乾式 | 859 | 962 | 103 |
| 乾式小計 | 29,833 | 31,474 | 1,641 |
| 湿式 | 2,850 | 2,622 | －228 |
| 合計 | 32,683 | 34,096 | 1,413 |

表6　出荷状況

| 生産方式 | 2001 | | 2002 | | '02/'01 | |
|---|---|---|---|---|---|---|
|  | 数量 | 金額 | 数量 | 金額 | 数量 | 金額 |
|  | トン | 百万円 | トン | 百万円 | % | % |
| 乾式小計 | 256,278 | 158,281 | 256,345 | 155,559 | 100.0 | 98.3 |
| 湿式 | 20,937 | 18,864 | 22,305 | 20,339 | 106.5 | 107.8 |
| 合計 | 277,215 | 177,145 | 278,649 | 175,896 | 100.5 | 99.3 |

表7　単価推移（円／kg）

|  | 1996 | 2000 | 2001 | 2002 | '02/'96 | '02/'01 |
|---|---|---|---|---|---|---|
| ケミカルボンド | 790 | 595 | 889 |  |  |  |
| サーマルボンド | 802 | 576 | 533 |  |  |  |
| ニードルパンチ | 720 | 683 | 677 |  |  |  |
| スパンレース | 840 | 649 | 636 |  |  |  |
| スパンメルト | 557 | 474 | 451 |  |  |  |
| その他乾式 | 674 | 670 | 679 |  |  |  |
| 乾式小計 | 708 | 597 | 618 | 607 | 85.7% | 98.2% |
| 湿式 | 790 | 905 | 901 | 912 | 115.4% | 101.2% |
| 合計 | 714 | 618 | 639 | 631 | 88.4% | 98.7% |

を大きく下げたが，これは安価品の生産縮小のためであり，平均単価は大きく上昇している。

## 3.2　わが国の不織布輸出入

　経済産業省の貿易月報の項目番号5603が不織布の原反についての輸出入になっている。重量，面積，金額が国ごとに記載されている。そのままでは読めないので適当な集計が必要となる。本来は表8だけで充分であるが，直感的に理解し易いようにあえて図を2枚載せておく（図10，図11）。重量ベースでみると数年前までは輸出入バランスしていた。その後輸出は若干増えている

# 第1章 不織布の現況

表8 不織布輸出入推移

| | | 1996 | 1997 | 1998 | 1999 | 2000 | 2001 | 2002 |
|---|---|---|---|---|---|---|---|---|
| 重量 | 輸出 | 23,270 | 24,194 | 23,475 | 26,330 | 27,756 | 26,263 | 29,829 |
| （トン） | 輸入 | 23,305 | 30,540 | 30,141 | 40,948 | 45,315 | 48,358 | 51,200 |
| 金額 | 輸出 | 44,200 | 46,887 | 44,586 | 42,811 | 42,256 | 40,309 | 43,595 |
| （百万円） | 輸入 | 13,323 | 17,511 | 17,559 | 20,758 | 21,129 | 21,120 | 20,790 |

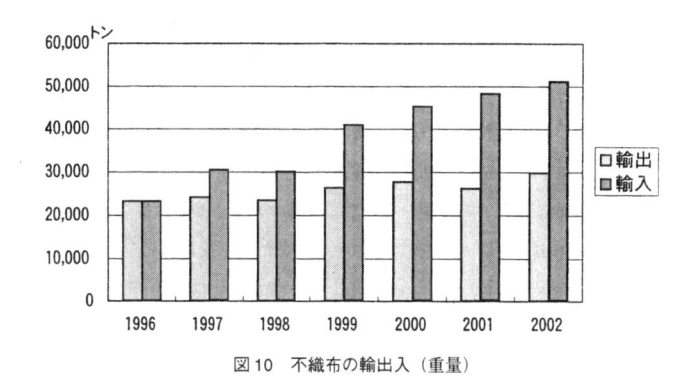

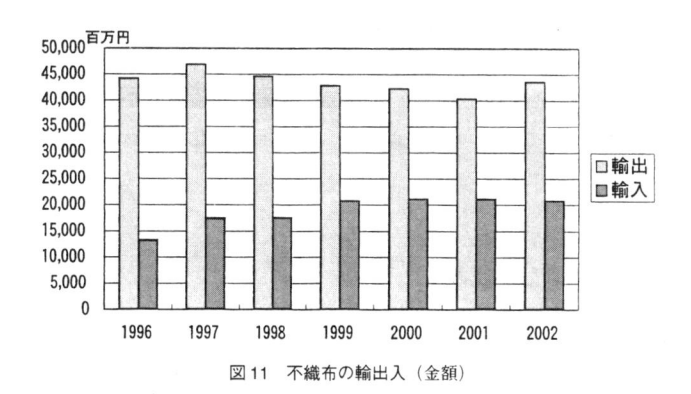

図10 不織布の輸出入（重量）

図11 不織布の輸出入（金額）

が，輸入の方が平均20%位ずつ確実に伸びている。一方，金額ベースではあまり変化がない。言い換えれば輸出入とも単価が下がっているといえよう。

では輸出入の対象不織布原反はどのようなものかというと表9及び表10のようなものになる。輸出しているものに対してはかなり満遍なのに，輸入している物はポリプロピレンの薄手に偏っ

ている。25g/m$^2$以下のものが長繊維で10,953トン，短繊維で13,239トン，合計24,192トンもあり，これは輸入総量の47.3%に達する。目付を逆算すると17.5g/m$^2$になる。これはほとんどおむつ用のサーフェーシングであると考えられる。この輸入先は非常に偏っており，韓国からのものが25g/m$^2$以下のポリプロピレン長繊維で6,679トン，短繊維で4,575トン，計11,254トンで実にこの目付のもので46.5%に達している。こう言ったものは用途的にも単価が安く，平均すると235¥/kgである（平均目付は17.1g/m$^2$）。

輸出入で現在すぐに注目されるのは中国である。表11に中国への輸出，表12に中国からの輸入を示す。ポリプロピレンの低目付け品についてみると韓国より遥かに少ない。平均目付21.4g/m$^2$の価格が244¥/kgである。中国との関係を経時的にみると表13の如くなる。2003年は輸出7,064トン，輸入6,051トンと速報されている。輸出入とも重量的にも金額的にも増大してきている。トン数では輸出入が拮抗しているが，金額的には圧倒的に輸出超である。これは単価の違いを物語っている。内容的には色々あるが，この差こそ我々が常に心掛けなくてはならないものといえよう。これは何も中国に限ったことではない。不織布の主要貿易先を表14と表15に載せるが，トータル的に見て輸入単価の406¥/kgに対して，輸出単価は1,461¥/kgで，3.6倍の差がある。米国やECではこう言った輸出入単価差は見られない。一例として米国（2002年）と西欧（2000年）の数字をあげておく（表16，表17）。

日本のデータと比較してみると2つのことに気付く。ひとつは今論じている単価差である。この差を生むものこそ高機能を追い求め高付加値を生み出すことに他ならない。表の数字から容易に求められるように1997年には輸出単価と輸入単価の比は8.8であったが，2002年には4.6に縮まっている。これをこそ心配し努力すべきであろう。今ひとつは，重量ベースにおける輸出入の差がわが国ではないことである。米国では1.56倍，西欧では1.77倍と明らかに輸出超である。これもまた努力すべき方向である。

## 4　不織布への新しい試み

不織布は基本的には①繊維を原料とし，②これをシート化，③ついで結合して作った布である。この①～③について新しい試みが行われれば新しい不織布が誕生する。ここ2～3年の動きについて代表的なものを以下見てみたい。

### 4.1　繊維

不織布について繊維の重要性は論ずるまでもないが，表18に繊維特性と不織布物性の関連をあげておく。

第1章　不織布の現況

表9　不織布の輸出品 (2002)　　　　　　　　　　　　　　　　　　貿易月報 (2002・12) より

| 輸出 | | | 長繊維 | | | | 短繊維 | | | | | 総合計 |
|---|---|---|---|---|---|---|---|---|---|---|---|---|
| | | 25g/m² 以下 | 25～70 | 70～150 | 150g/m² 以上 | 合計 | 25g/m² 以下 | 25～70 | 70～150 | 150g/m² 以上 | 合計 | |
| ポリアミド | 百万円 | 51 | 348 | 394 | 1,065 | 1,858 | 73 | 1,430 | 1,445 | 9,446 | 12,394 | 14,252 |
| | 千m² | 1,173 | 4,921 | 1,521 | 906 | 8,521 | 2,136 | 16,624 | 6,438 | 9,638 | 34,836 | 43,357 |
| | トン | 24 | 199 | 146 | 328 | 697 | 38 | 620 | 575 | 3,678 | 4,911 | 5,608 |
| ポリエステル | 百万円 | 191 | 1,521 | 2,246 | 4,167 | 8,125 | 145 | 1,080 | 2,348 | 4,783 | 8,356 | 16,481 |
| | 千m² | 10,623 | 36,867 | 21,754 | 9,997 | 79,241 | 8,996 | 14,579 | 20,573 | 5,069 | 49,217 | 128,458 |
| | トン | 206 | 1,511 | 2,272 | 2,951 | 6,940 | 174 | 609 | 1,702 | 2,257 | 4,742 | 11,682 |
| ポリプロピレン | 百万円 | 375 | 463 | 194 | 134 | 1,166 | 54 | 523 | 211 | 297 | 1,085 | 2,251 |
| | 千m² | 75,946 | 13,843 | 1,477 | 246 | 91,512 | 11,504 | 5,781 | 2,106 | 1,301 | 20,692 | 112,204 |
| | トン | 1,263 | 534 | 145 | 61 | 2,003 | 250 | 246 | 241 | 311 | 1,048 | 3,051 |
| その他 | 百万円 | 322 | 1,324 | 442 | 897 | 2,985 | 982 | 1,938 | 366 | 4,340 | 7,626 | 10,611 |
| | 千m² | 9,840 | 26,513 | 2,892 | 1,481 | 40,726 | 101,755 | 42,408 | 2,659 | 13,071 | 159,893 | 200,619 |
| | トン | 202 | 901 | 258 | 407 | 1,768 | 1,945 | 1,596 | 244 | 3,935 | 7,720 | 9,488 |
| 合計 | 百万円 | 939 | 3,656 | 3,276 | 6,263 | 14,134 | 1,254 | 4,971 | 4,370 | 18,866 | 29,461 | 43,595 |
| | 千m² | 97,582 | 82,144 | 27,644 | 12,630 | 220,000 | 124,391 | 79,392 | 31,776 | 29,079 | 264,638 | 484,638 |
| | トン | 1,695 | 3,145 | 2,821 | 3,747 | 11,408 | 2,407 | 3,071 | 2,762 | 10,181 | 18,421 | 29,829 |

表10 不織布の輸入品 (2002)　　　　　　　　　　　　　　貿易月報 (2002・12) より

| 輸入 | | 長繊維 | | | | | 短繊維 | | | | | 総合計 |
|---|---|---|---|---|---|---|---|---|---|---|---|---|
| | | 25g/m²以下 | 25～70 | 70～150 | 150g/m²以上 | 合計 | 25g/m²以下 | 25～70 | 70～150 | 150g/m²以上 | 合計 | |
| アラミド電気絶縁様 | 百万円 | 0 | 0 | 1 | 5 | 6 | 0 | 110 | 1 | 33 | 144 | 150 |
| | 千m² | 0 | 0 | 1 | 8 | 9 | 0 | 816 | 3 | 43 | 862 | 871 |
| | トン | 0 | 0 | 0 | 3 | 3 | 0 | 35 | 0 | 13 | 48 | 51 |
| ポリアミド(除電絶) | 百万円 | 12 | 21 | 49 | 167 | 249 | 15 | 221 | 10 | 105 | 351 | 600 |
| | 千m² | 493 | 174 | 280 | 316 | 1,263 | 1,036 | 3,297 | 67 | 213 | 4,613 | 5,876 |
| | トン | 6 | 8 | 40 | 97 | 151 | 22 | 124 | 9 | 55 | 210 | 361 |
| ポリエステル | 百万円 | 162 | 339 | 1,110 | 761 | 2,372 | 58 | 933 | 242 | 460 | 1,693 | 4,065 |
| | 千m² | 12,763 | 16,854 | 27,924 | 6,648 | 64,189 | 10,795 | 43,247 | 4,621 | 2,129 | 60,792 | 124,981 |
| | トン | 267 | 558 | 2,974 | 2,217 | 6,016 | 178 | 1,896 | 483 | 1,396 | 3,953 | 9,969 |
| ポリプロピレン | 百万円 | 2,593 | 437 | 143 | 345 | 3,518 | 2,952 | 778 | 414 | 540 | 4,684 | 8,202 |
| | 千m² | 687,732 | 19,465 | 2,938 | 2,347 | 712,482 | 689,149 | 72,482 | 7,672 | 2,191 | 771,494 | 1,483,976 |
| | トン | 10,953 | 797 | 293 | 691 | 12,734 | 13,239 | 2,195 | 650 | 611 | 16,695 | 29,429 |
| レーヨン | 百万円 | 1 | 212 | 62 | 79 | 354 | 3 | 1,196 | 323 | 69 | 1,591 | 1,945 |
| | 千m² | 8 | 7,285 | 1,296 | 558 | 9,147 | 62 | 78,818 | 8,747 | 429 | 88,056 | 97,203 |
| | トン | 0 | 331 | 121 | 140 | 592 | 1 | 3,064 | 696 | 104 | 3,865 | 4,457 |
| その他 | 百万円 | 26 | 2,650 | 804 | 404 | 3,884 | 96 | 1,543 | 36 | 269 | 1,944 | 5,828 |
| | 千m² | 2,441 | 53,979 | 8,830 | 383 | 65,633 | 13,313 | 28,701 | 487 | 1,218 | 43,719 | 109,352 |
| | トン | 38 | 2,869 | 694 | 131 | 3,732 | 270 | 1,702 | 54 | 1,175 | 3,201 | 6,933 |
| 合計 | 百万円 | 2,794 | 3,659 | 2,169 | 1,761 | 10,383 | 3,124 | 4,781 | 1,026 | 1,476 | 10,407 | 20,790 |
| | 千m² | 703,437 | 97,757 | 41,269 | 10,260 | 852,723 | 714,355 | 227,361 | 21,597 | 6,223 | 969,536 | 1,822,259 |
| | トン | 11,264 | 4,563 | 4,122 | 3,279 | 23,228 | 13,710 | 9,016 | 1,892 | 3,354 | 27,972 | 51,200 |

第1章 不織布の現況

表11 中国への輸出不織布 (2002)

| 中国 | | | 長繊維 | | | | 短繊維 | | | | 総合計 |
|---|---|---|---|---|---|---|---|---|---|---|---|
| | | 25g/m² 以下 | 25〜70 | 70〜150 | 150g/m² 以上 | 合計 | 25g/m² 以下 | 25〜70 | 70〜150 | 150g/m² 以上 | 合計 | |
| ポリアミド | 百万円 | 4 | 100 | 110 | 276 | 490 | 27 | 303 | 267 | 1,683 | 2,280 | 2,770 |
| | 千m² | 71 | 1,036 | 774 | 167 | 2,048 | 966 | 2,501 | 2,112 | 1,447 | 7,026 | 9,074 |
| | トン | 1 | 40 | 75 | 56 | 172 | 13 | 106 | 162 | 592 | 873 | 1,045 |
| ポリエステル | 百万円 | 44 | 184 | 122 | 513 | 863 | 47 | 664 | 182 | 1,527 | 2,420 | 3,283 |
| | 千m² | 4,807 | 1,704 | 1,524 | 1,274 | 9,309 | 5,066 | 7,557 | 884 | 1,765 | 15,272 | 24,581 |
| | トン | 91 | 70 | 152 | 411 | 724 | 105 | 302 | 85 | 685 | 1,177 | 1,901 |
| ポリプロピレン | 百万円 | 91 | 147 | 14 | 21 | 273 | 9 | 323 | 31 | 181 | 544 | 817 |
| | 千m² | 22,108 | 2,650 | 95 | 61 | 24,914 | 902 | 3,792 | 276 | 771 | 5,741 | 30,655 |
| | トン | 415 | 105 | 10 | 20 | 550 | 19 | 160 | 27 | 189 | 395 | 945 |
| その他 | 百万円 | 33 | 228 | 62 | 168 | 491 | 70 | 318 | 127 | 618 | 1,133 | 1,624 |
| | 千m² | 2,191 | 4,429 | 943 | 301 | 7,864 | 2,242 | 4,562 | 1,494 | 1,491 | 9,789 | 17,653 |
| | トン | 46 | 175 | 84 | 94 | 399 | 47 | 178 | 137 | 451 | 813 | 1,212 |
| 合計 | 百万円 | 172 | 659 | 308 | 978 | 2,117 | 153 | 1,608 | 607 | 4,009 | 6,377 | 8,494 |
| | 千m² | 29,177 | 9,819 | 3,336 | 1,803 | 44,135 | 9,176 | 18,412 | 4,766 | 5,474 | 37,828 | 81,963 |
| | トン | 553 | 390 | 321 | 581 | 1,845 | 184 | 746 | 411 | 1,917 | 3,258 | 5,103 |

表 12　中国からの輸入不織布 (2002)

| 中国 | | 単位 | 長繊維 | | | | | 短繊維 | | | | | 総合計 |
|---|---|---|---|---|---|---|---|---|---|---|---|---|---|
| | | | 25g/m²以下 | 25~70 | 70~150 | 150g/m²以上 | 合計 | 25g/m²以下 | 25~70 | 70~150 | 150g/m²以上 | 合計 | |
| アラミド電気絶縁 | | 百万円 | 0 | 0 | 0 | 5 | 5 | 0 | 0 | 0 | 0 | 0 | 5 |
| | | 千m² | 0 | 0 | 0 | 7 | 7 | 0 | 0 | 0 | 0 | 0 | 7 |
| | | トン | 0 | 0 | 0 | 3 | 3 | 0 | 0 | 0 | 0 | 0 | 3 |
| ポリアミド (除電絶) | | 百万円 | 0 | 1 | 0 | 1 | 2 | 14 | 21 | 0 | 16 | 51 | 53 |
| | | 千m² | 0 | 6 | 0 | 10 | 16 | 1,001 | 770 | 0 | 68 | 1,839 | 1,855 |
| | | トン | 0 | 0 | 0 | 2 | 2 | 21 | 24 | 0 | 15 | 60 | 62 |
| ポリエステル | | 百万円 | 2 | 51 | 18 | 12 | 83 | 5 | 98 | 104 | 89 | 296 | 379 |
| | | 千m² | 99 | 1,191 | 315 | 71 | 1,676 | 457 | 4,345 | 2,635 | 391 | 7,828 | 9,504 |
| | | トン | 2 | 62 | 37 | 23 | 124 | 9 | 192 | 319 | 143 | 663 | 787 |
| ポリプロピレン | | 百万円 | 243 | 55 | 16 | 14 | 328 | 87 | 9 | 10 | 26 | 132 | 460 |
| | | 千m² | 56,146 | 3,956 | 457 | 272 | 60,831 | 26,206 | 626 | 313 | 123 | 27,268 | 88,099 |
| | | トン | 1,110 | 148 | 41 | 49 | 1,348 | 418 | 29 | 34 | 60 | 541 | 1,889 |
| レーヨン | | 百万円 | 0 | 30 | 21 | 0 | 51 | 3 | 430 | 204 | 11 | 648 | 699 |
| | | 千m² | 0 | 893 | 642 | 0 | 1,535 | 62 | 27,103 | 6,325 | 33 | 33,523 | 35,058 |
| | | トン | 0 | 46 | 68 | 0 | 114 | 1 | 1,014 | 497 | 12 | 1,524 | 1,638 |
| その他 | | 百万円 | 0 | 96 | 34 | 6 | 136 | 17 | 9 | 3 | 94 | 123 | 259 |
| | | 千m² | 0 | 3,633 | 264 | 18 | 3,915 | 3,656 | 531 | 29 | 559 | 4,775 | 8,690 |
| | | トン | 0 | 169 | 21 | 6 | 196 | 66 | 27 | 3 | 471 | 567 | 763 |
| 合計 | | 百万円 | 245 | 233 | 89 | 38 | 605 | 126 | 567 | 321 | 236 | 1,250 | 1,855 |
| | | 千m² | 56,245 | 9,679 | 1,678 | 378 | 67,980 | 31,382 | 33,375 | 9,302 | 1,174 | 75,233 | 143,213 |
| | | トン | 1,112 | 425 | 167 | 83 | 1,787 | 515 | 1,286 | 853 | 701 | 3,355 | 5,142 |

# 第1章 不織布の現況

### 表13 我国不織布の中国への輸出入推移

| | | 1997 | 1998 | 1999 | 2000 | 2001 | 2002 |
|---|---|---|---|---|---|---|---|
| 輸出 | トン | 2,661 | 2,779 | 3,394 | 3,597 | 4,004 | 5,103 |
| | 百万円 | 6,188 | 6,066 | 7,054 | 7,398 | 8,278 | 8,494 |
| | ¥/kg | 2,370 | 2,183 | 2,078 | 2,056 | 2,067 | 1,665 |
| 輸入 | トン | 3,773 | 1,609 | 1,808 | 2,994 | 4,148 | 5,142 |
| | 百万円 | 1,017 | 383 | 454 | 884 | 1,396 | 1,855 |
| | ¥/kg | 270 | 238 | 251 | 295 | 337 | 361 |

### 表14 不織布輸出先上位10カ国 (2002)

| 順位 | 輸出先 | 数量 | | | | 金額 | | |
|---|---|---|---|---|---|---|---|---|
| | | トン | シェア% | 前年比% | 千m² | 百万円 | シェア% | 前年比% |
| 1 | 米国 | 6,225 | 20.9 | 95 | 79,520 | 9,682 | 22.2 | 148 |
| 2 | 中国 | 5,103 | 17.1 | 127 | 81,963 | 8,494 | 19.5 | 103 |
| 3 | 韓国 | 4,103 | 13.8 | 108 | 116,347 | 3,688 | 8.5 | 109 |
| 4 | 香港 | 4,051 | 13.6 | 112 | 43,691 | 7,001 | 16.1 | 107 |
| 5 | 台湾 | 2,272 | 7.6 | 151 | 23,241 | 2,614 | 6.0 | 143 |
| 6 | タイ | 1,549 | 5.2 | 163 | 38,326 | 1,799 | 4.1 | 146 |
| 7 | シンガポール | 939 | 3.1 | 112 | 7,846 | 1,137 | 2.6 | 117 |
| 8 | パキスタン | 741 | 2.5 | — | 1,608 | 670 | 1.5 | — |
| 9 | マレーシア | 646 | 2.2 | — | 11,139 | 742 | 1.7 | — |
| 10 | フィリピン | 577 | 1.9 | — | 30,161 | 386 | 0.9 | — |
| 10 | ドイツ | 577 | 1.9 | 103 | 7,762 | 1,425 | 3.3 | 124 |
| | その他 | 3,046 | 10.2 | 81 | 43,034 | 5,957 | 13.7 | — |
| | 合計 | 29,829 | 100.0 | 114 | 484,638 | 43,595 | 100.0 | 108 |
| | EU | 1,991 | 4.6 | 99 | 21,681 | 4,505 | 10.3 | 113 |

### 表15 不織布輸入先上位10カ国 (2002)

| 順位 | 輸入先 | 数量 | | | | 金額 | | |
|---|---|---|---|---|---|---|---|---|
| | | トン | シェア% | 前年比% | 千m² | 百万円 | シェア% | 前年比% |
| 1 | 韓国 | 15,402 | 30.1 | 117 | 739,461 | 4,486 | 21.6 | 114 |
| 2 | 台湾 | 10,292 | 20.1 | 131 | 333,154 | 2,948 | 14.2 | 119 |
| 3 | 米国 | 6,053 | 11.8 | 81 | 133,227 | 4,605 | 22.2 | 78 |
| 4 | 中国 | 5,142 | 10.0 | 124 | 143,213 | 1,855 | 8.9 | 133 |
| 5 | ルクセンブルク | 3,371 | 6.6 | 95 | 57,766 | 3,054 | 14.7 | 95 |
| 6 | スウェーデン | 2,361 | 4.6 | — | 109,532 | 518 | 2.5 | — |
| 7 | ドイツ | 1,843 | 3.6 | 88 | 75,897 | 669 | 3.2 | 86 |
| 8 | タイ | 1,473 | 2.9 | — | 24,359 | 284 | 1.4 | — |
| 9 | デンマーク | 997 | 1.9 | — | 98,934 | 337 | 1.6 | — |
| 10 | フランス | 910 | 1.8 | 349 | 41,721 | 291 | 1.4 | 199 |
| | その他 | 3,356 | 6.6 | 44 | 64,995 | 1,743 | 8.4 | — |
| | 合計 | 51,200 | 100.0 | 106 | 1,822,259 | 20,790 | 100.0 | 110 |
| | EU | 11,230 | 21.9 | 104 | 416,812 | 5,965 | 28.7 | 98 |

## 機能性不織布の新展開

表16 米国の不織布輸出入（2002年）

|  | 重量<br>千トン | 金額<br>百万ドル | 単価<br>$/kg |
|---|---|---|---|
| 輸出 | 182.2 | 759.76 | 4.17 |
| 輸入 | 116.6 | 464.76 | 3.99 |

表17 西欧の不織布輸出入（2000年）

|  | 重量<br>千トン | 金額<br>百万ユーロ | 単価<br>ユーロ/kg |
|---|---|---|---|
| 輸出 | 189 | 916 | 4.84 |
| 輸入 | 107 | 510 | 4.76 |

表18 不織布物性におよぼす繊維性能

| | | |
|---|---|---|
| (1)<br>繊維の外部形態 | 1. 繊度 | 通気性，透水性，吸液性，不透明度，感触 |
| | 2. 繊維長 | 強力，操業性（アスペクト比） |
| | 3. 断面形状 | 濾過特性（気体，液体），保湿性，吸液性，弾性，光沢 |
| | 4. 捲縮 | 嵩高性，伸縮性 |
| | 5. 艶消と原着 | 色相，不透明度 |
| (2)<br>繊維の物理的性質 | 1. 比重 | 水に浮く／沈む |
| | 2. 強度 | 不織布強伸度＝f（繊維強伸度） |
| | 3. ヤング率 | 硬さ／柔らかさ，音響特性 |
| | 4. 親水性，疎水性 | 親油性，疎油性 |
| | 5. 吸湿性，保水性 | 吸水シート，保液材 |
| | 6. 熱的性質 | IEC絶縁区分，耐熱クッション性，リサイクル |
| | 7. 電気的性質 | 制電性，静電気（エレクトレット） |
| (3)<br>繊維の化学的性質 | 1. 耐薬品性 | 電池（電解液耐性），溶剤（湿式紡糸・乾式紡糸） |
| | 2. 生分解性 | PLA，レーヨン，羊毛，など |
| | 3. 接着性 | バイコン繊維，PVA，コポリアミド |
| | 4. 難燃性 | 用途によっては不融が必要 |
| | 5. 抗菌性 | MRSA |
| | 6. 消臭性 | 活性炭 |
| | 7. その他 | 防ダニ，芳香，イオン交換，など |

　わが国は周辺技術が優れているため，様々な高機能化商品が作られているが，繊維においても然りであり絶えずニューファイバーが紹介されている。不織布の業界から比較的広く注目されているものの一つは極細繊維ではないだろうか。海島繊維による人工皮革に始まったこの分野では，一つはエアフィルターなどに使われるメルトブローン製品。更に最近では水流交絡によって行われる繊維分割であろう。アパレル世界でドレープ性にも関連して繊度が問題にされたが，ワイピングや濾過の世界でも注目されている。

第 1 章　不織布の現況

　もう一つは生分解性だろう。従来製品は丈夫で長持ちが一般的要求であったが，使い捨てのワンウエイ商品が生まれてからは"how to dispose of disposables"が問題となってきた。従来のコットン，羊毛，ビスコースレーヨンなども腐敗するが，もっと早く土中で劣化分解するものとしてポリ乳酸(PLA)などが注目されるようになった。一般不織布としての物性の他，在庫の劣化などクリアしなければならない点が少なくない。特に用途がワンウエイだけに価格問題は大きい。
　また最近は繊維構成ポリマーの一部を改質し，セルロースやポリアクリロニトリルに吸着能やイオン交換能を持たせることも行われている。繊維分子そのものの改質ではないが，光触媒がこのところ脚光を浴びている。脱臭用の光触媒エアフィルターが数社から出されている。

## 4.2　製造法
　ケミカルボンド，ニードルパンチに始まった不織布はその後ステッチボンド，サーマルボンドと展開し，水流交絡が生まれるにいたって結合方式は出揃ったといえる。これによって用途に応じてさまざまな手段が取れるようになり，必要に従い組合せ加工も可能となった。さらに必要に応じて，例えばおむつに対するSAPや防護服における透湿防水フィルムの如く不織布以外のものを援用することによって最終商品の要求に応えている。
　一方，ウェブメーキングの面からみると，従来の製紙技術による湿式法と紡績のカーディング法が昔からあったが，木材パルプのドライレイドによるエアレイド法が開発され，また紡糸直結型のウェブ作成であるスパンレイドが生まれた。これにより密度でみると従来の1/10程度の密度しかないソフトなパルプシートができ，また従来のアスペクト比の常識を破った長繊維不織布が生産されるようになった。なおこれらの過程においてメルトブローン，フラッシュ紡糸，トウ開繊，バースト法などが生まれている。
　薄いシートの代表であるもう一つにフィルムがある。フィルム起源の繊維を用いたワリフは明らかに不織布であるが，不織布と外観上区別のつけにくい有孔フィルム等も出ていて，境界領域はかなりグレーである。比較的標準的な製法一覧はすでに図2に挙げている。ここではシート化時のウェブの方向性についてパラレル・クロス・ランダムのみに留めているが，ワリフ，クレネットなどでは糸のクロスレイングになっている。
　現在の所，これら製法については広幅化，高速化，高品質化が追求されていて，革新的な新製法は見られないが，ここでは厚さ方向への繊維の配向について触れておく。不織布のウェブ・メイキングをみてみるとそれは薄いシートの積層である。そこでは厚さ方向に立っている繊維はない。しかし厚さ方向への圧縮弾性が欲しい場合もあるはずである。カーペットのクッション性が良い例であろう。ニードルパンチのカーペットではニードリングにより一部の繊維がたっている

し、コードカーペットならさらに立毛状である。単品厚手のものならば箱にクロスレイイングしたウェブを方向を変えて取り出せばよい。連続したウェブでも長さ方向に沿って平行に切り、この厚さのあるベルト状のウェブを90度ひねって隣のウェブとくっつければ繊維の方向性は変えられるという古い特許もある。

　実用的には折り畳む方法が多い。古くはコードカーペット、最近ではStrutoの垂直ラップウェブであろう。家具・寝具などのクッションに使われている。前述したようにニードリングも繊維の垂直化に効果的である。特にこの面を強調しているのが Laroche の 3D Web Linker である。

　我々はともすると不織布は2次元のものであり、その集積体も平面の重ね合せと理解してしまう。しかし実際に我々の身の回りにあるものは厚さがあり3次元の製品である。もっとウェブの3次元的な方向性に対して注目しなければならないのではないだろうか。

　研磨材など用途によっては層間剥離を嫌い、エアランダムによって少しでも繊維を立てることが望まれている例もある。

　最近の製造法の特徴はインライン多層化及び多工程の連結であろう。多層化の典型は物理的強度不足メルトブローン不織布（M）を従来のスパンレイド不織布（S）で補強して取り出し、用途展開する。Reifenhäuser が Reicofil 3 のなかでスパンレイド3ビームのSSSと共にSMS（2層のスパンレイドでメルトブローンをサンドイッチしたもの）などを発表している。最近ではサウジアラビアの Advanced Fabrics が ANEX 2003（上海）で $15g/m^2$ のSSMMSを展示していた。組み合わせることで薄くて強度のある均一なシートができている。

　ANEX 2000（大阪）で我々が身近にみることが出来た FreudenbergのEvolon と PGIのMiratec は共に次世代不織布としてアパレル世界への進出を考えたものであった。長繊維が滑ることによって出す織物・編物の持つ柔らかくて丈夫な性質をどのようにして出すかが工夫のしどころで、2社とも分割繊維を水流交絡し、必要に応じて後処理を行っていた。Freudenbergの方は将来の本格生産時に丈夫なものが安価に作れるようにと前述の方法にさらにスパンレイドの技術を組合せ、図12の如く2種の原料から分割繊維のスパンレイド・ウェブを紡出積層し、水流交絡法により繊維の分割と交絡を行っている。

　いずれの会社の製品も編織物とアパレルの世界で競争するにはまだかなりの距離がある。しかし、新しいものであることは間違いなく、熱心な用途開拓はそれなりの成果を期待できるであろう。

　水流交絡法はここに来て非常にポピュラーな手法となり、前述の交絡や分割以外にもソフト化、柄出しなどにも使われている。一度水で濡れるために湿式のウェブを処理することもある。M & J Fibertech が SINCE 2001（上海）で発表したものはカーディングされたウェブを水流交絡で仮接着して基布となし、この上にエアレイド・ウェブを積層後本格的に水流交絡行うもので

## 第1章　不織布の現況

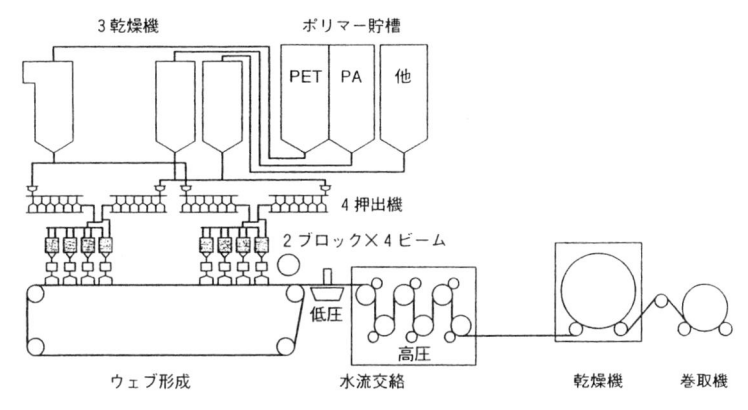

図12　FreudenberghのEvolon生産ライン[1]

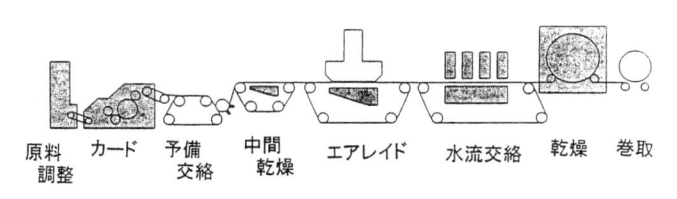

図13　M & J Fibertechの複合ライン

あった（図13）。

　Evolon．Miratecに遅れること半年でDuPontがNOVA（INOVA．Neotisとも言う）を発表している。やはり衣料を対象にしている。フラッシュ紡糸ウェブをスパンデックスで経編するもので，わが国では現在Mexlarとして紹介されている（図14）。

　先に製法で新しいものがない旨書いたが，最近ナノ繊維からみでエレクトロスピニングが注目されていることには触れておきたい。我々が通常使用する繊維は3〜6dtex程度のものが多い。比重を1，円形断面を仮定するならば1dtexで約11$\mu$m．10dtexで30$\mu$mに当たる。通常ナノ繊維と呼ばれるのは0.5$\mu$m未満のものであるから，1dtexの繊維が16分割されても3$\mu$m弱なので追いつかない。従来の超極細繊維の製法は海島繊維から海成分を溶解除去することにより島成分を残す方法であった。人工皮革の製造に用いられる本法は島が数十ないし数百ある繊維を出発としており，この場合数$\mu$mのオーダーとなる。

　これらに対してエレクトロスピニングはポリマー溶液に数千ないし数万ボルトの高電圧をノズル先端と基盤との間にかけ，帯電ポリマーをノズル先端から噴射して溶媒を蒸発させながらポリ

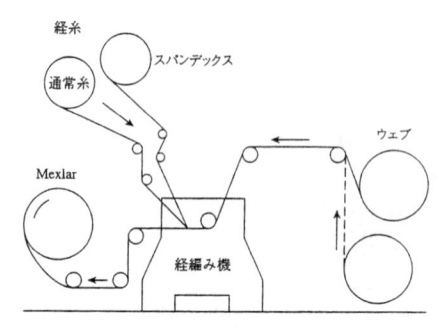

図14 DuPontのMexlarの生産概念図

マーを細化させ基板上にポリマーを集積させる方法である。現在の所シート強度は不充分であり，また繊度からみてもナノオーダーのものが得がたいが現在注目されている不織布の製法である。

### 4.3 用途展開

　表18ですでに見てきたように不織布を設計するには，繊維の特性を充分に検討する必要がある。同じことが最終製品と不織布の間でも言える。不織布の持つどの特性を生かしてどの用途に向けるかである。

　不織布が展開されている用途は広いが(例えば日本繊維機械学会産業資材研究会の分類[2])，大きくまとめると表2に載せた経済産業省の分類のように衣料用，車両用，産業用，土木・建築用，農業・園芸用，生活関連用，医療・衛生用，その他となる。このような用途展開をするためには個々の不織布の持つ機能を充分理解しておくことが肝要である。表19はこの点示唆に富むものと思われる。

　不織布産業の進展はそれぞれの時代を引っ張ってきた商品によるところが大きい。衣料芯地に始まり，ニードルパンチカーペット，自動車内装材，赤ちゃん用おむつと言った流れがこれである。もちろん，人工皮革が生まれ，土木工事に使われ，フィルター，ワイピング材なども活躍している。しかし次の時代を牽引して行くものが今見えてない。これは独り日本に限られたことではなく，世界的な問題でもある。これに対する一つの答えが前述した次世代不織布によるアパレルへの挑戦であり，それ以外にもドライビング・フォースになるような種を見つけ，育てていくのが我々業界に身をおく者の務めであろう。

第1章 不織布の現況

表19 不織布の基本性能と用途[3]

| 基本機能 | 用途名 | 目的 | 具体的用途例 |
|---|---|---|---|
| 濾過 | エアフィルター | 空間，塵，有害成分除去 | ビル，家屋，工場，自動車，居住空間，空気フィルター |
| | マスク | 呼吸，塵，有害成分除去 | 花粉用，産業防塵用，手術用マスク |
| | 集塵フィルター | 粉体，有害成分分離，収集 | バッグフィルター，焼却炉フィルター |
| | 水浄化フィルター | 飲料水，河川水浄化 | 水道水浄化，水環境改善浄化フィルター |
| | 液体フィルター | 工業用，生活資材フィルター | 工業プロセス用フィルター，ティーバッグ，油こしフィルター |
| | 土壌フィルター | 土木資材，水分濾過，土壌補強流出防止 | ドレーン材，法面補強材 |
| 吸収，吸液 | 土壌水分吸出し材 | 土壌の水分吸収，蒸発 | 土地造成吸出し材，テープ |
| | 結露防止剤 | 結露水吸収，蒸発 | 水取りテープ |
| | 走水防止テープ | 水分吸収，保水 | 通信ケーブル走水防止材 |
| | 傷あてガーゼ，Pad | 血液，分泌液吸収 | ガーゼ代替，Wound Pad |
| | サニタリーナプキン | 血液吸収，保液 | サニタリーナプキン |
| | 電池セパレーター | 電解質液透過，保液，保型 | 各種電池セパレーター |
| | 油吸収材 | 油分の吸収，除去 | オイルブロッター |
| 透液 | おしめ表面材 | 尿透過，Fluff保型 | 使い捨てベビー用ダイアパー，大人用ダイアパー |
| 通気/透湿 | 手術用ガウン | 通気，透湿，バクテリアプルーフ，防液 | 手術用ガウン，保護作業衣 |
| | 栽培用べたがけシート | 通気，保湿，防虫 | 農業用べたがけシート，果物栽培袋 |
| | 衣服収納袋 | 通気，防虫，よごれ防止 | 衣服収納ケース |
| | ハウスラップ | 通気，透湿，防水 | ハウスラップ材 |
| 含浸性 | 電気絶縁テープ | 絶縁樹脂多量含浸 | モーター絶縁テープ |
| | FRP基材 | 表面防護，成型基材 | FWP管，小船のFRP材 |
| | 防水屋根材 | ビチュウメン含浸，防水材 | 家屋，ビル屋根材 |
| | 積層板基材 | 積層板成型，加工 | 電気，電子製品配線板回路基材 |
| ふきとり/研磨 | ワイピングクロス | 水，油，汚れ除去 | 家庭用，業務用，産業用ワイピングクロス |
| | ブランケットクリーナー | 印刷機インキクリーニング，ブランケット材 | 印刷機ブランケットクリーナー |
| | 複写機クリーナー | 複写機トナークリーニング，ロールウェブ材 | 複写機クリーニングロール |
| | フロッピーディスククライナー | フロッピーディスク表面保護，塵除去 | |
| | 研磨材 | 汚れ除去，磨き | 台所用たわし，工業用研磨材，精密研磨材 |
| 断熱/遮音 | 衣服中入綿 | 断熱，保湿，保型，柔軟 | スキージャケット中入綿 |
| | 防音，断熱マット | 家屋断熱マット，遮音材 | ガラスマット，防音シート |
| 保型 | 芯地 | 保型，軽量，弾性 | 衣服芯地 |
| 超マイクロポーラス | 人工皮革 | 透湿，通気，柔軟，強度，耐性 | 人工皮革スエード，甲皮，皮革製品全般 |
| | メンブラン膜 | | 精密濾過用 |

**機能性不織布の新展開**

文　　　献（本文中記載分を除く）

1) D. Gruizsch：EDANA シンポジューム（2000年6月）プラハ
2) 矢井田 修：加工技術　**39**(2)112（2004）
3) 岩熊 昭三：ENA97 シンポジューム（1997年5月）大阪

# 第2章 不織布原料の開発

## 1 繊維の太さ・形状・構造の動きと不織布

松尾 達樹*

### 1.1 はじめに

　本稿では不織布において，繊維の広義の物理構造すなわち「太さ・形状・断面マクロ構造，表面物理化学的構造が布の機能・性質とどのような関係にあり，そのもとにおいてこうした物理構造が不織布においてどの様に採用されて来ているか，の動き」を述べることにする。なお物理的構造として，艶消し（不透明さ）と原着（色付け）は実用上重要な項目であるが，本稿ではそれらに関する記述は省くことにする。

　こうした繊維の物理構造としては，太さ，長さ，巻縮，断面形状，断面マクロ構造，表面物理化学的構造に分類でき，本稿ではその各々の項目毎に記述する。一方布の機能・性質について，表1のように分類し，①これらに対し上記の物理構造項目の各々がどのように関わるのか，について説明する。またそうした②物理構造項目の値や形状などを変えるための技術的手段，ならびに③物理構造項目に関わる技術や製品の動向，について述べる。

　通常不織布技術の解説書は製造方法または応用技術を中心に記述されている。また布構造とその性質に関する説明も主として，不織布における繊維の集合形態の面から行われていることが多い。本稿のように繊維自体の物理構造の視点から系統的に不織布を論じた例は，筆者の知る限り皆無といってよい。しかしながら，不織布を用途により適合するように持って行くために，こう

表1　不織布の機能・性質の項目

| 力学的機能 | ・力学的変形特性，・風合い |
|---|---|
| 場所の固定的機能 | ・担持，・接合，・包装 |
| 接触物体・媒体との作用に関わる機能 | ・遮り，・吸水，・吸湿，・透湿，・吸着，・吸油，・ろ過，・イオン交換，・濡れ，・撥水，・他分解・殺菌，・自分解・自溶解，・摩擦・研磨，・ワイピング，・生体適合性 |
| エネルギー，電磁波，導電，導光に関わる機能 | ・保温，・断熱，・吸・遮音，・蓄・発熱，・電磁波シールド，・導電，・導光 |

注）イタリック体の項目は，包括的機能を意味する。

* Tatsuki Matsuo　SCI-TEX　代表

した物理構造の幾つかの項目における値や形状などをより適切なものに持って行くということは，しばしば現実に行われていることである．したがってこうした切り口から不織布全体を見渡し系統的に記述するということは，参照できるものが無いという困難さはあるものの，十分有意義なことと思われる．

### 1.2 繊維の太さ

#### 1.2.1 太さとその効果

　繊維太さは通常，その直径や繊度（dtex ＝ 10km 長さでの重量 g）で表現される．

　繊維太さが布の機能・性質に与える効果は実に幅広い．すなわち，布の目付け（単位面積当たりの重量），布における繊維の集合構造，繊維自体の材質的性質は一定であるという条件のもと，繊維太さを変えることによる布の機能・性質への影響を表2にまとめて示している．一定目付けで繊維太さを小にすると，必然的に布の平均孔径が減少する．孔径が極端に大きい箇所はしばしば布欠点になるが，繊維太さが小になると，こうしたリスクは減少する．したがってそれだけ，薄手の布がより実現しやすくなる．

#### 1.2.2 太さを変えるための技術的手段

　繊維の太さを小にする最も手っ取り早い手段は，単孔当たりの押出し流量を下げることである．しかし，単純にこうしたアクションを取ると生産量の低下につながる．不織布用の短繊維製造の場合，それがある限界以下の繊度になるとカード通過性に障害が出る．また繊度が1 dtex以下になると，紡糸時にドローレゾナンス発生の懸念もでてくるので特別な工夫が必要になる．

　特別に繊度小の繊維の製造法としては，分割性繊維や海島複合繊維を作り，布の段階で分割したり，海成分を溶出させたりする方法があげられる．この方法は，ノズル口金が複雑になるものの，生産性や繊維物性を損なうことなく製造でき，短繊維不織布においてもカード通過性にも問題がない，という長所がある．リヨセル繊維やパラ型アラミド繊維のように，フィブリル化のし易さを積極的に利用して，パルプ状にして紙状の不織布を作ることも行われている．また一方木材パルプを粉砕し，エアーレイド方式によってソフトで吸水性の高い乾式不織布も製造されている．

表2　繊維太さを小さくした場合の不織布の機能・性質への主な影響

| 力学的機能 | ・曲げ剛性（曲げかたさ）⇩　・滑かさ⇧ |
|---|---|
| 場所の固定的機能 | ・担持性：印字性，粒子担持性などは一般に向上 |
| | ・包装性：平滑性，遮り性，印字性などで一般に向上する |
| 接触物体・媒体との作用に関わる機能 | ・遮り性⇧　・保温性⇧　・吸水性⇧ |
| | ・ろ過性：ろ過効率は向上するが圧力損失は増大 |
| | ・ワイピング性⇧　・自溶解⇧ |

# 第2章 不織布原料の開発

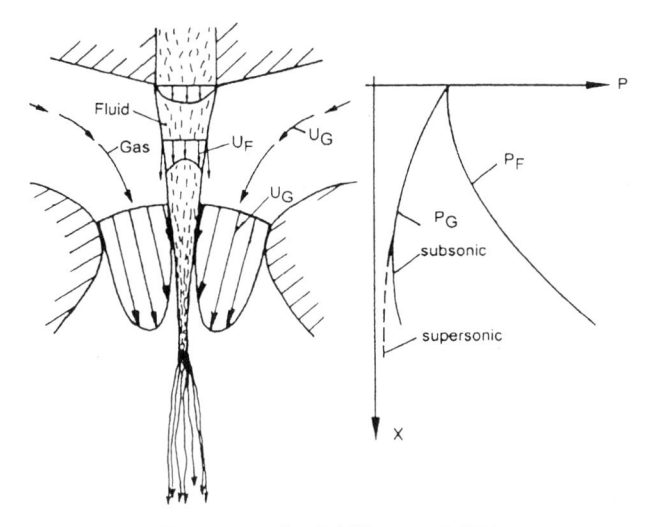

図1 Nanoval法の紡糸過程とその原理図[1]

繊度小の繊維を直接製布法で作る典型的な方法としてはメルトブロー法とフラッシュ紡糸法とがある。しかしながら前者は，エネルギー消費量が大で，得られる不織布の強度が低い，という難点がある。また後者は特定の高分子（PEやPP）にのみ適用できる特殊な製造法である。最近Nanoval法という繊度小の直接製布法が開発されている[1]。図1にその製法の原理を模式的に示している。またその紡糸の仕様をメルトブロー法と比較したものを表3に示す。本製法では，紡糸中の液状の単糸が引き伸ばされつつ破裂開繊して，平均直径 $2-10 \mu m$ の分子配向した連続フィラメントの不織布が得られる。紡糸中の液状ポリマーの内圧に比べて，高速空気流による雰囲気の圧力を小さくすることにより，破裂開繊が生じる。この方法は特定の高分子に限定される

表3 Nanoval法とメルトブロー法の紡糸仕様の比較[1]

| | | Meltblown | Nanoval |
|---|---|---|---|
| spinneret hole diameter | mm | 0.2–0.4 | 0.5–1.0 |
| airslit width | mm | 0.2–0.5 | 3–6 |
| polymer throughput per hole | g/min | 0.3–0.5 | 3–10 |
| polymer throughput per meter spinneret width | kg/h*m | 40–60 | 70–140 |
| spec. energy consumption for polymer heating and drawing | kWh/kg | 2.5–6 | 0.8–1.2 |
| medium diameter $d_{50}$ | $\mu m$ | 2–8 | 2–8 |
| finest diameter range | $\mu m$ | 1–5 | 0.7–4 |
| fiber length | mm | 2–80 | ∞ |

こと無く適用でき，エネルギー消費量もメルトブロー法の数分の1で済むので，小繊度の繊維からなる不織布の製造法として画期的なものと思われる。また最近エレクトロスピニング法(エレクトロスプレー法ともいう)と称する100nm程度の直径を持つ繊維の紡糸法が実験室レベルで研究されている。なおこの詳細ついては次章を参照されたい。

### 1.2.3 繊維太さに関わる技術・製品の動向

繊度の大きいものの例としては，直径が1mmに近いヘチマ様の不織布があり，こうした極太繊度のものは，ジオテキスタイルの排水用，園芸の土壌支持体，たわし，クッション材などに使用されている。一方前記のように直径1μm近くのものもあり，こうした極小繊度のものは，精密エアーフィルター，白血球分離フィルター，おむつ，防塵服，ハウスラッピング材，封筒など多様な用途に使用されている。特に近年の技術的進歩に伴い，繊度の小さい数多くの種類の不織布製品が市場に出て来ている。海島型複合繊維技術を活用した人工皮革は有名である。また最近開発されたFreudenberg社の不織布EVOLON™はPETとNY6の複合分割性繊維で，水流絡合工程で分割が行われ，平均0.15dtexの繊維になっている。


## 1.3 繊維の長さ

### 1.3.1 長さとその効果

繊維の長さ(厳密にいえばアスペクト比)が大きければ，シート形成時に繊維同士の体積排除効果が強く働き，繊維密度の大きい緊密な構造の不織布を作ることが困難になる。例えば湿式不織布では通常密度の高い布が期待されるが，こうした湿式不織布では繊維長を例えば3mm程度以下のチョップド繊維にして使用することが多い。カードウエッブを経由する乾式不織布では，カードの通過性が重視され例えば51mm程度の短繊維が使用される。直接製布法の典型であるスパンボンド法では繊維は連続している(繊維長が実質上無限大)。この場合布中での繊維同士の配向方向は必然的にかなり揃ってしまう傾向が強い。繊維の選択の自由度，ランダム分散性，繊維配向の制御性などの点では，連続繊維より短繊維などの不連続繊維の方が容易である。

繊維の長さが大であれば，布単位幅(または断面積)あたりの引張り強力は大になる。したがって一般に布強力は，スパンボンド法が最大で，ついで乾式不織布，最弱は湿式不織布になる。

### 1.3.2 長さを変えるための技術的手段

人造繊維での短繊維やチョップド繊維の長さは，カッティングマシンの切断長の設定で決まってくる。メルトブロー法の場合を除いて直接製布法では連続繊維となり，逆に非連続繊維としての不織布を作ることは困難である。メルトブロー法では製造過程で必然的に非連続繊維のウエッブが得られ，繊維長を意識的に制御することは困難である。

## 第2章 不織布原料の開発

### 1.3.3 長さに関わる技術・製品の動向

連続繊維からなるスパンボンド不織布の成長率は，不織布の中でも比較的大きい。その一因として繊維の長さに関わるその強度の高さがあげられるが，直接製布法からくるコスト的メリットもその成長に大きく寄与している。前記のNanoval法不織布は不連続繊維からなるメルトブロー法不織布より強度などが高く，コストも低くなりそうなのでメルトブローに置き換わって成長するポテンシャルを持っている。

### 1.4 繊維の巻縮
#### 1.4.1 巻縮とその効果

繊維に巻縮があると，布にふくらみと伸縮性を与える。フィラメント織物などでは，糸における繊維の巻縮効果は絶大なものがあり，巻縮加工が多用されている。一方不織布については，繊維への乾式不織布のカード通過性のための巻縮賦与や詰め綿での嵩高さを出す目的以外には，積極的な巻縮賦与はほとんど行われていない。織物などとは異なり不織布の多くの場合，布のふくらみや伸縮性などが自然に出てくる繊維の集合構造に本来なっているからである。しかしながら例えばスパンボンドなどの直接製布の不織布で，比較的簡単な方法で巻縮が賦与できれば，いろいろな用途において有用であるはずである。

#### 1.4.2 巻縮を賦与するための技術手段

上記のようにカード通過性のため短繊維に巻縮を与えることは通常行われており，多くの場合押し込み型の機械巻縮法が採用されている。特に嵩高さが要求される詰め綿用では，断面非対称収縮を利用した立体性巻縮と機械巻縮とを併用することが行われている。一方直接製布法の場合の巻縮賦与は一般には行われていないが，もし行うとすれば断面非対称収縮を活用した立体巻縮と何らかの機械巻縮との併用が本命であると思われる。分割型の複合繊維を利用して2成分間の繊維長差によるたるみを作り出し，ふくらみやぬめり感を与えることもできる。

#### 1.4.3 巻縮に関わる技術・製品の動向

最近巻縮性を謳った不織布も開発されているようである。またEVOLON™のように2成分の繊維長差によるふくらみを持たせ，ぬめり感のある布も作られている。

今後積極的な巻縮賦形によって，例えばはっぷ材や芯地などで伸縮性を賦与することは十分可能であろう。例えばPTT繊維のサイドバイサイド型複合繊維に，軽く機械的巻縮を与えて製布し，布加工の段階で弛緩熱処理して立体巻縮を発現する方法などが考えられる。

## 1.5 繊維の断面形状

### 1.5.1 断面形状とその効果

繊維の断面形状は通常円形であるが，衣料用やインテリア用を含めると，実にさまざまな異形断面形状がある。断面形状は，中空部の個数と割合，溝や突起の形状と個数，全体としての偏平の度合い，などで特徴付けられる。

断面形状による効果はかなり多方面にわたるので，表4に整理してみている。円形断面から突起の多い断面になるとドライな触感になる。適切な突起や溝のある断面であれば，担持性や接合性が大きくなる可能性がある。異形断面にすると光沢を変えたりすることができるので包装効果も変わって来る。偏平にし，偏平面がシート面に合致させることができれば，遮り性が上昇する。シャープな溝は吸水性を高める。シャープな突起があれば，ワイピング性が高まる。材質表面の疎水性と適切な突起形状の組み合わせによって，布の撥水性を高めることが可能である。

### 1.5.2 断面形状を変えるための技術的手段

異形断面にするためには，ノズル孔の形状を変えるのが最も手っ取り早い手段である。しかしシャープな突起や溝を持つもの，少し複雑な断面形状，大きい中空度のもの，などを実現しようとすれば，複合紡糸した後一方の成分を溶出したり，分割したりすることになる。たとえば最近

表4　繊維の断面形状と不織布の機能・性質への主な影響

| 力学的機能 | ・すべりに関わる触感，・起毛繊維の方向付け |
|---|---|
| 場所の固定的機能 | ・担持性，・接合性，・包装効果 |
| 接触物体・媒体との作用に関わる機能 | ・遮り性，・保湿性，・吸水性，・給油性，<br>・ろ過性，・濡れ，撥水性，　・摩擦・研磨性<br>・ワイピング性 |

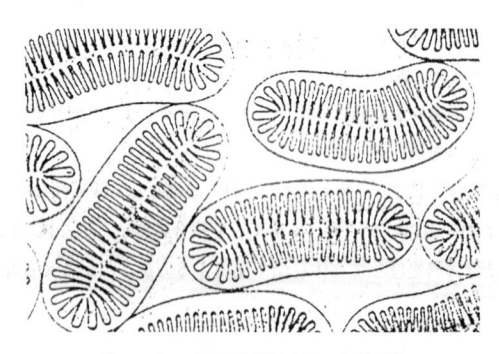

図2　多ヒダの断面構造を持つ複合繊維

第2章　不織布原料の開発

図2のような断面の複合繊維が市販されているが，その外側の繊維を溶出できるようにすれば，多数のひだのある断面形状の繊維になるので，例えば担持性の優れたものができるだろう。

### 1.5.3　断面形状に関わる技術・製品の動向

織物などでは異形断面が広く活用されて来ているが，不織布ではまだその活用されている度合いはかなり小さい。しかしながら上記のように断面形状の効果はかなり大きいので，今後の積極的活用を期待したい。

## 1.6　繊維の断面マクロ構造

### 1.6.1　断面マクロ構造とその効果

ミクロ構造が分子配向や結晶構造に関わるのに対し，ここでいうマクロ構造とは少なくとも1$\mu$m以上の構造であり，ここでは断面におけるこうした構造を対象とする。したがって相分離した混合体の複合繊維，海島型複合繊維，分割のための複合繊維，サイドバイサイド型複合繊維，非対称冷却などによる非対称構造繊維，芯鞘型複合繊維などである。その効果目的は多様であり，例えば分割細繊度化，フィブリル化，巻縮などの効果があげられる。しかしこれらはそれぞれの項で記述しているのでここでは触れない。不織布で特に重要な複合繊維としては芯鞘型の接着性繊維があげられる。芯部は高融点の高分子を，鞘部は低融点・低軟化点の高分子を組み合わせたもので，鞘部が融解しかつ芯部の融点以下の温度で，接着材として機能させる。不織布や紙のサーマルボンドなどに広く用いられている。

### 1.6.2　断面マクロ構造を変える技術的手段

複合紡糸が最も普通に採用されている手段である。その他には目的に応じて，上記のように混合紡糸，非対称冷却などの方法が採られる。

### 1.6.3　断面マクロ構造に関わる技術・製品の動向

上記のように芯・鞘型複合繊維は熱接着材繊維として広く用いられている。また海島型複合繊維では人工皮革など，分割型複合繊維ではEVOLON™などの例がある。注目すべきは図2のように入り組んだ構造の複合繊維の場合，複合する2成分の組み合わせの選択幅が大きく広がるので，今後新しい機能繊維のフロンティアを拓く技術手段の一つになり得るはずである。

## 1.7　繊維の表面物理化学的構造

### 1.7.1　表面物理化学的構造とその効果

表面物理化学的構造としては，①濡れに関わる親水性・撥水性，親油性に関わる物理化学的構造，②光触媒などの反応機能構造，③イオン交換機能構造，④ミクロボイドによる吸着・吸着反応機能構造，⑤マクロな凹凸構造，などがあげられる。①の効果は自明であるが，②につい

ては，抗菌や除菌．③については，イオン性の有毒物質除去などに用いられる．④については，溶剤回収，有毒物質の除去，悪臭の除去，除湿などに用いられる．⑤については，摩擦性，吸水・給油性，担持性，接合性などに関わりを持っている．

## 1.7.2　表面物理化学的構造を付与する技術的手段[2]

①の濡れ性を左右する因子は接触媒体との化学的親和性と表面の凹凸構造である．化学的親和性を制御するには種々の表面処理があげられるが，最も簡便にはオイリング処理である．②の光触媒などの反応機能については，表面にアナターゼ型結晶の酸化チタンなどの触媒を存在させるとか銀を配合するとか，の方法があげられる．③イオン交換能については，イオン交換基を何らかの方法で導入する方法や，チタン酸カリなどの無機イオン交換体の繊維などがある．④吸着・吸着反応機能については，活性炭の担持や活性炭素繊維，ゼオライトを持つ繊維，薬品添着活性炭，アクリレート系の改質繊維などがあげられる．⑤については，例えば微粒子を含むPET繊維をアルカリ減量すれば，粒子の脱落による多孔を持つ凹凸表面の繊維が得られる．

## 1.7.3　表面物理化学的構造に関わる技術・製品の動向

ダイヤパーや失禁対策ナフキンなどでは親水性を賦与し，尿を効率的に吸収する工夫がされている．最近光触媒そのものの繊維が開発されている[3]．それは芯部がシリカで表層が酸化チタンからなる傾斜構造繊維で，浴槽，プールなどの浄化に極めて有効に使われている．またアクリル繊維に銀を配位した繊維が開発されており，それは光触媒作用と銀イオンの殺菌作用の両面から除菌機能を有している[4]．他に最近セルロース系繊維の内部でゼオライトを結晶させ，これに銅を担持させた繊維も開発されており，アンモニアなどの悪臭物質の除去に有効と言う[5]．上記のアクリレート系の改質繊維は，アンモニア除去用，硫黄系臭気除去用，酸・アルデヒド系物質の除去用のタイプがある[6]．凹凸表面繊維を機能作用の賦与手段として積極的に利用している例はまだほとんど見当たらないが，今後これを利用した機能繊維の開発展開も期待したい．

文　　献

1) L. Gerking:*Proceedings of International Man-Made Fibres Congress*, Dornbirn (2003)
2) 東レリサーチセンター：機能性不織布の最新技術 (2001)
3) 石川：日本繊維機械学会春季セミナー講演要旨集 67 (2004)
4) 日本エクスラン工業㈱：加工技術 39, 174 (2004)
5) 国沢ら：日本繊維機械学会年次大会講演要旨集 142 (2002)
6) 東洋紡績㈱マーケッティンググループ：加工技術 38, 710 (2003)

## 2 ナノファイバーと不織布

谷岡明彦*

### 2.1 はじめに[1]

ナノテクノロジーの進展に伴いナノファイバーに対する関心が集まっている。ナノファイバーからなる不織布、あるいはナノファイバーを含んだ不織布がどのような特性を有しているのか。果たして明確な用途があり、大きな市場が存在するのかどうかにについて非常に関心が強いところである。ナノファイバーを利用した不織布の開発の歴史は意外に古いと言える。1934年にはすでにエレクトロスピニングを利用した不織布の特許が見られ、多くの用途開発も行われていたと考えられる。未だに明確な用途が考えられない「ナノファイバー不織布」に対して、その進展に対して大きな疑問を投げかける向きも多い。しかしながら、ナノファイバーの役割や重要性を完全に否定した時、「なぜアメリカ政府が巨額の資金をつぎ込んでまでナノファイバーの開発を行っているのか？」、という疑問に対してどのような答えを与えれば良いのであろうか。米国で「ナノテクノロジー」が国家プロジェクトとして提案されたとき、多くの専門家は成功の可能性について否定的であった。しかし今や日本の半導体産業は衰退の一途であるのにアメリカでは一向にその気配が感ぜられない上に、ナノテクノロジー関連の計測機器や加工機器に関しては日本は全く太刀打ちできないでいる。したがってわれわれはアメリカの最近の動向を決して無視することはできず、ナノファイバープロジェクトの行き着く先を正確に判断しなければならない。このためにはまずナノファイバーの定義から始め、ナノオーダーの直径を持つ繊維がどのような特性を有しているかについて把握した上で、「ナノファイバー不織布」の用途を考えなければならない。

### 2.2 ナノファイバーの定義[1~4]

ナノファイバーの定義は次のようになされている。繊維直径が0.1nmから1nmをオングストロームサイズ、1nmから100nmをナノサイズ、100nmから1000nm（0.1$\mu$mから1$\mu$m）をサブミクロンサイズ、1000nmから10000nm（1$\mu$mから10$\mu$m）をミクロンサイズと呼ぶ。したがってナノファイバーとは直径が1nmから100nm、長さが直径の100倍以上の繊維状物質と定義する。ちなみにオングストロームサイズの直径を持つ繊維を高分子鎖（広義には分子鎖）、サブミクロンサイズとミクロンサイズの繊維をミクロファイバー、数十ミクロン以上の直径を持つ繊維を通常繊維と呼ぶ。したがって従来から知られているセルロース等におけるフィブリルこそがナノファイバーに対応してると言える。ここで重要な点は高分子鎖とナノファイバーとは全く

---

*　Akihiko Tanioka　東京工業大学　大学院理工学研究科　有機・高分子物質専攻　教授

機能性不織布の新展開

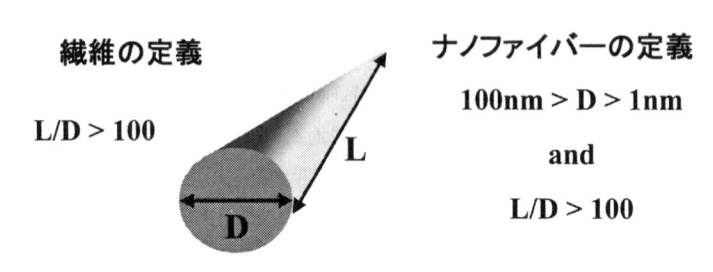

図1　ナノファイバーの定義

異なった視点で見なければならないことである。つまり高分子一本鎖とナノファイバー一本とでは性質が全く異なっている点である。図1にナノファイバーの定義を示す。本図から明らかなように，ナノファイバーの太さは可視光の波長より短く，紫外線やX線の波長領域にある。

## 2.3　ナノファイバーテクノロジー[1]

　例えば，セルロース分子が分散している「フィルム」（セロファン）は湿度に対して簡単に膨潤し強度も著しく低下し実用性も広くない。しかしミクロフィブリルから成っている「紙」は湿度に対して比較的安定で用途は膨大である。これは同じ物質であっても，分子を集合させ構造を制御したフィブリルから構成されていれば，吸湿性に優れ機械的強度も比較的安定し「材料」としてより優れていることを示している。このようにナノファイバーを基本にさまざまな加工を行い，繊維の太さに関わりなくさまざまな機能を創出する技術をナノファイバーテクノロジーと称する。すなわちナノファイバーテクノロジーとはセルロースで見られるように天然ではすでに行われて来た，分子の集合化，集積化，階層化により生じる優れた機能性の獲得を人工的かつ工業的に行うことを意味している。一般的に分子の集合化，集積化，階層化を一本の繊維で考えると広い用途は考えられない。しかし二次元に拡張すると「布帛」が風呂敷や衣服として利用されるように，さまざまな用途が開ける。図2に高分子鎖，ナノファイバー，ミクロファイバー，ナノコーティング，ナノファブリック，ミクロファブリック間の関係，およびこれらを統括する，製造，加工，用途技術としてのナノファイバーテクノロジーに関して示す。

第2章 不織布原料の開発

図2 ナノファイバーテクノロジーとは

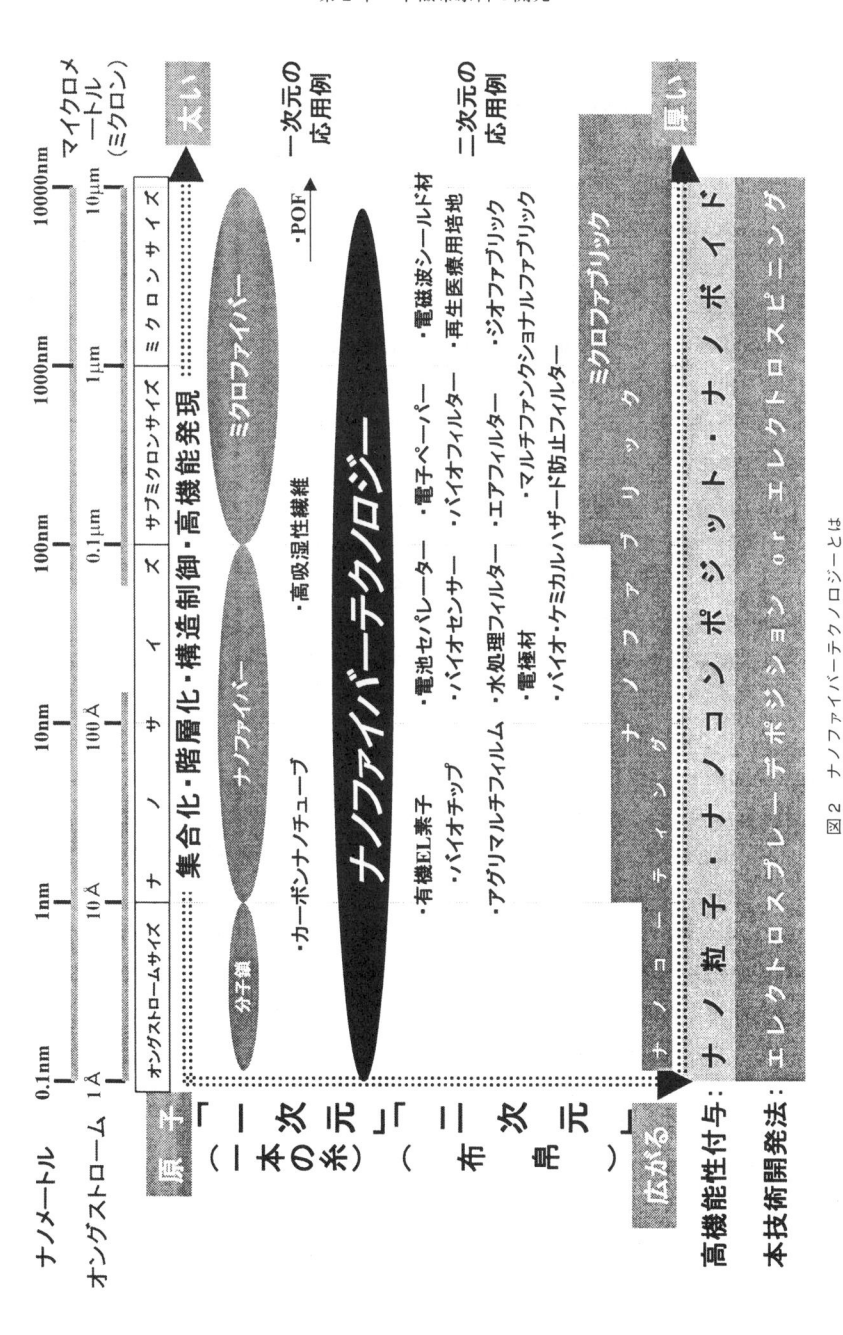

本図からも明らかなごとく、ナノファイバーおよびナノファイブリックという概念の出現によりフィルムと不織布は一連の連続した概念であると言える。またエレクトロスプレーデポジション法(またはエレクトロスピニング法)の出現により同一の手法により、ナノコーティング、ナノファブリック、ミクロファブリックが創製できる。

ナノテクノロジーが国家プロジェクトとして取り上げられて以来その進展を概観すると、「繊維」の概念を大きく変えたと言える。例えばカーボンナノチューブは中空糸であり、ナノワイヤーやDNAも繊維であるという認識が広まっている。また近年エレクトロスプレー法や複合紡糸法の進展によりナノオーダーの直径を有する合成繊維が製造されるようになり、繊維の用途が従来の「衣料用」からIT、バイオ、環境・エネルギー分野における「技術フロンティア領域」への展開をはじめた。特に「不織布」としてのナノファイバーの利用は機能性素材として非常に大きな用途を生み出すものと考えられる。

## 2.4 ナノファイバーの製造法[1]

ナノファイバーの代表的な創出法は次の4例である。

① カーボンナノチューブ創出法
② 自己組織再生誘導コラーゲンナノファイバーを作る天然物ナノファイバー創出法
③ 超分子ナノワイヤー創出法
④ ナノファイバーを作るナノ紡糸法

創出技術には、ナノサイズ特有の物質特性を利用して新しい機能を発現させる技術のほかに、それと関連のあるプロセス技術やナノ加工・計測技術が含まれる。ナノファイバーの創出法の中でもカーボンナノチューブ創出法とナノ紡糸法は、創出された材料の用途が明確な所から最も注目されている技術である。

まず、カーボンナノチューブの創出法には、アーク放電法、レーザー蒸発法、化学気相成長法(CVD)等が知られている。この中でもCVD法は大量生産が可能で信州大の遠藤教授による流動触媒法は実用化されている。この他カルビン類から製造する方法や炭素前駆体ポリマーチューブを炭素化する方法が大量生産を可能にする新しい技術として注目されている。

次に、主なナノ紡糸技術には複合紡糸法、メルトブロー法、エレクトロスプレーデポジション(エレクトロスピニング)法がある。複合紡糸法はわが国の最も得意とするところであり、極細の繊維を作る手法としてこれまでサブミクロンオーダーまでのミクロファイバーが製造されてきた。最近、この方法をさらに進めてナノオーダーの繊維を製造することが可能となっている。メルトブロー法は極細の繊維からなる不織布を工業的に製造できる重要な技術であり、現在サブミクロンの太さの繊維製造まで試験的レベルでは可能となっている。エレクトロスプレーデポジ

## 第2章　不織布原料の開発

ション（エレクトロスピニング）法は，薄膜やチップから繊維製造まで行うことができる非常に広範な技術である。わが国では主として大学の研究室レベルの研究が中心であるが，海外では研究開発だけではなく，米国で本格的な生産が行われており，ドイツにおいては工業生産の一歩手前にある。

エレクトロスプレーデポジション（エレクトロスピニング）法とは，質量分析法で用いられてきた方法を応用して行うフィルムや不織布の製造法である[5]。本方法は条件により数nmの厚み（ナノコーティング）から数百nmの厚み（ナノファブリック）を経て，数$\mu$mの厚み（ミクロファブリック）を持つフィルムや不織布が一連の技術として製造可能である（図2）。ナノコーティングにおいては真空蒸着法，スピンコート法，インクジェット法に比べて製造される薄膜の厚みや製造工程の単純さにおいて格段に優れた特長を有している。エレクトロスプレーデポジション（エレクトロスピニング）法では2,000V～20,000Vの高電圧を高分子溶液の入ったノズルの先端と基盤上間に加え，荷電した高分子をノズルの先端から噴射し基盤上にデポジットさせる。ノズルから噴出された高分子溶液はいったん分散した後再び集合し基板上に集積される。溶媒は飛行過程中に蒸発し，基板上の高分子は乾燥している。本方法は分子量に関係なく適用でき，水やアルコール（飛行過程中に蒸発するが）から分子量100万以上の高分子に至るまでスプレー可能である。これまでに，ポリエチレングリコール，ポリアクリル酸，ポリアニリン，DNA等30以上の高分子に対してスプレーが可能であることが知られている。エレクトロスプレーデポジション（エレクトロスピニング）法によると同種の高分子であっても，分子量や溶液濃度等の条件を変化させることにより，ナノコーティング，ナノファブリック，ミクロファブリックが形成される。エレクトロスプレーデポジション法の研究はバイオチップを作製することから始まっており，タンパク質等生体高分子の薄膜形成に利用されることが多い。エレクトロスプレーデポジション法を繊維製造に使用する場合に限りエレクトロスプレースピニング（ESP）法またはエレクトロスピニング法と呼ぶ。

### 2.5　ナノファイバーの特徴[1]

ナノサイズ特有の物質特性を引き出すナノファイバー効果は，①サイズ効果（比表面積の増大，体積の減少による反応性・選択性の著しい向上，超低消費エネルギー等として具体化される効果，光に対する効果）②超分子配列効果（分子が規則正しく配列して，自己組織化して，統一された機能を発現）③細胞生体材料認識効果（細胞が認識して結合する特異構造ナノファイバー）④階層構造効果（ナノポリマー鎖レベルからのナノ階層構造により発現する効果）などがあげられる。これらのなかで工業的に製造されたナノファイバーが有する効果としてはサイズ効果や階層構造効果が最も有効である。図3に空孔効果の概略を示す。ナノファイバーからなる不

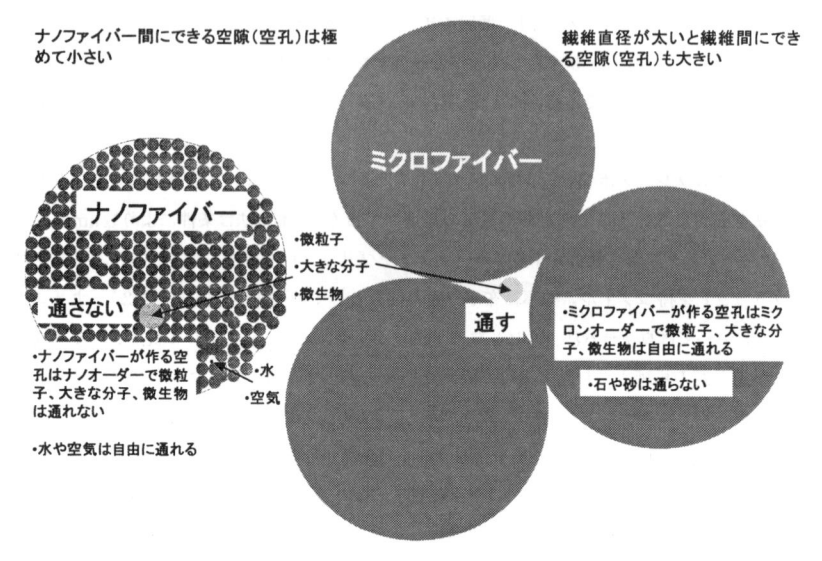

図3 ナノファイバーの効果 I （空孔効果）

織布はミクロファイバーに比べてより小さな空孔を有する。このことを利用してより小さな粒子を選別できるフィルターを作製することが可能である。またナノファイバーはサブミクロンの大きさを有する粒子の除去に優れた特性を発揮するとされている。この範囲に炭疽菌等の菌類がある。図4に表面積効果を示す。ナノファイバーはミクロファイバーに比べて比表面積が著しく大きい。このことは物質の吸着に対して優れた特性を有すると考えられている。図5に光効果を示す。ナノファイバーの直径は光の波長より小さいことから創製されたファブリックの透明度が高いと考えられる。図6に集積効果を示す。ナノファイバー集積により，より強度に優れた繊維を創製することができる。また最近の成果によるとナノファイバーをコンポジットに使用すると，材料間の滑りを向上させる効果があることが明らかになってきた。

## 2.6 ナノファイバーの問題点[1]

エレクトロスプレーデポジション（エレクトロスピニング）法によるとポリアクリル酸のように，従来の紡糸法では繊維することが難しい高分子でもナノファイバーからなる不織布（ナノファブリック）を一工程で製造可能であり，また複合紡糸法ではナノオーダーのフィラメントヤーンが製造される等実用化をはかる上でも障害は少ない。しかしながら高配向度を有する繊維が力学的に高強度とは限らない。一般的に繊維が実用化されるには，結晶，非晶が適度に分布し

第 2 章　不織布原料の開発

**ナノファイバーになると表面積が飛躍的に増大**

直径20nmのナノファイバー
－12万本からなるファイバ
ー
20μm

0.02μm＝20nm

ナノファイバー（新規）

通常のファイバー
20μm

総表面積
(気体・液体と接触可能)

大　＞　小
1000倍

ミクロファイバー（従来）

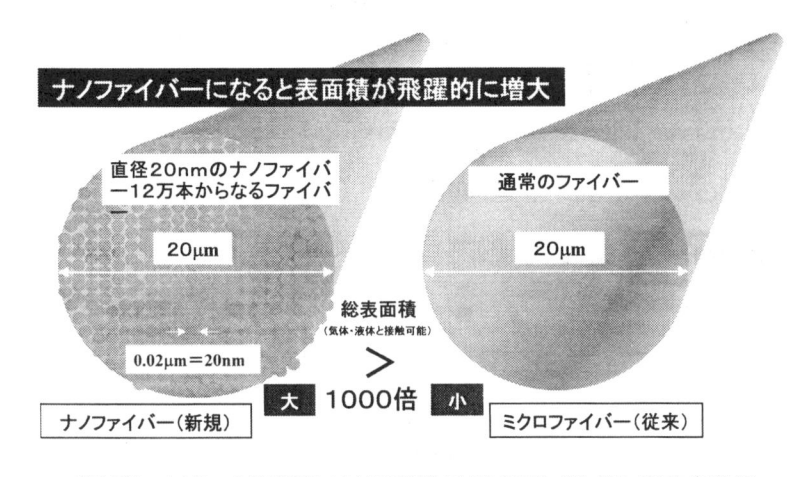

表面の高いエネルギー、大きな表面積、小さな隙間(空孔)により多くの気体、液体、固体、微生物が吸着する

図4　ナノファイバーの効果Ⅱ（表面積効果）

ミクロファイバー　　　　ナノファイバー

ミクロファイバーは白く不透明　　　ナノファブリックは透明

ミクロファイバーにより乱反射した光

光

ミクロファイバーの直径は光の波長より大きく、直進してきた光は乱反射される。

1μm

ミクロファイバーにより乱反射した光

光

直径＝1nm〜100nm

ナノファイバーの直径は光の波長より小さく、直進してきた光は乱反射されない。

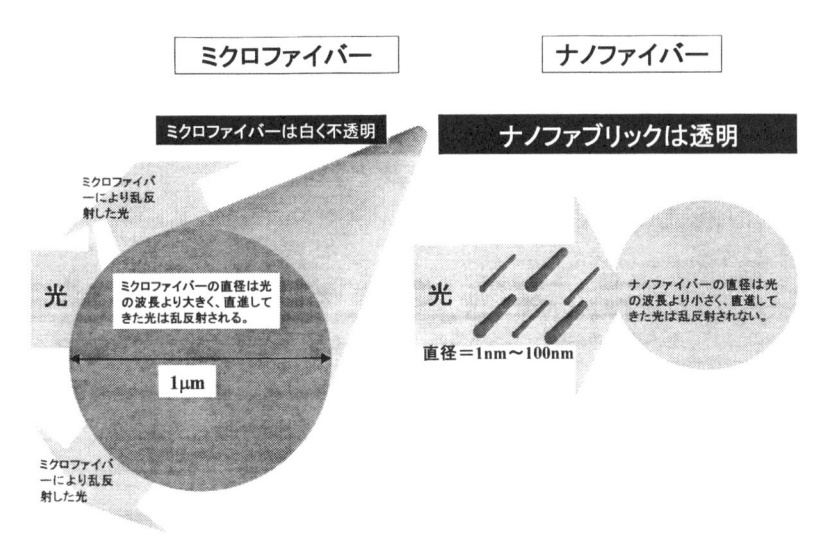

図5　ナノファイバーの効果Ⅲ（光効果）

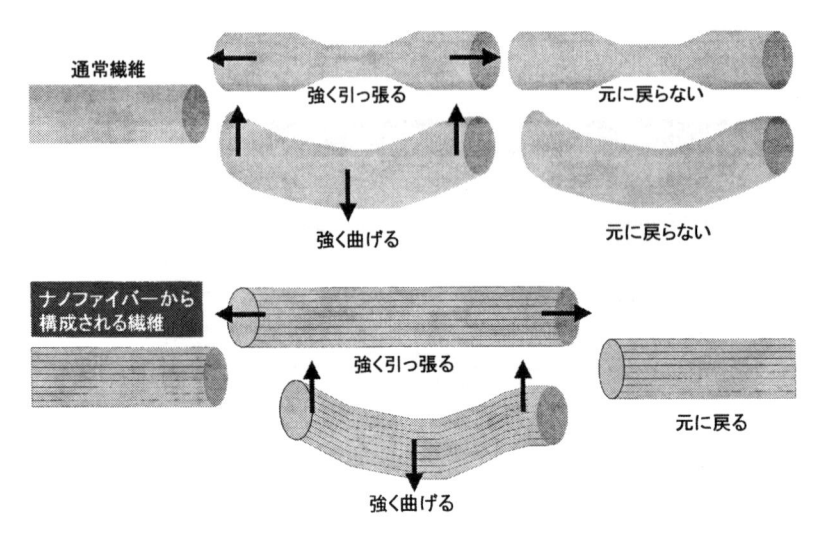

図6　ナノファイバーの効果Ⅳ（集積効果）

ており，その上で非晶鎖が存在しなければならない。たとえば単結晶の幅は20nm程度であるから，これらがナノファイバー中で適当に分散させ適度な強度を得ることは難しい。一般的にいわれていることはエレクトロスプレーデポジション（エレクトロスピニング）法によるナノファイバーの強度はあまり高くないということである。配向度も結晶化度もあまり高くないことに由来する。結晶化度は熱処理により向上させることが可能であるが，配向度の向上にはブレークスルーが必要である。前節および本節を基に，メリットとデメリットを熟知した上でナノファイバーの用途を考えなければならない。

## 2.7　ナノファイバー不織布の用途[1,2]

　ナノファイバー一本では用途は極めて限定される。これらを集合化・階層化して構造制御を行いさらに一本の糸（一次元）を布（二次元）にすると機能性は著しく高まり用途は飛躍的に拡大する。このようにナノサイズやナノ構造を有するファイバーを作製したり，用途に応じた機能や形状を有する材料の製造や加工を行い，ナノファイバー効果を最大限に引き出す技術を総称してナノファイバーテクノロジーと呼ぶ。

　一次元のナノファイバーの代表的な例としてカーボンナノチューブや超極細繊維を上げることができる。カーボンナノチューブは電子部品，吸着剤，電池部品，導電性複合材料等に，超極細繊維は高吸湿性合成繊維として利用できる。これらのほかに高分子光ファイバー（POF）もこの

## 第2章　不織布原料の開発

範疇に含めることができる。

　二次元のナノコーティング，ナノファイバー，ミクロファイバーとなると用途は格段に拡がる。まずIT産業用の代表的な利用例として有機EL素子，電池セパレーター，電子ペーパー，電磁波シールド材，電極材等をあげることができる。EL素子はナノコーティングに基づくナノコンポジットの代表的な例と考えることができる。電池セパレーターとして二次電池や燃料電池の隔膜をあげることができる。使用目的に応じて数nm～数百nmの空孔を有した微多孔性や粗多孔性膜が必要となる。電子ペーパーは液晶とナノファイバーのナノコンポジットであり，薄膜を形成することができる。電磁波シールド材には高効率と軽量性が求められる。導電性高分子，カーボンや金属繊維とナノコンポジットした高分子からなるナノファブリックやミクロファブリックを用いることができる。また電極材等に使用するためには炭素化しなければならない。次にバイオテクノロジー産業用の代表的な利用例としてバイオチップ，バイオセンサー，バイオフィルター，再生医療用培地を上げることができる。バイオチップやバイオセンサーにナノコーティングやナノファブリックを用いると均一な薄膜形成や多孔性構造がもたらされ感度や精度の向上を図ることができる。特に導電性高分子ナノファイバーを用いたセンサーの感度が従来に比べて100倍以上向上したという報告も見られる。ナノファブリックやミクロファブリックに微生物を固定化しバイオフィルターとして用いると反応性の向上が図れ処理速度を上げることができる。ナノボイドの存在するミクロファブリックは微生物の固定化に利用することができる。また再生医療用の培地の特性として有害なウイルスを排除しES細胞の健全な成長をはかる必要がある。現在生体高分子や生分解性高分子を利用したナノファイバーファブリックからなる培地は実用化の可能性が非常に高いと言われている。環境産業用の代表的な利用例として，農業用多機能ビニール，水処理フィルター，エアフィルター，ジオファブリックを上げることができる。農業用多機能ビニールは撥水性，保湿性，保温性，紫外線のカット等相容れない性質を同時に要求される。水処理フィルターとしての逆浸透膜やナノろ過膜の活性層の創製にはナノコーティング技術が最も必要とされる。ナノファブリック中のナノファイバー間で形成される空隙は限外ろ過や精密ろ過膜の空孔として利用できる。ナノボイドを有する水処理フィルターには各種の機能性を付与することができる。ナノファブリックやミクロファブリックからなるエアーフィルターは除去性能や処理性能が高い。ナノファイバーファブリックを使用した自動車用エンジンフィルターは実用化が始まっており，今後飛躍的な展開が期待されている。またバイオ・ケミカルハザード防御用フィルターとして，マスクや衣服への応用が始まっている。ジオファブリックとしては，宇宙船のような構造体には軽量化が要求されることからナノファブリックが重要な役割を果たすものと期待される。特にナノファイバーの構造を精密制御することにより低欠陥のナノファイバーが構築可能である。ナノファイバーは非常に高いアスペクト比を有しているので高強度の材

料としての展開が期待できる[1,2]。ナノファイバーと高分子との界面の構造を制御し、高強度のナノファイバーを高分子中に分散させることにより、高い強化効率を実現し、従来の複合材料に比べて超軽量、高強度の材料を実現できる。またナノファイバーは複合材料の接合材として、材料間の滑りを向上させる目的で使用されている。

さらに、ナノファイバーの繊維径制御や内部構造制御には高度なプロセス技術や加工技術を必要とするだけではなく、優れた計測機器を必要とすることから、マイクロエレクトロメカニカルシステム(MEMS)、ナノ加工、マイクロリアクター、ナノ計測・評価関連の最先端の科学技術・新産業が生まれ発展する。特にナノ計測・評価関連機器は欧米に比べて著しく遅れていることから、かつての繊維産業が精密機器産業を押し上げたようにナノファイバー製造技術を通じて新たな展開を行わなければならない。

## 2.8 おわりに

ナノファイバーの不織布への応用は始まったばかりである。特にエレクトロスプレーデポジション(エレクトロスピニング)法は非常に簡単にナノファイバーを作製できることから、米国では非常に研究が盛んである。わが国には複合紡糸法によりナノファイバーを作製する技術をすでに有しており、今後この方法により作製された不織布の用途についても考えなければならない。またメルトブロー法は工業的に不織布を作製する上では最も優れている。今後ナノファイバーからなる不織布が作製されるようになる可能性が残されている。

ところで、ナノファイバーからなる不織布を作製したとしても、どのような用途展開が考えられるのか、本当に市場が存在するのかという疑問が依然として存在する。ナノファイバーの効果を見ても今後さまざまな機能性を有した不織布が創出される可能性が高い。特に米国では繊維産業の復権策としてナノファイバーを利用した機能性スーツの開発に重点投資を行っている。今後さまざまなアイデアが提案され、ナイロン、アクリル、ポリエステルの発明により続いてきた合成繊維産業が、新たに飛躍的な発展を遂げるものと言える。

## 文　献

1) 本宮達也監修,「ナノファイバーテクノロジーを用いた高度産業発掘戦略」, シーエムシー出版, (2004)
2) 谷岡明彦, 繊維と工業, 59, No.1, P-3, 2003
3) 第1回ナノファイバー技術戦略研究会　講演会要旨集 (2003)

## 第 2 章　不織布原料の開発

4) 本宮達也, 谷岡明彦, 繊維と工業, **59**, No.8, 2003
5) 山形豊, 松本英俊, 高分子, **52**(11), 829-832 (2003)

## 3 ガス吸着・金属防錆繊維と不織布

夏原豊和[*1]、鶴海英幸[*2]

### 3.1 開発の背景

貴金属品、金属製楽器、銀食器などに多く使用されている銀、白金、銅などの金属は、時間の経過とともに硫化し、その結果商品は錆びたり、変色を起こしたり、カビが発生したりする。ところが従来の吸着・防錆材では、それらを防止する機能がほとんどなかったり、また空調機器などの装置に使えないケースが多くあった。

そこで、東洋紡と日本エクスラン工業は、簡単に素早く機能を発揮し、しかも効果が持続する製品へのニーズに着目し、アクリレート系繊維*を改質することによって、ガス吸着・金属防錆繊維「セルファイン」を共同開発することに成功し、上市した。

* アクリレート系繊維とは、単量体がアクリル酸、アクリル酸ナトリウム、アクリルアミド架橋共重合体から構成されている直鎖状合成高分子からなる繊維（JISの定義より）

### 3.2 製品概要

「セルファイン」には、上述の金属防錆機能をもつもの以外にも、アンモニアや酸を吸着するものもある。従来からある粒状や繊維状の活性炭などの吸着材に比べ、優れたガス吸着能力を持ち、消臭機能、金属の防錆（変色防止）機能、抗菌防臭機能などを兼ね備えている。

「セルファイン」シリーズには、以下の3種類の素材タイプがある。

① 大気中の硫黄系臭気物質を捕獲して、金属の変色や錆びを防止する、「セルファインS」
② 空気中や、水中のアンモニアを吸着する、「セルファインN」
③ 大気中の酸やアルデヒド系物質を吸着する、「セルファインA」

用途と、対象の臭気ガスに応じて、3種類を複合して使用することも容易にできる。

### 3.3 製品の特長と用途例

① 「セルファインS」

「セルファインS」は、大気中の硫黄系臭気物質（$SO_x$（硫黄酸化物）、硫化水素、メルカプタン等）を捕獲し、金属の変色を防止する防錆機能を持つ。一例として、硫化水素ガス吸着特性を図1に示す。「セルファインS」は、繊維状なので、表面積が大きく、吸着速度が速いのが特長

---

*1 Toyokazu Natsuhara 東洋紡績㈱ AP事業部 主席部員
*2 Hideyuki Tsurumi 日本エクスラン工業㈱ 研究開発部

## 第2章 不織布原料の開発

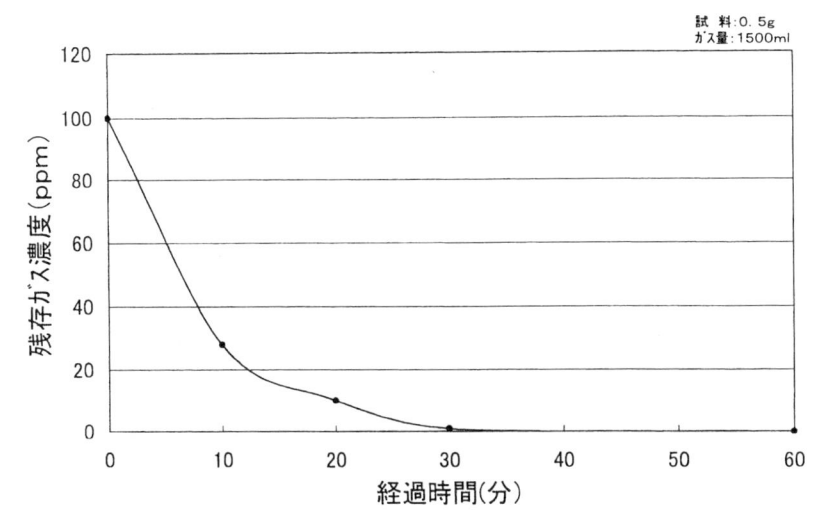

試料：0.5g
ガス量：1500ml

図1 セルファインSの硫化水素ガス吸着性

である。またすぐれた抗菌防臭性、防カビ性をあわせもつ。

考えられる用途は、金属製楽器の防錆材、銀食器や銀製アクセサリーの保管用防錆材、配電盤の防錆材、冷蔵庫の脱臭シート、空調機器等のエアーフィルター、衛生材料などの生活資材、等である。

楽器メーカーと共同で取り組んだ金属変色試験結果（写真1）を示す。フルートの保護材（楽器ケースの中材）として「セルファインS」を使用したところ、使わなかった方だけが16日後に錆びて変色している。

楽器用途については、これらの実地評価試験で良好な効果が得られたことと、新聞発表以来、消費者からの多数の問合せがあったことから、商品化（発売時期）が早まった。楽器ケースの中材（芯地）のほか、別売雑貨品（アクセサリー）としてさまざまな形態がある。

冷蔵庫の脱臭シートは、冷蔵室や野菜室の臭いをすばやくたっぷり吸着し、他の食品への臭い移りを防ぐ素材として評価を得ている（写真2）。そのメカニズムは、「セルファインS」に含まれる酸化銀がイオン反応を起こし、野菜や果物の腐った臭いなどを吸着し、スピード消臭する（図2）。

「セルファインS」は臭気物質を繰り返し吸着すると次第に濃茶色に変化して、交換時期を示す（終点検知できる）ことも、好評である。

冷蔵庫の脱臭を目的とした場合、上述の雑貨品としてだけでなく、冷蔵庫本体の野菜室にも脱

機能性不織布の新展開

**試験条件**

硫化水素(H$_2$S)ガス濃度　：　0.02ppm
放置時間　　　　　　　　：　16日間
放置方法　　　　　　　　：　フルートを楽器ケースに入れ
　　　　　　　　　　　　　　ケースふたを5mm開けた状態で放置

上：ブランク（未使用）　下：セルファインS使用

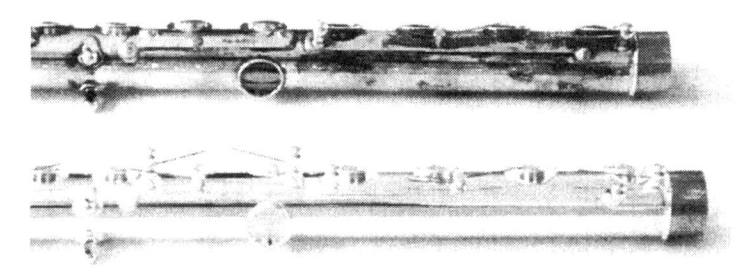

写真1　金属変色試験結果

写真2　脱臭・消臭シート

第 2 章　不織布原料の開発

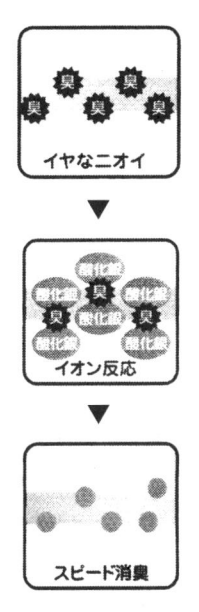

図 2　脱臭・消臭のしくみ

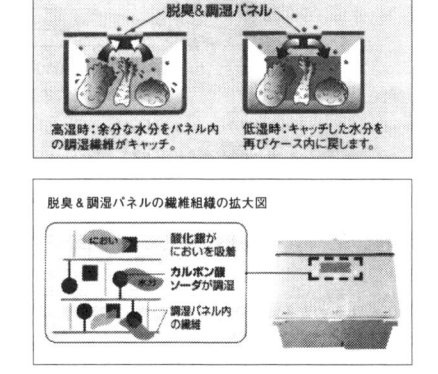

写真 3　脱臭・調湿パネル

臭・調湿パネルとして採用されている(写真 3)。「セルファイン S」の酸化銀による脱臭機能と，カルボン酸ソーダによる調湿機能が発揮され，高湿時には余分な水分を吸湿し，低湿時にはキャッチした水分を再び庫内に放湿する。

47

## 機能性不織布の新展開

脱臭シートとしては,冷蔵庫用以外にも,生ゴミのペール用や,トイレ用が発売されている。生ゴミなどの複合臭には,「セルファインS」に後述の「セルファインN」,「セルファインA」と,当社の持つ活性炭ペーパーなどをミックスした4種混の不織布を作り,さらに機能を高めている。

② 「セルファインN」

「セルファインN」は,空気中,水中のアンモニアを多量に吸着する。粒状や繊維状の活性炭など従来の吸着材に比べ,気中アンモニア吸着比は約5～10倍(ヤシガラ活性炭や活性炭繊維との比較)(図3),水中アンモニア吸着比は約20倍(活性炭や活性炭繊維との比較)(図4),である。

「セルファインN」は,繊維状なので,表面積が大きく吸着速度が速い(図5,6)。湿度が高いほどアンモニア吸着速度が速くなり,標準状態(20℃,RH65%)において,より優れた吸着速度を示す(図7)。実際の使用時に多い低濃度領域でも,効果が確認されている(図8)。

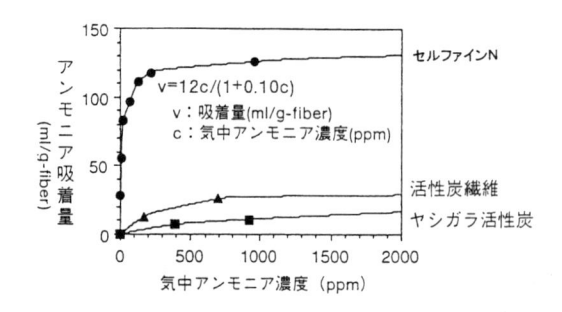

$v = 12c/(1+0.10c)$
$v$:吸着量(ml/g-fiber)
$c$:気中アンモニア濃度(ppm)

〈低濃度域の拡大図〉

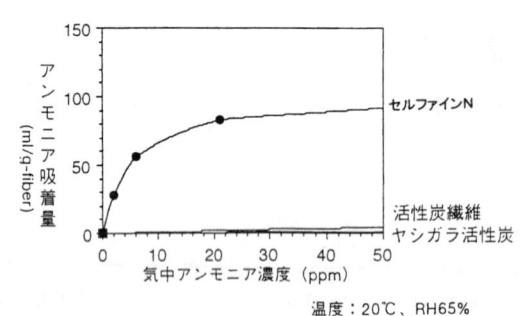

温度:20℃、RH65%
試料:0.5g、容器容量:1400ml

図3 ヤシガラ活性炭や活性炭繊維との比較

# 第2章 不織布原料の開発

図中のテキスト:
- アンモニア吸着量 (m mol/g-fiber)
- $v = 3.5c/(1+0.77c)$
- $v$：吸着量((m mol/g-fiber)
- $c$：水中アンモニア濃度(ppm)
- 水中アンモニア濃度（ppm）
- ● セルファインN
- ○ 活性炭繊維
- △ 活性炭
- 温度：20℃
- 試料：0.3g、浴比：1/1670

図4 活性炭や活性炭繊維との比較

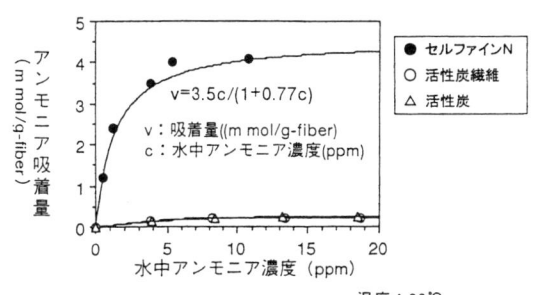

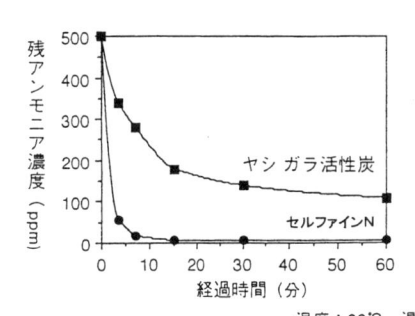

残アンモニア濃度（ppm）
- ヤシガラ活性炭
- セルファインN
- 経過時間（分）
- 温度：20℃、湿度：RH65%
- 試料：0.1g、容器容量：1400ml

図5 アンモニア吸収速度（気中）
－活性炭との比較－

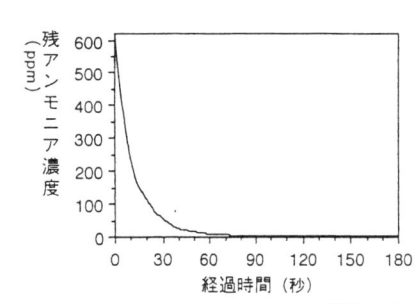

残アンモニア濃度（ppm）
- 経過時間（秒）
- 試料：0.3g、浴比：1/33

図6 アンモニア吸収速度（水中）

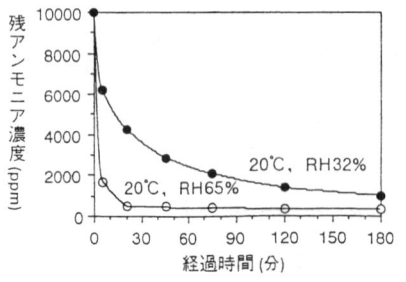

図7 アンモニア吸収速度（気中）
　　　一湿度の影響一

試料：0.1g、容器容量：1400ml

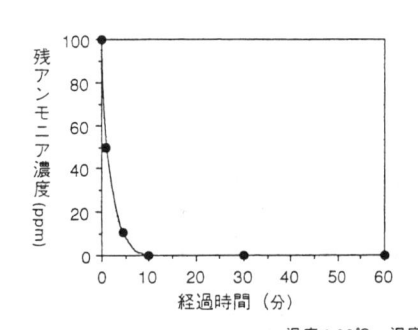

図8 低濃度におけるアンモニア吸収（気中）

温度：20℃、湿度：RH65%
試料：0.1g、容器容積：500ml

　また容易に吸着能力が再生できるのが，特長である（図9）。風を当てることや洗濯により，再生する。
　そのガス吸着メカニズムは，「セルファインN」には酸性基（カルボキシル基）があり，これに塩基性ガス（アンモニア：$NH_3$）が触れると，次の様に反応する。
　　　一酸性基＋$NH_3$ → 一酸性基ー$NH_3$
　考えられる用途は，空調機器等のエアーフィルター，衣料・寝具・衛生材などの資材，車両シートの中綿，水槽のアンモニア・アミン吸着フィルター，ペット消臭シート，等である。

③ 「セルファインA」
　「セルファインA」は，空気中の酸やアルデヒド系物質を多量に吸着する（図10）。プロピオン酸や酪酸にも効果が確認されている（図11，12）。

## 第2章 不織布原料の開発

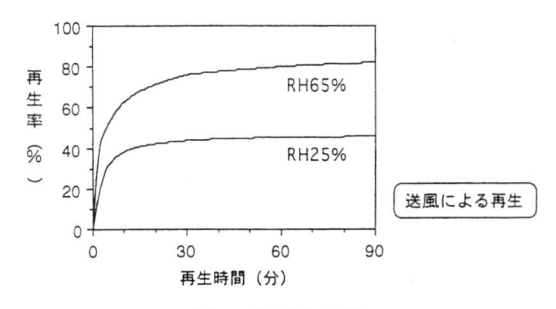

図9 吸着能力の再生

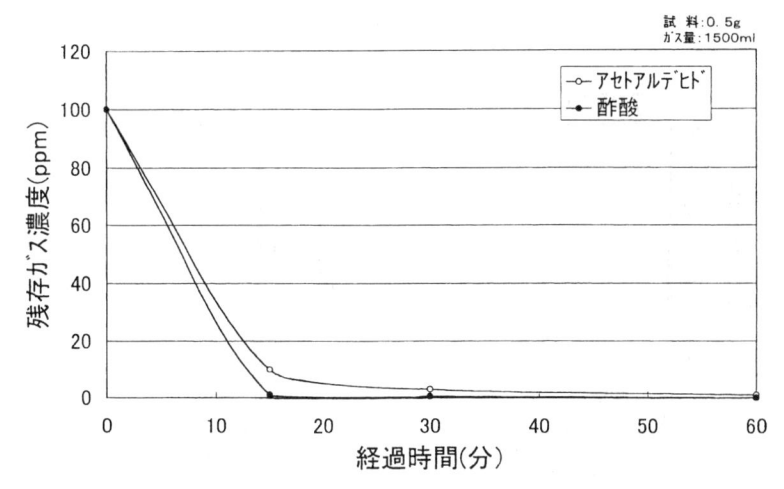

図10 セルファインAのガス吸着性

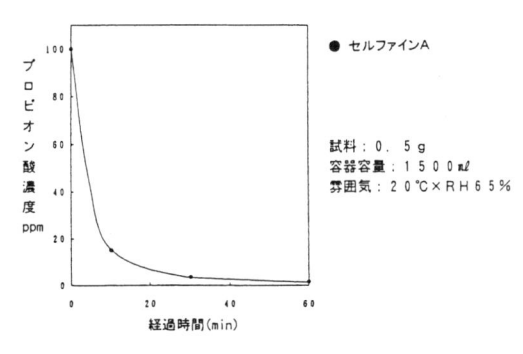

図11 プロピオン酸吸着能力

機能性不織布の新展開

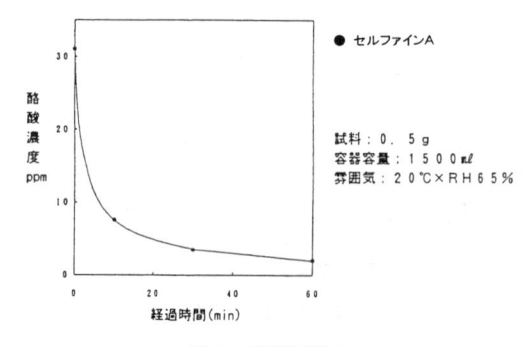

図12　酪酸吸着能力

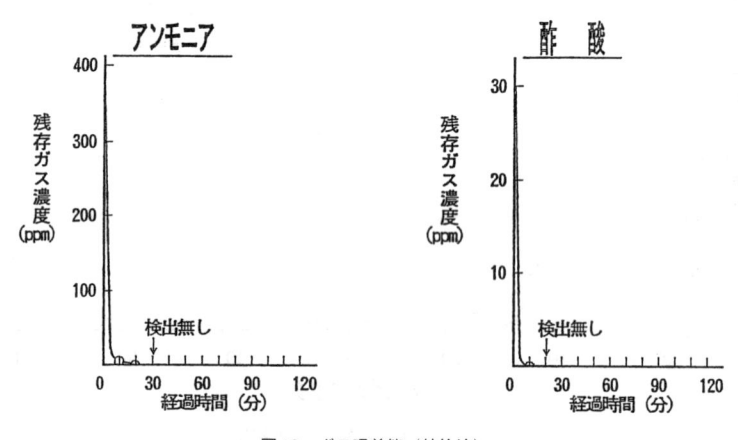

図13　ガス吸着能（紡検法）

　「セルファインA」は，繊維状なので，表面積が大きく吸着速度が速い，また洗濯をすることで，容易に吸着能力が再生できるのが，特長である。
　そのガス吸着メカニズムは，「セルファインA」には塩基性基があり，これに酸性ガス（酢酸：$CH_3COOH$）が触れると，次の様に反応する。
　　　－塩基性基＋$CH_3COOH$　→　－塩基性基－$CH_3COOH$
　考えられる用途は，空調機器等のエアーフィルター，衣料・寝具・衛生材などの資材，等である。
　ここに「セルファインN」と「セルファインA」複合不織布のデータを示す。そのガス吸着性能は他素材を寄せつけない性能をもつ（図13，14）。

第2章　不織布原料の開発

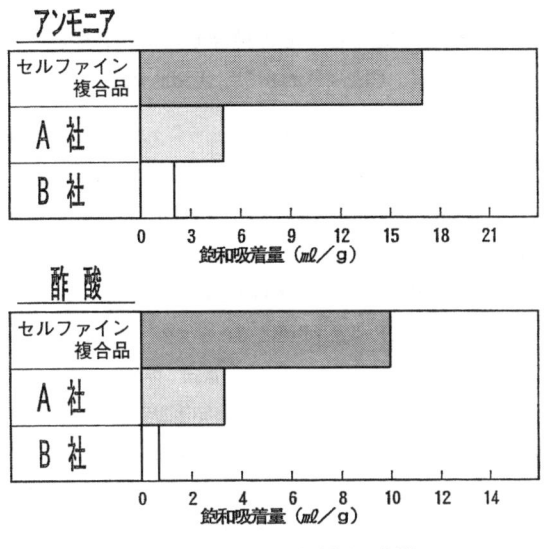

図14　競合品との比較（飽和吸着量）

## 3.4　今後の展開

'03年5月の新聞発表以来，多くの共同開発案件をいただき，商品開発を進めている。予想した以上に防錆や消臭のニーズがある分野は多岐にわたっている。「セルファイン」シリーズの複合等により，要求される課題やハードルを越え，マッチングを図っていきたいと考える。

## 4 TENCEL® ― 機能性不織布としての純粋セルロース繊維

Chris Potter[*1], Andrew Slater[*2], 野村悦子[*3]

### 4.1 はじめに

テンセル®は溶剤紡糸工程により生成される100%セルロース繊維で、その強度、吸収性、純度、耐久性ならびに生分解性から、さまざまな不織布用途に理想的な素材である。近年、原綿使用量は不織布用として世界的に大きく飛躍した。これは、直接的には原綿特有の物性が要因であるが、不織布において特に成長分野であるワイパー製品に適していることも一因となっている。また加工上の性能と物性を最適化した新タイプも投入されている。ここでは、テンセル®繊維の物性が不織布メーカーや消費者にどのような恩恵をもたらすか、加工性能がどう改善されるか、またスパンレース、ニードルパンチ、ケミカルボンド、湿式、エアレイ製法によりいかにその特性を最大限利用できるかを議論しながらテンセル®不織布の急成長した理由を確認する。

この繊維は90年代初め、新セルロース繊維としてテンセル®というブランド名のもと市場に投入された。テンセル®はその一般名称をリヨセルといい、新種の繊維として分類され、20数年来初めて繊維分類に新分野を追加したことになる。テンセル®は木材パルプを原料とした再生セルロースより生成されており、100%天然素材といえる。その結果純度の高い、完全生分解性の、世界で最も環境にやさしい製法による繊維のひとつとなった。初期テンセル®は主に衣料市場に投入されてきたが、近年は変化がみられ、現在は不織布の主な市場であるワイプ、フィルター、女性用衛材を強化して産業資材分野も同じくターゲットとしている。

### 4.2 テンセル®の製造方法

テンセル®の製造工程は10年以上操業しており技術的、経済的、環境的に極めて成功したものであるといえる。

テンセル®の製造は図1に示されているように極めてシンプルである。主な原材料は純化溶解級木材パルプと溶剤のアミンオキサイドである。パルプは再生可能な資源で、最低限の土地で、完全に植林管理された森林区域から得られている。そのパルプはアミンオキサイド溶剤で直接溶解しビスコース・ドープを形成する。このドープはろ過し紡出孔から押し出され、連続したフィラメントとなり、その後洗浄され、溶剤は回収され、乾燥、機械的に捲縮され、さらに必要に応

---

[*1] Chris Potter　テンセルリミテッド　テクニカルマーケティングマネージャー
[*2] Andrew Slater　テンセルリミテッド　研究開発部　プロダクトデベロップメントマネージャー
[*3] Etsuko Nomura　テンセルジャパン㈱　ファイバーズコーディネーター

## 第2章　不織布原料の開発

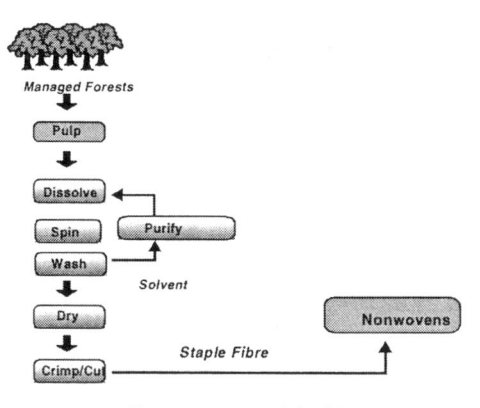

図1　テンセル®の生産工程

表1　各種繊維の物性比較

| Property | Units | TENCEL® | Viscose | Polyester | Polypropylene |
|---|---|---|---|---|---|
| Dry Tenacity | (cN/tex) | 40–44 | 20–24 | 40–50 | 25–35 |
| Dry Extensability | (%) | 14–16 | 20–25 | 15–55 | 200–300 |
| Wet Tenacity | (cN/tex) | 34–38 | 10–15 | 40–50 | 25–35 |
| Wet Extensability | (%) | 16–18 | 25–35 | 15–55 | 200–300 |
| Initial Wet Modulus | (cN/tex) | 250–270 | 40–60 | – | – |
| Water Imbibition | (%) | 60–70 | 90–100 | < 5 | 0 |
| Cellulose DP | | 550–600 | 250–350 | N/A | N/A |

じてカットされベールに詰められる。また，捲縮をつけないトウ製品も可能だ。この工程は環境への影響を最小限度に抑えることを発端とし，優れたエコ性を保証する繊維である。溶剤の回収は経済的で，非常に効率がよい。

100％セルロースで生成され，繊維内の長鎖状の分子は配向度の高い結晶構造で，そのため強度，吸収性に富み，特に湿潤状態において構造的物性保持が優れている（表1）。

テンセル®短繊維は原反メーカーに供給され幅広い不織布製品へ転換される。そして，最終的には土中埋設や嫌気性生物による消化など通常のバイオ処理により，完全に二酸化炭素と水に生分解するので使い捨て製品としても利用価値が高い。自然に分解した物質は大気中に放出され，そのライフサイクルはループ環を成す。

### 4.3　テンセル®加工の特性

短繊維は多くの不織布加工の原点であるが，各製法の機械は多様であるため各々の要求に適

## 機能性不織布の新展開

表2 カーディング速度の比較

| FIBRE TYPE | MAXIMUM CARDING SPEED (Metres/min) |
|---|---|
| TENCEL® HS260 | 250＋ |
| POLYESTER | 200–250 |
| VISCOSE | ～150 |

し，効率よく生地を生産できるよう多くの品種を開発しなけばならない。

カーディングに基づく製法において，テンセル®はカーディング工程前から簡単に開繊状態になるよう設計されている。そのため均一でネップのないウェブを形成する。ウェブ強力と生産速度の増加を確実にするため，クリンプの多いテンセル®も市場に紹介されている。またウェブ変換の効率を上げ風綿を最小限にするため，さらに表面の絡みを強化することもある。テンセル®新タイプであるHS260は効率が高く，不織布実機で250M/Minで生産されている。これは通常のレーヨン速度よりかなり高速で，かつウェブの品質や安定も優れている。このような改良は，捲縮機の設計，フィラメントの状態，静電気制御の先進技術に因るもので，繊維やトウ束に構造的損傷を与えることなく高い捲縮を一定につけることができる。捲縮工程を一貫して安定させるため，適切に表面処理する必要がある。現在捲縮のレベルは既存のカード実機に合うよう10cmあたり20から45の間で調整できる。

テンセル®の場合捲縮率とウェブ強力の関係は重要である。表面油剤や帯電防止剤を正しく選択することで捲縮の働きを補助し，開繊，カーディングおよびウェブ移動を全て一様に効率よくすることが可能だ。

テンセル®HS260を最新のThibeauカード機にかけた最高速度を表2に示す。試作されたウェブ目付けは30gsmである。

高捲縮性のテンセル®HS260はポリエステル短繊維と非常に類似した形状であるため，これと複合すると非常に効率は良い。テンセル®HS260は嵩高を出し，風合いを柔らかくする。

### 4.4 生地の物性

過去5年間，テンセル®の不織布構造のメリットを理解し発展させるため多くの研究が行われてきた。これらの開発は多くの不織布メーカーに大きな商業的な利益をもたらすよう利用されている。

#### 4.4.1 スパンレース

テンセル®の基本的物性は特にスパンレース（水流交絡法）に適している。原綿強度は極めて高く特に湿潤状態ではレーヨンの3倍となる。テンセル®は滑らかな表面で，湿潤したときその

第2章　不織布原料の開発

**Dry and Wet Tensile Data, 60gsm Spunlaced fabrics**
**Machine direction, optimum bonding presssures**

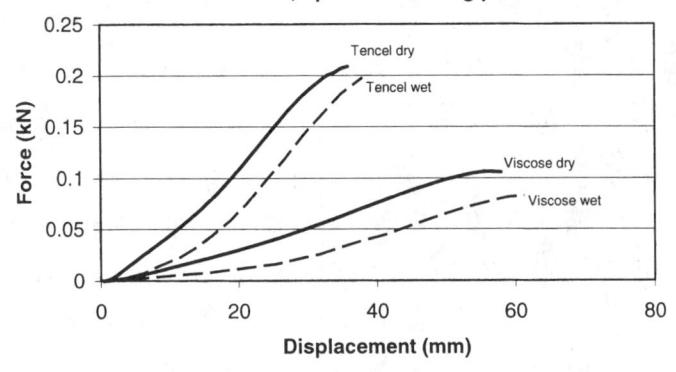

図2　乾燥時／湿潤時のレーヨンとテンセル®スパンレースの生地強度

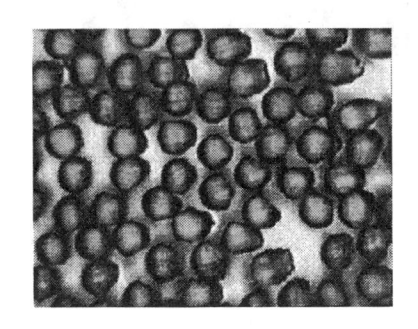

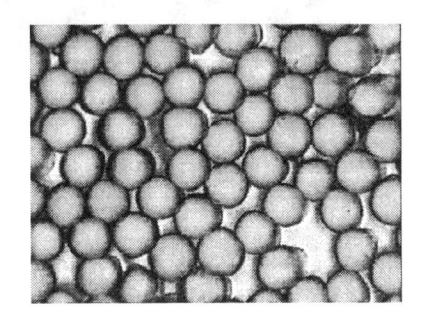

乾燥状態　　　　　　　　　　膨潤状態

図3　テンセル®フィラメントの膨潤状態

　セルロースのフィブリル構造がプラスティック化するため効果的に絡まっていく。この結果レーヨンに比べると強い安定したスパンレース不織布（図2）となるが，ボンディング圧，ベルトのデザイン，生地目付けを変える事で最終製品にドレープ性や柔らかさを残すことも全く可能である。

　テンセル®フィラメントは主に直径方向に膨潤する（図3）ため生地の湿潤強度は乾燥時より高くなる場合もある。そして繊維同士はより効果的に絡まる。その結果，比較的低い水圧で充分な強度を保持しつつも風合いは柔らかい生地になる。

　コスト低減のため，また20gsm未満（ケミカルボンドの場合10gsmも可能）の薄くて通気性

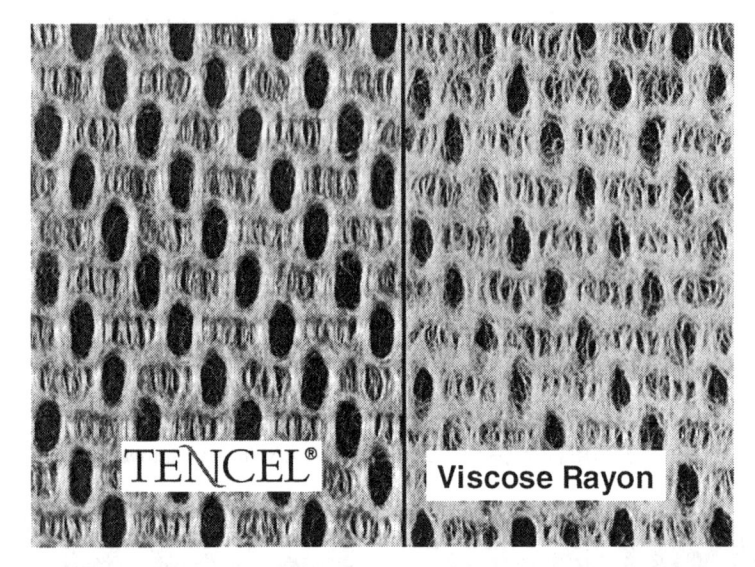

図4 生地模様の明瞭さ

の良いカバーストックのような新規市場に参入するため，目付けを大きく減量することもできる。孔明けベルトを使用すると生地の孔はどの繊維よりもはっきりと現れ，ワイピング性の優れた美しい表面となる(図4)。繊維強度が高く効果的に絡まるという組合わせで，今多くの高機能不織布ワイパーに求められる極めて高いローリント性をもたらす。

この繊維はモデュラスが高く，比較的伸度が低いことから生地の安定性が高く，生地を効率よく最終製品にするため，多くのコーティング用の基布として用いられる。可能な目付けやボンディングレベルが広いため，広範囲にわたる吸収用生地を作ることができる。目付け60gsm生地の作業水圧は約40～100バール（レーヨンは55～70バール）である。生地の結合はよく，吸収量，吸い上げ率，嵩高や柔らかさは大きな枠組みの中で設計することが可能となる。またテンセル®HS260は生地の嵩高，厚みという恩恵を付与し，地合の美しい生地になる。

### 4.4.2 ニードルパンチ

ニードルパンチ製法には，これまでDtexが低過ぎる原料とみなされていたが，テンセル®ではかなり効率の良いボンディングが見られる。例えば，レーヨンでは3.0Dtex以上が最低繊度とされているニードルパンチ不織布に1.7Dtexのテンセル®がルーティン的に使用されている。繊維の大きな切れなく，柔らかく，より大きい吸収構造を呈し，液体を保持・放出する独得の能力を持つ。繊維の高湿弾性により生地は湿潤状態でも嵩高を保持し，外観もよくワイピング性も高い

## 第2章 不織布原料の開発

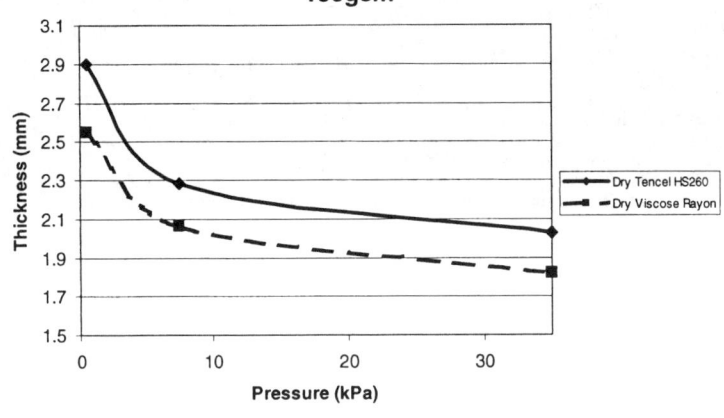

**Fabric Thickness**
**TENCEL HS260 vs Viscose Rayon Needlefelts, 180gsm**

図5 ニードル生地の厚み

生地になる。乾燥時の生地の嵩高もまた同じ目付けのレーヨンに比べると優っている（図5）。

### 4.4.3 ラテックスボンディング

ラテックス乳化等の接着剤でウェブボンディングするラテックスボンディングでは通常，硬化工程が続く。ドライワイパーの製造には多く使われる製法だが，テンセル®は強度が高いためバインダーレベルを50%まで低減することが可能で，生地の吸収性や柔らかさが高まる。バインダーレベルの減少により最終製品は流せたり，生分解するほど大きく改善される。昨今の環境を意識した市場には非常に利用価値が高い。バインダーレベルが維持され，高い強度と安定した生地組織に摩擦抵抗の良さが付与され製品生命を長くする。

### 4.4.4 エアレイ

エアレイの場合はこれまで述べてきたようなスフ面の加工ルートとはかなり異なる繊維が必要になってくる。ウェブは通常エアによる分散で形成され，その後サクションベルトに堆積される。エアレイ用の最適条件とは絡みが少なく繊維の表面に静電気を帯びていない，比較的カット長の短いものが望ましい。テンセル®のようにトウ状態で洗浄された，元々オープンな繊維に，機械的なクリンプをつけると，他のセルロース繊維と比べてもウェブ形成はかなり優れたものになる。また高クリンプ性もこの性能を高めるために効果的で，他の繊維を母体とした場合においても，繊維の分散は改善される。少量のテンセル®でフラッフパルプを置き換えるだけでエアレイ生地の柔らかさ，強度，嵩高および吸収性は大きく改善される。カット長の長いテンセル®は母体と

*59*

機能性不織布の新展開

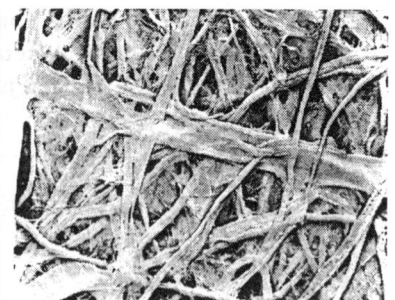

テンセル®のフィブリル　　　　　パルプのフィブリル

図6　テンセル®とパルプのフィブリル

なるパルプを補助し，(特に湿潤時の)引裂き強度，破裂強度を高め，組織内の孔が壊れにくいため液体の移動が速やかになる。

### 4.4.5　湿式工程

　ショートカット繊維を分散させ，生地を生成するもうひとつの方法は湿式工程である。湿式で生地を生成する場合，テンセル®はハイモデュラスであることから繊維長が比較的長い繊維でも問題なく加工可能だ。このためウェブは欠点が少なく，引裂き，破裂強度共に優れ，寸法安定性の高いものとなる。加えて，テンセル®特有の結晶構造により，従来の製紙製法におけるビーター工程のような湿潤時の機械的摩擦によって切れていく。この状態は，繊維が湿潤時に大きく膨潤するため容易に達成できる。湿潤時の摩擦は径がサブミクロンにもなるフィブリルを引き起こすが，繊維そのものからは離脱せずネットワーク状のミクロの孔構造を形成する。このフィブリルは円形断面で(図6)，高性能フィルターや電気絶縁紙に理想的で，パルプ製品の効率を高める。テンセル®製のフィルター効率はマイクログラス製のものに匹敵し，紙としての物性は大きく改善する。

### 4.5　最終製品のメリット

　テンセル®不織布製品の急成長は消費者用，産業用のワイパーの拡大と一致する。テンセル®はワイパー分野にはまさに理想的な繊維といえる。製造工程は単に溶解し再生するシンプルなものであり，硫黄臭のリスクはない。これまでレーヨンワイパーでは不快な硫黄臭が長年の課題であったが，テンセル®は無香料製品にすることも可能だ。またウェットワイパーにテンセル®を使用すると，その容器内において重力から生じる液放出を最小限度まで減らしつつも，ウェットワイパーの各シートは一様に液体を含んでいる状態になるよう，その液保持性を設計できる。繊

第2章　不織布原料の開発

維内に含まれる液体が少量ですむことから、レーヨンと比較すると、ワイパー性向上に必要な液体の量を大きく減少することができる。

　上述の通り、テンセル®製品はその繊維一本一本の強度と耐久性のため、また繊維同士の構造的絡まりが効果的にロック状態になるため、ローリント性の製品ができる。このローリント性は特に高性能ワイパーが要求される分野では必須で、クリーンルームや自動車、航空機、印刷業界の表面仕上げ用、ならびに医療用ワイパー、ガーゼや消毒綿に採用されている。

　化学的純度が高く、過去の法令に関する順守記録が認められ、対人衛生材料や病院での使用にも推薦されている。またテンセル®の化粧用ワイパーは、湿弾性に優れており、高品質でふき取り効果も高い。

　生地強度がよければそのワイパー製品としての生命も延長される。特にテンセル®のワイパーは食品関連産業で一般的なオーバーナイト漂白に対しても耐久性がある。同様にフィラメント強度があるためボンディングのレベルを抑えることも可能だ。また生地は流され、生分解性があることから、製品処理は低コストかつ容易になる。

　テンセル®は均一性の高い生地になるので、高温オイルや飲料用フィルターなど食品に接するものとしても理想的で基準を満たしている。テンセル®のフィブリルにより作られる紙製品はナノファイバーを使用したエア、リキッドフィルターや電気絶縁紙の代替としてコスト的なメリットをもたらす。テンセル®はその強度、安定性、および均一性から人口皮革の基布としても多く貢献している。

## 4.6　おわりに

　不織布製品においてテンセル®を原料指定するケースは間違いなく増えている。環境に関する信頼が非常に高く、持続可能な製法であり、ユニークな特性をもたらすため、製品のもつメリットはさらに拡大し、不織布吸収材としての将来が約束されている。

## 5 耐熱性繊維と不織布

杉山博文＊

### 5.1 はじめに

　これまでに上市された，有機耐熱繊維は，あらゆる産業での使用が期待される高機能性繊維である。衣料などを中心とした天然繊維や合繊繊維とは異なった性能を持つ。これまでの耐熱性の機能繊維としてはアラミド繊維に代表されるが，その他ポリイミド繊維，PPS繊維，PTFE繊維においても分子，繊維構造，集合体レベルの改質が行われ，目的とする対象用途に応じて開発され，なおかつ高機能性の付与や加工を工夫することにより優れた機能を有する繊維として上市されている。耐熱性繊維からなる不織布は今後の地球環境を守るための高温フィルターやアスベスト代替素材として，地球環境を守るための素材として期待されている。

### 5.2 耐熱性繊維

　耐熱性繊維の耐熱性といってもさまざまな意味を含んでいる。バグフィルターなどで使用されるラジカルの反応を伴う高温下で長期安定した強度などの特性をもつ長期的に安定した耐熱性繊維（化学的耐熱性）と，アスベスト代替などで用いられる非常に高温状態の短期ではあるが熱分解点，物理的強度，難燃・耐炎性などに優れた耐久性を示す短期的に高温で安定した耐熱性繊維（物理的耐熱性）に分けて説明する。バグフィルターなどで用いられる長期的な耐熱性繊維は，

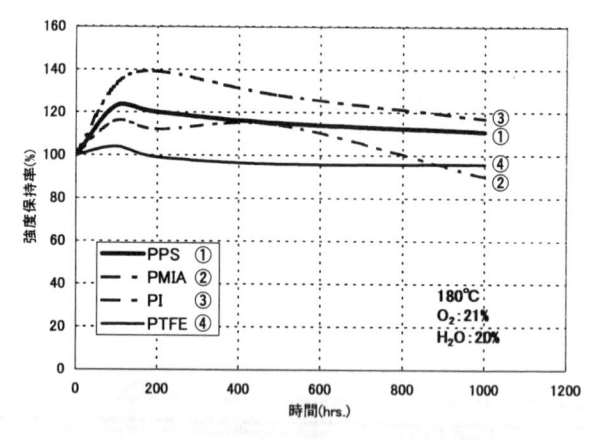

図1　長期的耐熱性繊維の180℃の強度推移

---

＊　Hirofumi Sugiyama　東洋紡績㈱　SB事業部　FBグループ

第 2 章　不織布原料の開発

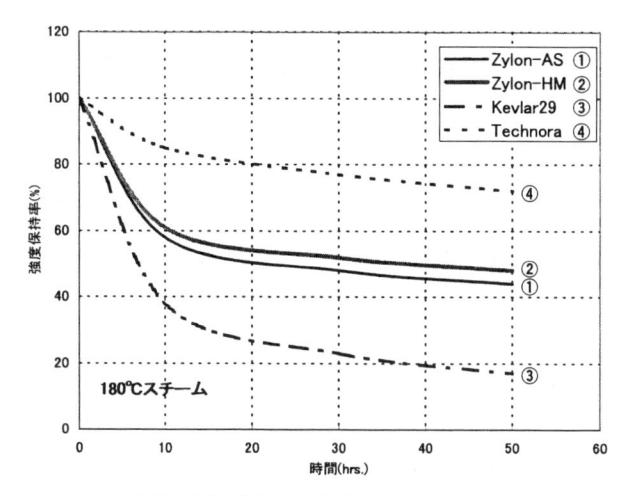

図 2　短期的耐熱性繊維の 180℃（スチーム）での強度推移[1]

図1のように180℃程度の高温状態において長期安定した強度を示すが，短期的な耐熱性繊維は，図2[1]のような条件下では著しい強度の低下が見られる。一方，短期的耐熱性繊維が使用される用途では，長期的耐熱性繊維は，実使用温度が融点や分解点よりも高く使用に適さない事になる。例えば，p-アラミドとm-アラミドを比較すると，p-アラミドは400℃でも収縮や熱分解を起こさないが，m-アラミドは収縮と熱分解を起こす。しかし，300℃で長期保持する場合はp-アラミドの方がm-アラミドよりも早期に劣化してしまう[2]。このように耐熱性といってもさまざまな意味を含んでいる。ポリマーの耐熱指標としては，ASTM D 648，UL 746Bなどがあるが，これらはあくまでもポリマーの耐熱性であり，各種繊維や用途に合わせた耐熱性評価法が必要である。バグフィルター用耐熱繊維に関してはISO，JIS化の動きがある。

### 5.2.1　長期的に耐熱性に優れる繊維

　高温で耐熱性繊維の強度の低下が見られるのは化学変化が起こっているからである。すなわち酸素の存在下ではラジカルによる自動酸化が進行していくからである。耐熱性繊維の熱分解は，主鎖のC-C結合のラジカル開裂である事が多く，酸素があればC-H結合の酸化となりこれもラジカル連鎖反応である。したがって，化学結合の結合解離エネルギーが耐熱性に大きく影響する。すなわち，結合解離エネルギーが大きいほどラジカル自動酸化に対する耐熱性は高い事になる。各結合の結合解離エネルギーは各種文献に掲載されており本解説では割愛する。このような特性の耐熱性繊維の中ではPTFE繊維が最も長期耐熱性に優れるが，その理由は結合解離エネルギーによるところは明らかである。その他の有機繊維としてより耐熱性を高めるには，より結合エネ

## 機能性不織布の新展開

表1　長期耐熱性繊維の特性比較

|  |  | 引張強度 cN/dtex | 伸度 (%) | 比重 (g/cm³) | 公定水分率 (%) | Tg ℃ | Tm or 分解温度 ℃ | LOI[*1] |
|---|---|---|---|---|---|---|---|---|
| PTFE | プロフィレン | 2.6 | 6.5 | 2.15 | — | 126 | 327 | 95 |
| ポリイミド | P84 | 3.7 | 30 | 1.41 | 3.0 | 315 | 500 | 38 |
| m-アラミド | コーネックス | 4.6 | 40 | 1.38 | 5.0 | 270 | 400 | 30 |
| PPS | プロコン | 4.0 | 35 | 1.34 | 0.2 | 90 | 285 | 34 |

[*1]：Limiting Oxygen Index（限界酸素指数：継続して燃焼するのに必要な酸素濃度）

ルギーの高いm-アラミド繊維などの芳香族ポリマー，さらにはポリイミドなどの複素環系ポリマーになってくる。各種繊維特性を表1に示す。以下に長期的に耐熱温度の高いPTFE繊維から説明する。

(1)　ポリテトラフルオロエチレン繊維（PTFE）

PTFE繊維は，327℃に融点をもち，あらゆる化学薬品に対して高い耐久性を持つという意味での高機能性繊維である。PTFEは溶融時の粘度が極めて高いため，ポリエステルなどで知られる溶融紡糸とは異なる製糸方法が採用されている。現在工業化されているのは2種の方法である。一つは，レンチング社のプロフィレンやゴア社のラステックスとして知られるペースト押出し法である。PTFEの微粒子とナフサなどの有機溶剤を混合し，これを押出し成形によりテープ状とした後，延伸，焼結し繊維状とする。

もう一つの方法は，エマルジョン紡糸法である。PTFE微粒子を水中に分散させたディスパージョンを少量のマトリックス物質と混合し，これをマトリックス物質の凝固する紡糸溶液中に押出して繊維状とする。その後熱処理により焼結させ，延伸する事により繊維を得る。これらの繊維は，デュポン社のテフロン，東レのトヨフロンとして知られており，この方法によるPTFE繊維は残留する炭化物質により茶褐色を呈している。

(2)　ポリイミド繊維（PI）

耐熱性の高いポリイミドとしては，ベンゾフェノンテトラカルボン酸と芳香族ジイソシアネートから合成されるポリイミド繊維P84が上市されている。この繊維は複素環構造をもつためTgが315℃，分解開始温度500℃とm-アラミド繊維よりも耐熱性に優れる。また，この繊維の最も特徴的な特性は，繊維1本1本がランダムな異形断面をしていると言う事にあり，単位重量あたりの繊維表面積が大きくなりバグフィルターなどの高温フィルター素材に適している。乾式紡糸において有機溶媒を不均一に糸状から抜く事によりランダムな異形断面を得る事ができる。複素環構造による耐熱，耐酸性ガス性，繊維異形断面という意味でポリイミド繊維も高機能性繊維の一つである。このランダムな異形断面ポリイミド繊維を唯一量産に成功したのは，オーストリ

## 第2章 不織布原料の開発

アのINSPEC FIBRES社であり,日本では東洋紡績㈱が独占販売権を得ている。

### (3) m-アラミド繊維(PMIA)

正式名称は,ポリメタフェニレンイソフタルアミド(PMIA)である。デュポン社より1961年に市場導入された。現在本格的に生産しているのは,デュポン社ノーメックス,帝人テクノプロダクツ社のコーネックスである。フィルター素材などあらゆる用途で最も汎用素材として使われている耐熱性繊維である。この重合方法としては,低温溶液重縮合法や界面重合法が工業的に用いられており,前者がノーメックスで後者がコーネックスである。高温時の耐加水分解性には問題があるため耐酸処理されたものが使用されている。また,衣料用汎用素材と同様の特性も併せ持つため産業用衣料用途にも広く使用されている。この素材も多くの用途で活躍している高機能性繊維の一つである。

### (4) ポリパラフェニレンサルファイド繊維(PPS)

ポリフェニレンサルファイドポリマーの合成としては,ジクロロベンゼンと硫黄と炭酸ソーダから得られたのが出発である[3]。後にジクロロベンゼンと硫化ナトリウムから有機極性溶媒中でポリマーが得られる事が発見[4]されてからこの方法が主流になっている。PPS繊維は高い耐熱性と共に高い耐薬品性を併せ持つのが特徴で,これらの点からも高機能性繊維の一つと位置付けされる。これは,フェニル基とSとの結合エネルギーの高さと分子間力の強さから生ずる結晶性による[5]。一般的に多くの化学薬品に対しPTFE繊維に次ぐ高い耐薬品性を持っている。世界で不織布用の短繊維や長繊維を量産しているのは,日本の東洋紡績㈱(プロコン)と東レ㈱(トルコン)の2社である。

### 5.2.2 短期的に高い耐熱性を示す繊維(難燃,耐炎性など)

耐熱性繊維の物理的耐熱性の尺度としては,一般的に融点Tmやガラス転移温度Tgが高いほど耐熱性が高いと判断できる。物質の融点Tmは,融解のエンタルピー$\Delta$Hmとエントロピー$\Delta$Smの比で表される($Tm = \Delta Hm / \Delta Sm$)。よって,より耐熱性が高いためには$\Delta$Hmが大きく,$\Delta$Smが小さい事によって決まる[6]。すなわち,溶融してもコンフォーメーションの少ない剛直なポリマーすなわち芳香族複素環ポリマーの耐熱性が高いという事になる。表2[7]に各種繊維の特性比較を示した。

### (1) p-アラミド繊維

高配向と高結晶化度を与え,高強度・高弾性率を与えるのはパラ系アラミドである。パラフェニレンジアミンとテレフタル酸クロライドの重合物であるPPTA(ポリパラフェニレンテレフタルアミド)が代表的である。デュポン社のケブラー,テイジン・トワロン社のトワロン,帝人のテクノーラなどが知られている。ケブラーは硫酸を溶媒とするPPTAの液晶溶液を乾湿式紡糸したもので,テクノーラは共重合型パラ系アラミドである。熱分解温度(TGA)限界酸素指数(LOI)

機能性不織布の新展開

表2　各種繊維の特性比較[7]

| | 引張強度<br>(cN/dtex) | 伸度<br>(%) | 引張弾性率<br>(cN/dtex) | 比重<br>(g/cm³) | 公定水分率<br>(%) | LOI | 耐熱性[*2]<br>(℃) |
|---|---|---|---|---|---|---|---|
| PBO　ザイロンAS | 37 | 3.5 | 1150 | 1.54 | 2.0 | 68 | 650 |
| PBO　ザイロンHM | 37 | 2.5 | 1720 | 1.56 | 0.6 | 68 | 650 |
| p-アラミド　ケブラー | 19 | 2.4 | 750 | 1.45 | 4.5 | 29 | 550 |
| m-アラミド　ノーメックス | 4.7 | 22 | 124 | 1.38 | 4.5 | 29 | 400 |
| スチール繊維 | 3.5 | 1.4 | 260 | 7.8 | 0 | — | — |
| 炭素繊維 | 20 | 1.5 | 1310 | 1.76 | — | — | — |
| PBI | 2.7 | 30 | 40 | 1.4 | 15 | 41 | 550 |
| ポリエステル | 8 | 25 | 110 | 1.38 | 0.4 | 17 | 260 |

\*2：分解温度あるいは融点

やクリープ特性ではケブラーが優れ，耐薬品性，摩耗特性ではテクノーラが優れるなどの違いがある。

**(2) PBO繊維**

ポリパラフェニレンベンゾビスオキサゾール (PBO) 繊維は，1998年に東洋紡がZylonとして量産を開始した。Zylonはヘテロ環含有ポリマーであるポリベンザゾールの一つであり，テレフタル酸とジアミノレゾルシノールをポリリン酸溶媒中で重縮合したドープを乾湿式紡糸する事により製造される[8]。これまでのスーパー繊維の代表格であるケブラーの約2倍の強度と弾性率を示し，特に弾性率は直鎖高分子としては極限の値を有する[9]。各種繊維の特性を図3に示す。さらに分子鎖の剛直性を反映してガラス繊維に匹敵する耐熱性を示し，次世代スーパー繊維として

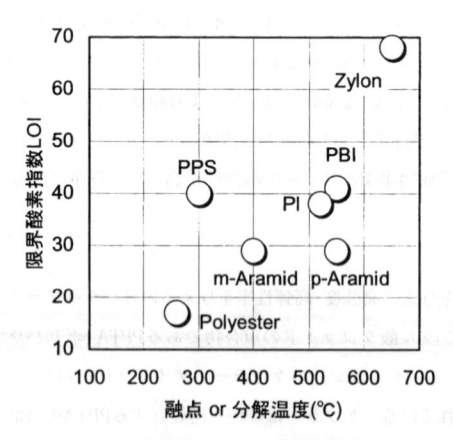

図3　各種繊維の耐熱性と限界酸素指数

## 第2章 不織布原料の開発

期待されている。

### 5.3 不織布用途

m-アラミド繊維で代表される長期的に耐熱性を示す繊維は，不織布としてその多くが都市ゴミ焼却炉，火力発電所，産業廃棄物焼却場，各種産業のバグフィルターとして用いられている。製法は，乾式方法におけるニードルパンチ加工がほとんどである。バグフィルターには高温時の寸法安定性が要求されるため各種耐熱性繊維からなる織物（基布）を用い，その上下に短繊維をニードルパンチして得られる。一般的なバグフィルター用ニードルフェルトは，目付400〜600 $(g/m^2)$，PTFEの場合は比重が大きいため700$(g/m^2)$前後，厚さ1〜2.5mm，通気度15cc/cm$^2$/sなどの製品仕様として使われる。繊維には2.2dtexの短繊維が一般的に用いられ，ニードルパンチ加工では最も細い40番ニードルを用い，その後カレンダー加工による厚さや通気性の調整，さらには熱処理による寸法安定性向上処理，ろ過面の毛焼きなどの処理を行って使用される。平均ポアサイズは20〜30$\mu$mでありその十分の一サイズのダストまでろ過できるとされている。従来用いられてきたガラス織布は排気濃度や低ろ過速度の問題や使用後の焼却処分によっても残渣が残るなどの問題から，有機耐熱性繊維がガラス織布に替って多くの分野のバグフィルターとしてその需要が高まっている。

また，短期耐熱性繊維よりなる不織布は，高耐熱性のクッション材として長年使用されているアスベストの代替としうる素材である。アスベストは発癌性の問題[10]から厳しく使用が制限されている。従来の耐熱性繊維では耐熱性が不足するため350℃以下の使用に限り，一方，耐熱性の高い無機繊維は柔かさの不足や耐摩耗性に劣るといった欠点があり，やむなくアスベストが使用されている。より耐熱性の高いPBO繊維は，有機繊維のしなやかさと高い耐熱性を併せ持つためアルミサッシ製造ラインでの耐熱クッション材用途としてその代替が進みつつある。厚さは10mm程度，目付は3000〜4000$(g/m^2)$からなるニードル不織布として使用される。

### 5.4 おわりに

これらの耐熱性繊維からなる不織布は，その原料高分子の価格と加工費によるところが大きく，経済性と市場適用価格，量産によるコストダウンを生むための市場確保などが，製品の性能開発のみならず重要な要素となっている。

## 文　　献

1) T. Kuroki et al., *J. Appl. Polym. Sci.*, **65**, 1031 (1997)
2) 小沢；有機耐熱繊維・難燃繊維, 工技連788回テキスト (1975)
3) L. Mandelkern；Crystallization of polymers McGrow Hill (1969)
4) A.Dmacallum；*J. Org. chem.*, **13** (1948) 154
5) USP., 3354129
6) B. J. Tabor. E. P. Magre. J. Boon；*Europ.Polym. J.*, **7** (1971), 1127
7) 霧山, 矢吹；No.53 電気評論 (2000.10)
8) 霧山他；機能材料, **18**, (1999.07)
9) 高田孝二, 高分子, **44**, 674 (1995)
10) 中地重晴, 繊消誌, **39** (5), 15 (1998)

# 第3章 不織布の新製法

## 1 スチームジェット技術による不織布の開発

谷口正博*

### 1.1 はじめに

 弊社(以下MREと略称する)が三菱レイヨン㈱社の培ってきたスパンレース不織布等の製造技術をベースとしてウォータージェット装置(以下WJ装置と略称する)を主とした関連設備の技術開発を含めたエンジニアリング業務に携わってきて20年以上が経過している。長年の歴史を有する国内のスパンレース業界も近年中国,韓国メーカー等の激しい追い上げを受け厳しい事業環境の中に置かれていることは衆知の通りである。
 そのような状況下において,MREとしてもエンジニアリングメーカーとして新しい技術開発の必要性を強く認識しているところであるが,この度高圧噴射蒸気を利用したスチームジェット技術(以下SJ技術と略称)と呼ぶ新規な不織布製造/加工技術を開発した。
 以下にSJ技術の概要を紹介する。

### 1.2 SJ技術とは?

 SJ技術とは,特殊なノズルから高圧蒸気を高速で噴出させてウエブを構成する繊維に流体的および熱的な作用を同時に与えて不織布の製造/加工を行う新規な技術であり,WJ装置と比較すると作用媒体として水の代わりに蒸気を使用することに最大の特徴がある。
 すなわちWJ装置においては,高速の水の有する流体としての物理的エネルギーを利用してウエブ中の繊維に交絡力を与えるが,SJ技術では高速で噴出される蒸気の流体としての物理的エネルギーと熱的エネルギーを同時に作用させてウエブ中の繊維を加工するためWJ装置や他の不織布製造法とは異なるメカニズムで不織布の製造/加工が行われる。そのためSJ技術は不織布の製造以外の各種加工を目的としたより広い用途に活用できる技術としての可能性を有している。
 通常SJノズルから出た高圧蒸気は音速で噴出されるため,SJノズルからの蒸気の噴出速度はWJ装置における水の噴出速度と比較すると極めて大きな値を有している。
 代表的な例についてSJ装置とWJ装置における作用媒体の有するエネルギーの比較を表1に

---

 \* Masahiro Taniguchi 三菱レイヨン・エンジニアリング㈱ プラント事業部 プラントシステム部 部長

表1　1ホール当たりの放出エネルギーの比較

| | 付加圧力（MPa） | 放出エネルギー　（kcal/Hr/Hole） |
|---|---|---|
| SJ装置 | 0.5～2.0 | ＊4～20 |
| WJ装置 | 2.0～20.0 | 0.8～24 |

※熱エネルギーを含む

示す。表1から明らかなようにエネルギー的にはほぼ同等の数値を示している。

### 1.3　SJ技術開発の経緯

　MREでは三菱レイヨン㈱の開発／工業化した不織布等の製造加工技術をベースにWJ装置に関する長年のエンジニアリング経験から装置の開発／設計はもちろん，操作やメンテナンスを含めた豊富な知見とノウハウを蓄積してきた。

　その間に培われた知見をベースにSJ技術そのものは1995年に考案されたが，当時はWJ装置の設備導入が全盛期であったという事情もあり技術開発がなかなか進展しなかった。

　ところが近年の不織布業界の厳しい競争状況の中で新しい製造技術開発の必要性を認識し，2002年にSJ技術の開発を目的としたバッチ式の基礎テスト装置を設置し基礎的なデーターを取得し始めるとともに関連特許の出願およびウールを主目的とした連続テスト設備の設置等を順次行いSJ技術の開発に鋭意注力しつつ現在に至っている。

### 1.4　SJ装置の概要

　連続テスト装置の基本的な構成は下記のとおりである（図1参照）。

① シートおよびウエブ等の被加工物の繰り出し部
② SJノズル加工部（被加工物の両面が加工できるようにノズルを裏表に配置）
③ 加工物の巻取り部

　ただし，被加工物の性質や加工目的によっては，前処理加工や加工後の乾燥等の操作を必要とする場合がある。

　例えば，プレウエットによる前処理加工はシートやウエブを効果的に処理する目的にする場合やウエブやシートの構成材料が天然繊維のように水分の影響を受けやすい被加工物に対して加湿効果により加工後の製品の品質をコントロールする目的で使用する場合がある。シートおよびウエブの搬送手段としては種々の手段が考えられるが，現状の弊社のテスト装置では基本的にネットを使用している。被加工物の強度が弱いシートやウエブの場合は噴出蒸気による飛散を防止するため両面ネットで挟み込んで搬送する必要がある。このような状況ではSJ装置による孔明け加工も容易に行える。

第3章　不織布の新製法

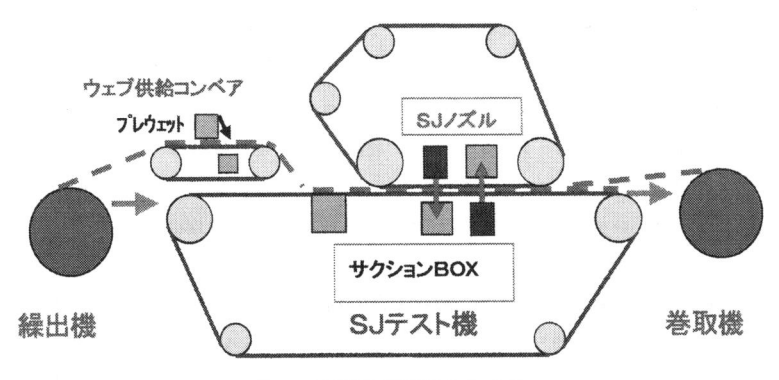

図1　SJ装置の概略加工プロセス

　乾燥については，SJノズルからの高速の噴射蒸気により被加工物の表面付着水はほとんど除去されるため合成繊維のような吸湿性の低い被加工物の場合処理後の乾燥はほとんど不要である。
　例えば，PET80/PP・PE20目付け50g/m$^2$からなるウエブの場合，20m/minの加工速度で1回加工にて残存水分率13％，2回加工で残存水分率3％となった。また100g/m$^2$の場合には1回加工で残存水分率27％，2回加工で残存水分率14％となった。
　吸湿性の高い繊維の場合は，内部水分が残留するため目的に応じて適切な処理が必要となる場合がある。

## 1.5　SJ技術による加工方法の特徴

　基礎的検討によって得られた結果等を総合してSJ技術の加工技術として特徴を以下に列挙する。

① 蒸気の流体としての物理的エネルギーと蒸気の有する熱的エネルギーを同時に作用させて加工する一種の新規な複合加工技術である
② 蒸気の有する熱的エネルギーによって加熱され柔らかくなった繊維を高速蒸気流の物理的エネルギーで効率的に交絡させ，さらに大気中に噴出した蒸気の急激な膨張作用により嵩高性の高い不織布や穴明き不織を製造することが可能である
③ 繊度の大きな繊維から構成されるシートやウエブのような被加工物の場合も蒸気の熱的作用により繊維が軟化し交絡し易くなることを期待できる
④ SJノズルを使用することによりWJ装置のような高圧ポンプが不要であり，被加工物が合成繊維のように吸湿性の低い被加工物の場合，乾燥機も不要となり装置全体が極めてコンパクトになる

⑤ 高圧ポンプや乾燥機等の大容量の電気エネルギーを消費する装置に変わって安価な蒸気エネルギーを使用できるためエネルギーコストを低く抑えることができる
⑥ 排水量が非常に少ないため廃水処理設備も大変コンパクトとなる
⑦ 交絡機能以外に効率的な加熱装置としての機能を利用して，例えば新規で特徴のある不織布の製造法に応用することも可能であり，また高速蒸気流を利用した繊維油剤の洗浄機能や衛生材料関係の除菌／滅菌機能など広汎で多様な機能への応用を期待できる

### 1.6　SJ技術を用いた新製品／新素材の開発状況の概要

2002年にバッチ式の基礎テスト装置を設置し基礎的な検討を行うとともに，2003年にウール素材の加工検討を主目的とした連続式のテスト設備（プロセスの概要については図1を参照のこと）を設置し，ザ・ウールマーク・カンパニーの協力を得て各種の加工検討を鋭意行っている。現在までに得られている検討結果から主たる検討状況を以下に列記する。

① 各種の装置構造に対して蒸気圧力その他の加工条件を変化させて加工結果を評価することにより付属装置を含めて適正なノズル構造等を設計する上で必要なデータや配慮すべき事項等に関する知見を取得した
② 適正条件で加工することによりSJ装置によりウエブに対して交絡力を充分付与できること，また得られた不織布は嵩高感に富むという特徴を有していることを確認した
③ ノズルディメンジョン，ノズル配置，上下ネット仕様および加工条件とノズル跡との相関について検討するとともにノズル跡の軽減化対策についても検討し知見を得た
④ 基本的にノズルに付加する蒸気圧の上昇とともにまたウエブを通過する蒸気量の増加とともに加工後の不織布の強力が増加する傾向を有する（図2）
なお，図中Warpは加工方向，Weftは加工方向に直角方向，Meanは平均値を示す
⑤ 相対的に目付けの小さな試料を加工する場合において，蒸気圧の上昇による不織布の強力増加の効果が大きい（元のウエブの有する強力に対する増加比率が大きい）
⑥ 予備交絡の程度を変化させることにより加工後の不織布の強力をコントロールすることが可能である
⑦ 通常の合成繊維のように吸湿性の低い繊維からなるウエブの場合，SJ加工後は噴出蒸気によって繊維表面の付着水が除去されるためほぼ乾燥状態にあり乾燥負荷が大幅に低下する
⑧ 織布および不織布等に対して適切なSJ加工を行うことにより風合い等の改質効果が得られることを確認した
⑨ 基本的にバッチの基礎テスト装置で得られた結果と連続テスト設備によって得られた結果には相関性が認められる

## 第3章 不織布の新製法

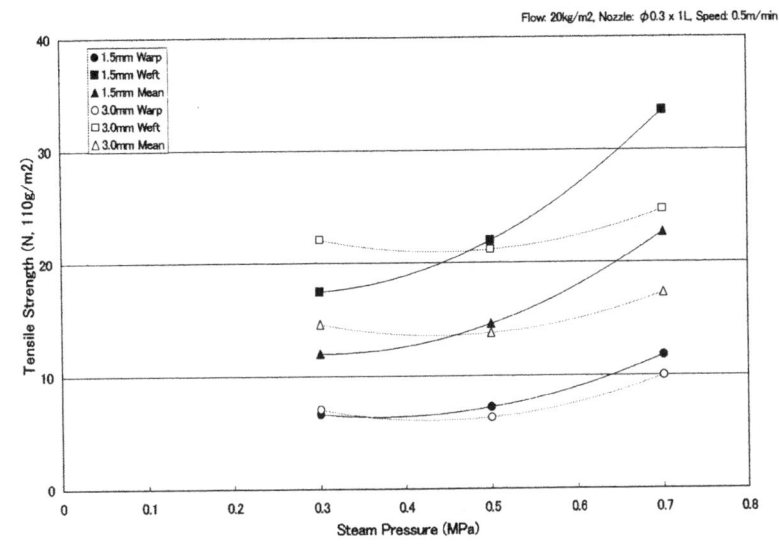

図2 ノズル蒸気圧（低圧域）に対する不織布引張り強度例（素材：ウール）

⑩ 熱融着性を有する繊維を含むウエブをSJ加工することにより嵩高感に富む特徴ある不織布が得られることを確認した

### 1.7 テスト装置の概略仕様

バッチ式基礎テスト装置および連続テスト装置の概要について記載する。

1) バッチ基礎テスト装置
   ① 処理可能寸法　：500mm×500mm
   ② 処理速度　　　：0.3～3m/min（往復動）
   ③ SJノズル　　　：下向き噴射（1本）
   ④ 蒸気圧力　　　：MAX0.8MPa（G）

2) 連続テスト装置（図1参照のこと）
   ① 処理幅　　　　：500mm
   ② 処理速度　　　：0.5～40m/min
   ③ SJノズル　　　：上下噴射（2本）
   ④ 繰り出し装置　：無張力方式
   ⑤ 蒸気圧力　　　：MAX2.0MPa（G）

## 1.8 SJ技術の今後の課題

上に述べたことから明らかなように，SJ技術は基本的に新規で特異性のある不織布製造技術としての可能性を有していること，また不織布の製造技術以外に蒸気の有する流体エネルギーと熱エネルギーを同時に作用させるというSJ技術の特徴を応用して多用途での活用を期待できることが明らかになった。

SJ技術が今後工業的な技術として活用されるために検討が必要と考えられる主な技術的課題をあげると下記のとおりである。

### 1.8.1 交絡能力の向上

SJ加工の特徴はすでに述べたとおり蒸気の有する流体エネルギーと熱的エネルギーを同時に利用して加工を行う点にある。

したがって，加工対象のウエブを構成する繊維の特性によって熱エネルギーが有効に作用する場合は嵩高性に富んだ特徴を有する不織布を得ることができるが，熱エネルギーが加工力として有効に作用しない場合には結果的に充分な交絡力を付与できない場合もあり得る。

今後SJ技術を有効に活用した新規な不織布を開発するためには，熱的な特性がフィットした繊維から構成される適切なウエブを選定することがまず重要であるがそれとともにSJノズル等の装置全体の適切な設計により蒸気の流体エネルギーをより効率的に活用できるシステムの確立も重要な課題である。

### 1.8.2 前処理技術に対する検討

SJ加工に先立った前処理技術については多様な可能性を有しており今後充分な検討を要する。

例えば，加工対象とするウエブの予備交絡の程度や方法によって得られる不織布の強度等の品質をコントロールすることが可能であるし，加工対象とするシートやウエブの構成繊維の性質によってはプレウエット処理やプレ加熱処理等が必要となる。

目的となる製品の要求に応じて有効な前処理加工を組み合わせることが重要な生産技術的課題である。

### 1.8.3 工業的生産技術の確立

SJ技術による不織布生産技術を工業化するためには，目的とする製品に対して充分なコスト競争力を有する加工条件を見出すとともに許容された品質を有する製品を安定的に生産するための生産技術を確立することが不可欠な条件となる。

そのためにはバッチ式のテスト装置で得られた基礎的知見に基づいて連続テスト装置で工業化を前提とした生産技術的検討を行い，安定生産上のコントロールポイントの把握やそのために必要な設備改造を実施する必要がある。

第 3 章　不織布の新製法

### 1.8.4　熱融着繊維を用いた新規な不織布の製造技術の開発

　熱融着性のバインダー繊維を用いた不織布の製造方法としては，すでにサーマルボンド法が確立された重要な技術として工業的に利用され得られた不織布は広汎な用途に応用されている。
　すでに述べたとおり熱融着性のバインダー繊維からなるウエブにSJ技術を適用することにより嵩高感を有する特徴ある不織布を得ることが可能である。
　既存の方式に比較してSJ技術では高圧の噴出蒸気による熱エネルギーにより効率的なバインダー繊維の効率的な昇温による熱的なボンディングと噴出蒸気の流体エネルギーによるバインダー繊維の交絡を同時に付与する複合加工が可能であるという大きな特徴を有している。
　このことは，ボンディングメカニズムが異なることによる新規な特性を有する不織布製造の可能性と既存方式に比較してコンパクトで低価格な生産技術の可能性を示唆していると考えられる。
　上に述べた理由により，SJ技術を用いた熱融着性のバインダー繊維を含む新規な不織布の製造加工技術は今後大きな可能性を有していると考えられ極めて重要な検討課題である。

### 1.8.5　不織布製造技術以外へのSJ技術の応用展開の検討

　すでに述べたとおりSJ技術の特徴は高圧蒸気の噴出による流体エネルギーと熱エネルギーを同時に作用させる加工技術にある。
　エネルギー的な観点から見ると，高速蒸気流による流体エネルギーは対象物質の変形や移動および吹き飛ばし効果等に寄与すると考えられ，また高温蒸気流による熱的エネルギーは極めて効率的な熱交換による対象物質の加熱／昇温を可能とし，しかもこれら二つの異なる効果を同時／複合的に与えられるところにSJ技術の最大の特徴がある。
　このような機能は，何ら不織布の製造技術への適用のみに復定されるものではなく，表面改質／洗浄／加熱／乾燥／熱処理／除菌／滅菌等々広汎な用途へ応用できる可能性を有している。
　例えば洗浄機能については，ICチップ関連／切削部品／織布・不織布の油剤等の汚れ落とし／染色精練での糊落とし等々広汎な応用の可能性を有していると考えられる。
　上記に述べたようなSJ技術の特徴を活用した新規な応用分野についても積極的に検討して行くことが重要な課題である。


### 1.9　おわりに

　上に述べたとおりSJ技術は特徴のある新規な加工技術として今後に可能性を有していると考えられるが，実際の工業技術として活用されるためには各分野のユーザー各位のご支援およびご協力が不可欠であり，宜しくお願い申し上げる。

## 2 APEX® 技術による最新素材の開発

Cliff Bridges[*1], 井澤仁美[*2]

### 2.1 はじめに

現在の機能性不織布は，かつての不織布とはかけ離れた機能を持っている。適切な機能性不織布は多種多様な範囲の製品に対応する可能性を拡大している。多種多様な範囲の製品とは耐水性製品や使い捨て製品，使用回数に限度のある製品を問わず，伸縮性や通気性，織物のような表面もしくは織り目のない単一的な表面などの機能を必要とする製品である。

Polymer Group, Inc.（以下 PGI）の APEX® 技術は，最新の技術・工程により従来の素材全ての長所を兼ね備えた真の機能性不織布の実現を可能にする。この技術は PGI が独自に開発，特許を取得しており，現在世界中でこの最新不織布を生産できるのは PGI のみである。この素材革命の基盤となる技術は，生産マネージャー，商品デザイナー，そして技術者達へ無限の可能性を与えている。

### 2.2 生活における繊維素材の変遷（写真1）

APEX® 技術は，高度な最先端レーザーイメージング技術を使用しており，織物のような物質特性を兼ね備えた，革命的な機能性不織布を創造することを可能にした最新の工程である。この工程が従来の織物やニットがもつ外観，肌触り，強度や耐水性をもつ不織布を生産可能にする。また，製品独自の機能性基準に適合する立体的な不織布の生産も可能にする。

APEX® 技術はデザイナーの想像力を限りなく実現するとともに，物質特性や外観的特徴を兼ね備えた不織布を創造する機会を与える。PGI の APEX® ファブリックを生産する特許をもつ一連の工程は，多種の繊維を使用した不織布を生産することを可能にする。また，混合，複層，異なった加工技術の適用も可能である。

### 2.3 APEX® 技術による想像の具現化

APEX® 技術は今までにないデザインや用途の機会を創出する。デザイナーはいまや独自の仕様をもつ機能性不織布を生み出すことができるのである。PGI の不織布は優れた手触りや商品機能を拡張する3次元デザインも取り入れることができる（写真2）。

---

[*1] Cliff Bridges　Polymer Group, Inc.　北アメリカグループ　ディスポーザブル＆リミテッドユーズ・プロダクツ　マーケティングマネージャー

[*2] Hitomi Izawa　Polymer Group, Inc.　アジアグループ　大阪テクニカルオフィス　カスタマー・リレーションシップ　マネージャー

第3章　不織布の新製法

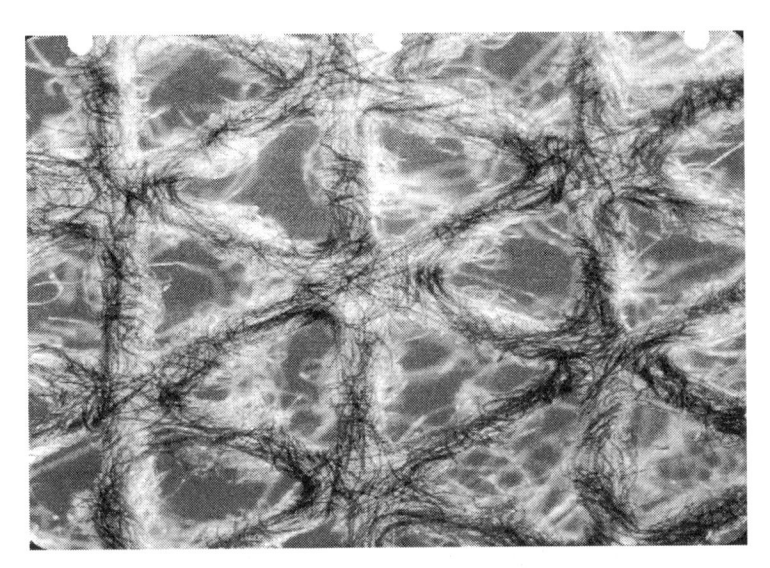

写真1　APEX®技術による最新不織布の一例

**Three Dimensional Designs**

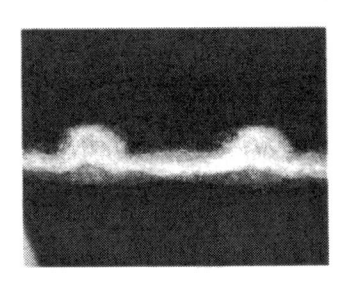

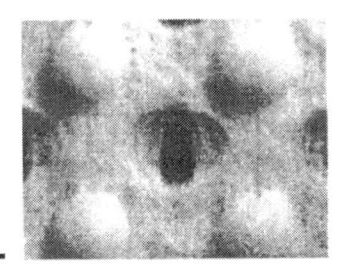

**Fabrics whose fiber selection, engineered construction and finish formulation results in special features.**

写真2　3次元デザイン

## 2.4 APEX®のその他の特質：強度，耐水性，均一性すべてにおいてより優れている

APEX®ファブリックの目付は50〜400gsmである。APEX®技術は非常に強度のある不織布を生産することができる。その強度とは，重工業環境において空気清浄に使用される工業用バグフィルターとして使用されるほどのものである。このような強度のあるPGI製品の商標をDurapex™（写真3）という。

### ① 見た目よりはるかに軽いAPEX®ファブリック

新商品が低目付素材を必要としている最近の市場において，その軽さが優位性を発揮する。

### ② 収縮しない

APEX®ファブリックは技術的伸縮性機能を持ち，通気性がある。洗濯時や乾燥時において，収縮せず，非常に安定した製品である。

### ③ 繊維の多様性

APEX®ファブリックはポリエステル，コットン，ナイロン，レーヨン，アラミド繊維を含むさまざまな再生繊維とともに開発された不織布である。したがって，混合もしくは層構造をした単一不織布を創造するために異種の繊維を使用することができる（図1）。

### ④ 物　性

APEX®ファブリックは非常に高い引裂き強度を持つ。この生産工程固有の特徴によって，生

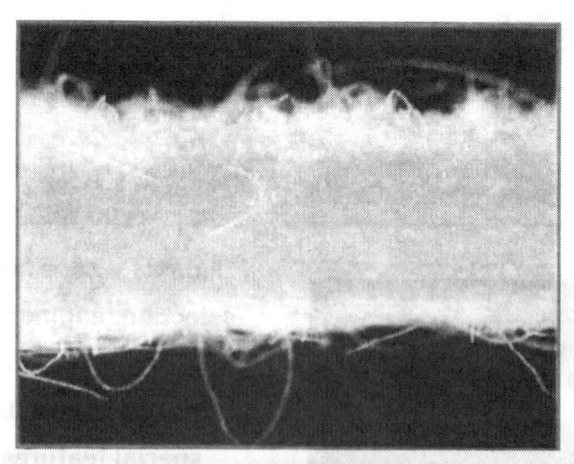

Cross sectional view of 10 osy DURAPEX PET in Service for 7 Months after cleaned.
The media depths is fully void of any dust particle penetration of any significance. This is evident in full bag profiling.

写真3　Durapex™ PETの断面図

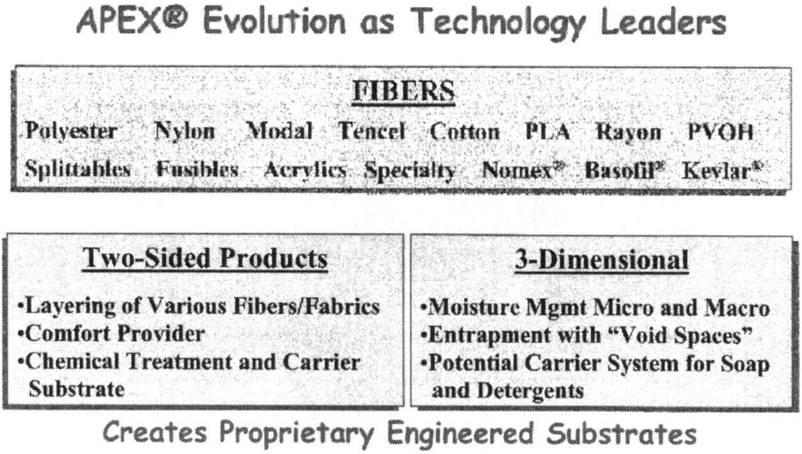

第3章 不織布の新製法

## APEX® Evolution as Technology Leaders

**FIBERS**
Polyester  Nylon  Modal  Tencel  Cotton  PLA  Rayon  PVOH
Splittables  Fusibles  Acrylics  Specialty  Nomex®  Basofil®  Kevlar®

**Two-Sided Products**
- Layering of Various Fibers/Fabrics
- Comfort Provider
- Chemical Treatment and Carrier Substrate

**3-Dimensional**
- Moisture Mgmt Micro and Macro
- Entrapment with "Void Spaces"
- Potential Carrier System for Soap and Detergents

Creates Proprietary Engineered Substrates

図1  APEX® 技術の特徴

表1  織物と APEX® 技術による不織布との比較

|  | Woven Control | APEX® |
|---|---|---|
| Blend | 50/50 PET /Cotton | 50/50 PET /Cotton |
| Weight | 3.4 osy | 3.62 osy |
| Tensile MD | 50.8 | 48.32 |
| Tensile CD | 40.6 | 47.69 |
| MD Elongation | 11.9 | 48.5 |
| CD Elongation | 35.2 | 73.3 |
| Elmendorf Tear MD | 1543.0 | 1634.5 |
| Elmendorf Tear CD | 1679.0 | 2215.5 |

み出された製品は裁断面にほつれが無く，縫製する際にはとても経済的な縫いしろをとることができる（表1）。

⑤　付加価値

APEX®ファブリックは毛羽立ち加工，ブラッシュ加工，スウェード加工，サンド加工，多彩染色，熱転写プリント，顔料プリント，ジェット染色が可能である（写真4）。

⑥　環境保護

APEX®ファブリックは環境的にも安全で，無農薬の素材を使用し，その他の汚染物も取り除いた工程によって生産される。APEX®技術の生産効率は環境維持問題も視野に入れた製品である。例えば，従来のさまざまな工程によるテキスタイル生産では，1枚の生地に対して平均

写真4　APEX®技術による発展

3.07kw/時/ポンドの電力を消費する。しかし，競合的な不織布をAPEX®技術によって生産した場合，電力の平均消費量は1.75kw/時/ポンドである。つまり，約43％のエネルギーを節約することができる。

## 2.5 ハイテク繊維が最後の一線を超える

　APEX®技術による機能性不織布は，長期的使用や耐水性を求められる用途のために開発された。この不織布は，通常高目付織物のような優れた強度，耐水性，そして均一性を持つ。その一方では裂けず，ほつれず，毛玉もできず，収縮もしない。また，ジェット染色や回転式スクリーンプリント，熱転写プリント，防縮加工，コーティングなどの従来の加工を施すこともちろん可能である。
　シドニーオリンピックにてナイキ社が導入したDRY-FIT®スタンドオフ・シングルタンクトップは，APEX®技術によって長距離ランナーの運動発汗時の環境を快適に保つために開発されたものである。タンクトップは特にこぶのような部分によって肌の表面からファブリックを持ち上げ，それによって気流ができ，汗を消散させることによって体をクールに保つようにデザインされている。このスタンド・オフのようなAPEX®のもつ物性により，快適さやファッションをファブリック自体の機能に取り入れることが可能である。その結果が，近代的テキスタイル，革新そ

第3章　不織布の新製法

# Nike DRI-FIT™ Stand-Off

**Unique, innovative material designed in conjunction with Nike that allows air to pass through "vents" and cool the body of long distance runners**

写真5　ナイキ DRI-FIT™ スタンド・オフ

して究極の快適性をもつ顕著な例なのである（写真5）。

　また，リーバイス®ジャパンの Garreth Wills や TRUNK のコシノヒロコなど，日本のデザイナーもジーンズやジャケット，コートなどのコレクションに APEX® ファブリックを使用している。

## 2.6　動きに合わせて動くファブリック— Mirastretch™ ファブリック

　機能性不織布はあらゆる形を得るために，折り曲げ，ねじり，負荷をかけ，限界まで押さえられる。それが APEX® 技術によって Mirastretch™ ファブリックを開発した理由である。Mirastretch™ ファブリックは50％の伸度と95％の戻りを持つ特殊な不織布である。たいていの伸縮素材は人工ゴム繊維を使用し，海洋気候下や塩素にさらされるとすぐに老朽化する。その代替として Mirastretch™ ファブリックは人工ゴム繊維を使用しないで長持ちする伸縮性を提供するのである。また，柔らかく，毛玉ができにくく，破れにくく，洗濯にも耐え，肌に対しても低刺激性である。

## 2.7 使い捨て品や短寿命品への利用

　APEX®技術は使い捨てや使用回数に限りのある製品にも機能性不織布を提供する。APEX®技術による機能性不織布の中で，耐水性が不必要な用途向けに生産されているものをAmira®ファブリック（写真6）と呼ぶ。このAmira®ファブリックは限度のある用途やワイプ，使い捨て衣料，その他の家庭用用品のような商品寿命の短いものに使用される新世代素材の代表である。短期間もしくは使い捨て使用にとっては最適である。この低目付不織布は強度，厚み，表面積や優れた性能のための機能的物質特性を組み込まれたものである。

　Amira®ファブリックはファブリック自体の繊維構造に顧客のブランドデザインを組み込むことができる。会社のロゴやブランド名などの特注イメージは，会社のブランドが持つ資産的価値を製品にプラスする。また，このAmira®ファブリックはホームケア，ビューティーケア，ヘルスケア市場などの用途以外に，新しい使用用途を開拓する可能性を秘めている。特に重要であるのは，APEX®ファブリックのように立体的デザインを持つことによって，厚みや表面積を増加し，汚れ捕獲効果を高めるという事実である。

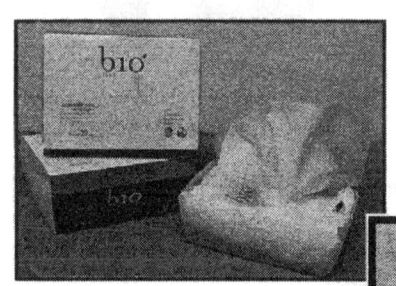

PGI's patented Amira™ unique fabric contains a raised tulip design, which *blooms* right off the cloth. The tulip design is achieved using PGI's proprietary APEX® technology.

The thick cloths and *blooming* tulips aid in trapping dirt, impurities and make-up as well as exfoliating the skin.

写真6　チューリップ柄のAmira™ファブリック

第3章　不織布の新製法

## 2.8 おわりに

　APEX®技術は革命的な技術である。このパワフルな技術はさまざまな繊維，ファブリック，フィルムを創造し，修正し，拡張する。この技術は特別な機能的物性をもたらし，無限のデザインの可能性を有するのである。

## 3 エレクトロスピニング法

大郷耕輔[*1], 朝倉哲郎[*2]

### 3.1 はじめに

ポリマーのエレクトロスピニングを行っている最中に，手をかざしたらどうなるだろうか。図1はその結果である[1]。まるで，ある種のクモの巣のようである。

ここ数年，新たな不織布作製法として，この"エレクトロスピニング法"が注目を集めるようになってきた。静電場を用いた紡糸法であるこの手法は，ナノ・サブマイクロメートルオーダーの繊維からなる不織布を形成する方法である。すなわち，図1を"クモの巣のようである"と感じたのは，ある意味では正解である。この不織布の繊維は細いことで知られているクモの糸よりもさらに細い。また，得られる不織布は多孔性であり，繊維径の細さと相まって非常に大きな表面積を有する。これまでに30種類以上の合成高分子もしくは天然高分子がエレクトロスピニング法の対象となってきた。現在開発されつつある，エレクトロスピニング不織布の応用分野は，

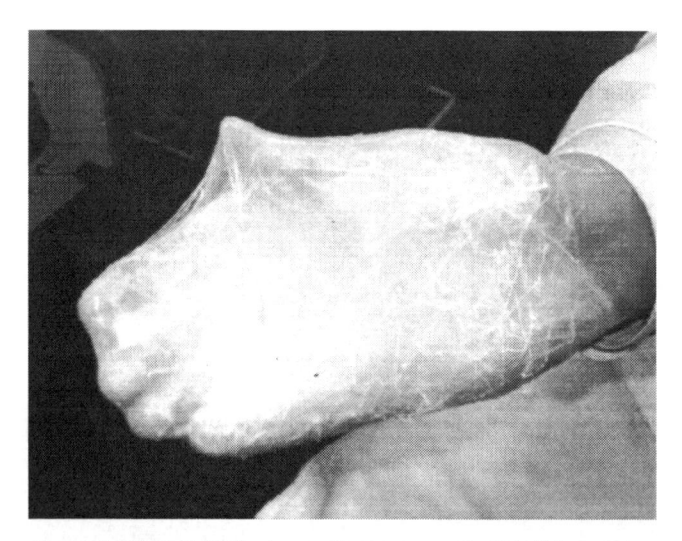

図1 ヒトの手へ直接ポリ（エチレン-ビニルアルコール）共重合体をエレクトロスピニングした結果
手はコレクターの前に置いており，この状態を得るのに30分を要した。（溶媒は2-プロパノール／水系，射出距離約20cm，印加電圧15kV）文献1) より引用。

---

*1　Kosuke Ohgo　東京農工大学大学院　工学教育部　博士後期過程
*2　Tetsuo Asakura　東京農工大学大学院　共生科学技術研究部　教授

## 第3章 不織布の新製法

フィルター[2,3]，創傷被覆・血管移植や再生医療のスキャフォールド[1,4~9]，ドラッグデリバリー[10,11]，光学・電子工学分野[12~14] などである。

日本ではまだ馴染みの薄いエレクトロスピニング法であるが，本稿では，その原理，実験装置および不織布の作製方法，得られる不織布の特徴，そしてその応用と今後の展望についてまとめた。

## 3.2 エレクトロスピニング法

エレクトロスピニング法の原理，実際の装置ならびに実験条件についてその概略をまとめる。

### 3.2.1 概略

エレクトロスピニングの原理は複雑であり，その解明は未だに研究対象となっている。詳細は参考文献[15~21]を参照頂きたい。

図2にエレクトロスピニング実験装置の概要を示した。ポリマー溶液を保持するキャピラリー部とアースしたコレクター部の間に電圧を印加することで，コレクター上に不織布を作製する。

キャピラリー部とコレクター部との間に電圧を印加すると，キャピラリー先端の溶液表面に電極と反対符号の電荷が誘発・蓄積される。溶液表面に蓄積された電荷と電場の相互作用により，高い電場（0.5-1.5kV/cm前後）の下では，溶液はTaylor-Coneと呼ばれる円錐状の形に引き延ばされる（図3[22]）。電場が臨界値を越えると，静電気の反発力が表面張力を上回り，溶液の一部がTaylor-Coneから飛び出し，荷電したジェットが射出される。射出されたジェットは，強く帯電しており，電場によりコレクター部へ引き寄せられる。射出されたジェットは体積に対して表面積が大きく，溶媒が効率よく蒸発する。そのため，体積の減少により電荷密度が高くなり，

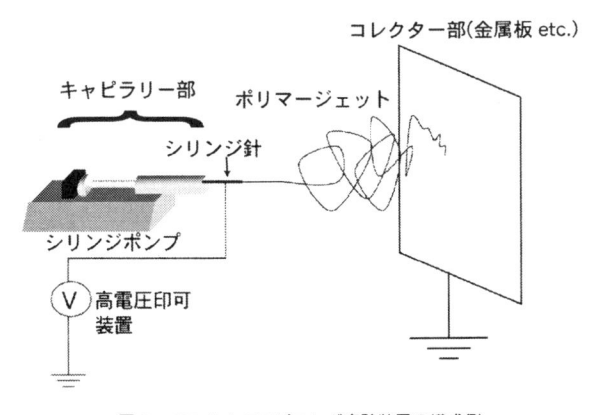

図2　エレクトロスピニング実験装置の構成例

機能性不織布の新展開

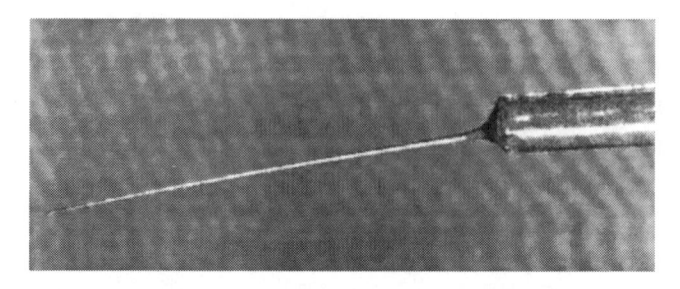

図3 テーラー コーンの先端から射出された荷電ジェット
（キャピラリー内径：1.5mm）文献22）より引用。

図4 エレクトロスピニングで得られるサブマイクロオーダー繊維
文献23）より引用。

さらに細いジェットへと分裂していく。この過程により，溶媒のほぼ揮発した，数十〜数百ナノメートルオーダーの均一なフィラメントからなる不織布がコレクター上に得られる（図4[23]，図5[10]）。

### 3.2.2 装置

エレクトロスピニング法で用いられる装置は，図2に示したように，いたってシンプルである。装置の構成は大きく三つに分けられ，ポリマー溶液を保持するキャピラリー部，不織布を回収するコレクター部，そして，それらの間に電位差を生じさせる電圧印加部からなる。図では，キャピラリー部とコレクター部の配置は水平となっているが，垂直の場合も多々ある。

エレクトロスピニングに必要な電場は0.5-1.5kV/cm程であり，キャピラリー部からコレクター部へ，繊維が飛翔する距離（射出距離）により，印加する電圧は変わる。通常の実験では，

## 第3章　不織布の新製法

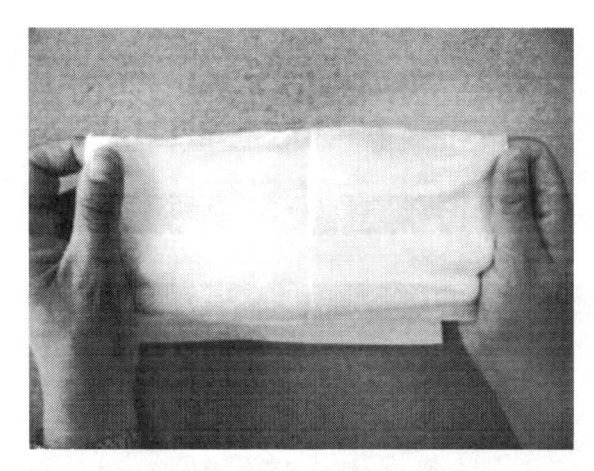

図5　エレクトロスピニング法により作製されたポリ(エチレン-ビニルアセテート)共重合体不織布
文献10)より引用。

射出距離は10cm～30cm位のため，印加する電圧は5-30kV程度となり，この範囲の出力を備えた電圧印加装置が必要となる。また，安全性から低電流出力も装置には要請される。電圧装置を，キャピラリー部とコレクター部の間に電位差が発生するよう接続する。図2では，キャピラリー側を高電位，コレクター部を低電位としているが，反対に接続してもエレクトロスピニングは可能である。

キャピラリー部の役割は，溶液への電圧印加とキャピラリー先端への適当な量の送液である。電圧印加については，キャピラリー内に電極を挿入する場合やキャピラリー先端を導電性にし，そこで電圧を印加する場合などがある。送液系について，キャピラリーを傾けて溶液の自重で送液したり，送液量を一定にするようポンプなどを用いて送液する方法などがある。送液量は，キャピラリー先端の直径や印加する電場により適切な値が変動するが，数十～数百 $\mu$ml/minの範囲が一般的である。

コレクター部には，通常金属など導電性のものを用いる。コレクター部の電位は，アースにより0Vとするか，キャピラリー部とは逆の電位とすることで，帯電したジェットを集める。また，先に述べたように，コレクター部に電圧発生装置をつなぎ，キャピラリー部をアースしてもよい。コレクター部は，平板などのシンプルな形状とする場合やスライドするドラムを用いて均一な不織布を得る方式等，工夫がなされている。さらに得られた不織布をヒーターを用いて即座に加熱する等の工夫も使用目的によってなされる。また最近では，円柱状コレクターを非常に早く回転

機能性不織布の新展開

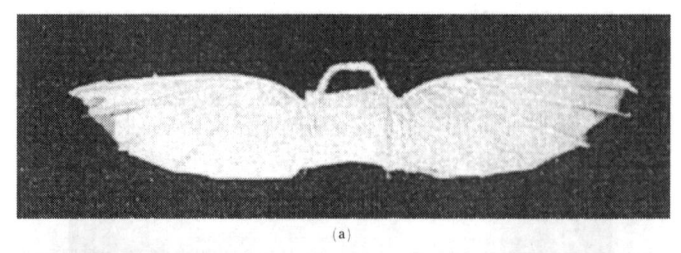

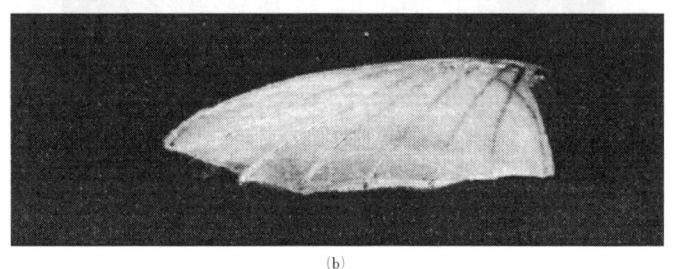

(a)

(b)

図6　羽根状フレームに電気応答性ポリマー不織布を作製した結果
サイズ：(a) 15.2cm × 5.1cm　(b) 10.2cm × 6.4cm。
文献 25) より引用。

させる（4500rpm，コレクターの表面速度 1.4m/s）ことで，繊維方向をある程度揃えて回収する方法[5]や，円盤状コレクターを回転させ，不織布ではなくナノファイバー繊維を得る方法[24]も用いられている。また，図1のように，人体を直接不織布で被ったり，図6[25]のように，金属フレームなどへ不織布を直接"貼り付ける"事も可能である。

図7に，最近報告されたエレクトロスピニングの装置の例を示したが[26〜28]，いずれも，複数の成分系を含む不織布の作製に威力を発揮する。

### 3.2.3　実験条件と試料調整

射出距離，印加電圧，送液量ならびに紡糸溶液の検討は，エレクトロスピニング工程の成否および得られる繊維の形状に影響を与えるので重要である。射出距離は，溶媒の揮発のために必要な距離であり，溶媒の揮発性の違いによってある程度変動する。また，射出口の径や送液量で溶媒の量が変わるので，それに依存して射出距離も変える必要がある。次に印加電圧は，射出距離が短ければ低く，長ければ高く設定することになる。

一方，紡糸溶液の濃度，分子量，粘度，表面張力，電気伝導度などによって，紡糸溶液の性質は大きく変動し，紡糸の成否や得られる繊維の形状が変わる。これまでに幾つかのグループが，これらの条件を変えた時に得られる不織布の形状変化について詳細に検討している[29〜35]。

第3章　不織布の新製法

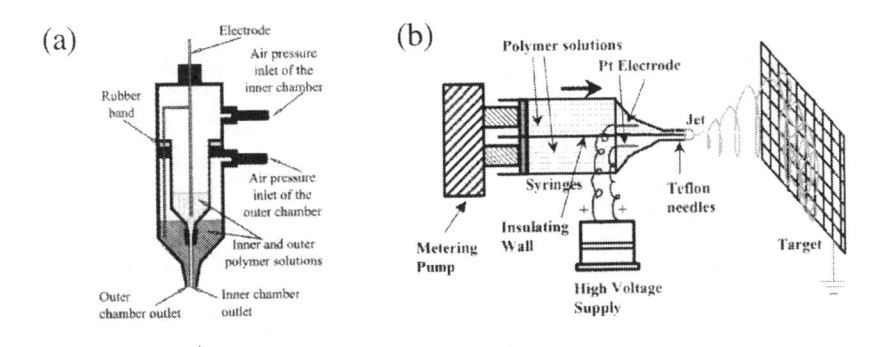

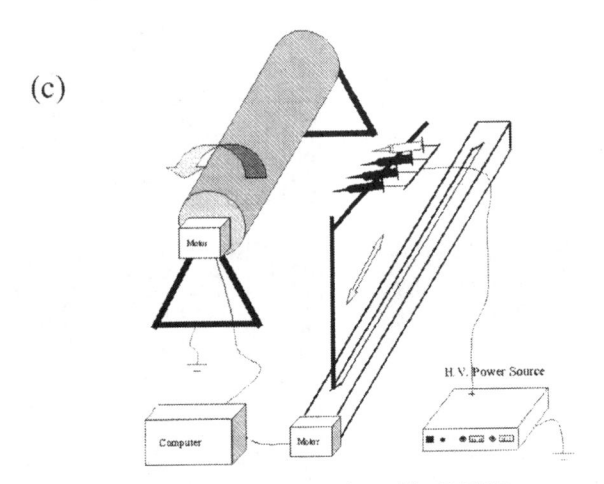

図7　エレクトロスピニング法の最新装置
(a)内層・外層繊維作製装置[26]，(b)二溶媒系ブレンド繊維作製装置[27]，
(c)マルチコンポーネント繊維作製装置[28]

　ここでは，ポリエチレンオキサイド(PEO)の水溶液を用い，溶液の粘度と繊維形状の関係を検討した例[29]を紹介する。分子量90万のPEOについて，濃度の異なる水溶液を作成，エレクトロスピニング後の繊維形状に対する粘度の影響について検討した（図8）。粘度の低いとき，繊維の絡まった不織布状ではなく，球状構造のみが見られる。濃度が高くなるにつれて，球の形状は紡錘状へ，また同時に，粒子が細い繊維状の構造でつながれていく様子が分かる。さらに濃度が増加すると，紡錘状の形状は見られなくなり，径の整った，より太い繊維構造からなる不織布状が得られる。これらの溶液の表面張力はほぼ同じであることから，粘度の低い場合は，表面張力の効果がスピニングによって引き延ばされた形状を維持しようとする粘度の効果を上回るた

89

機能性不織布の新展開

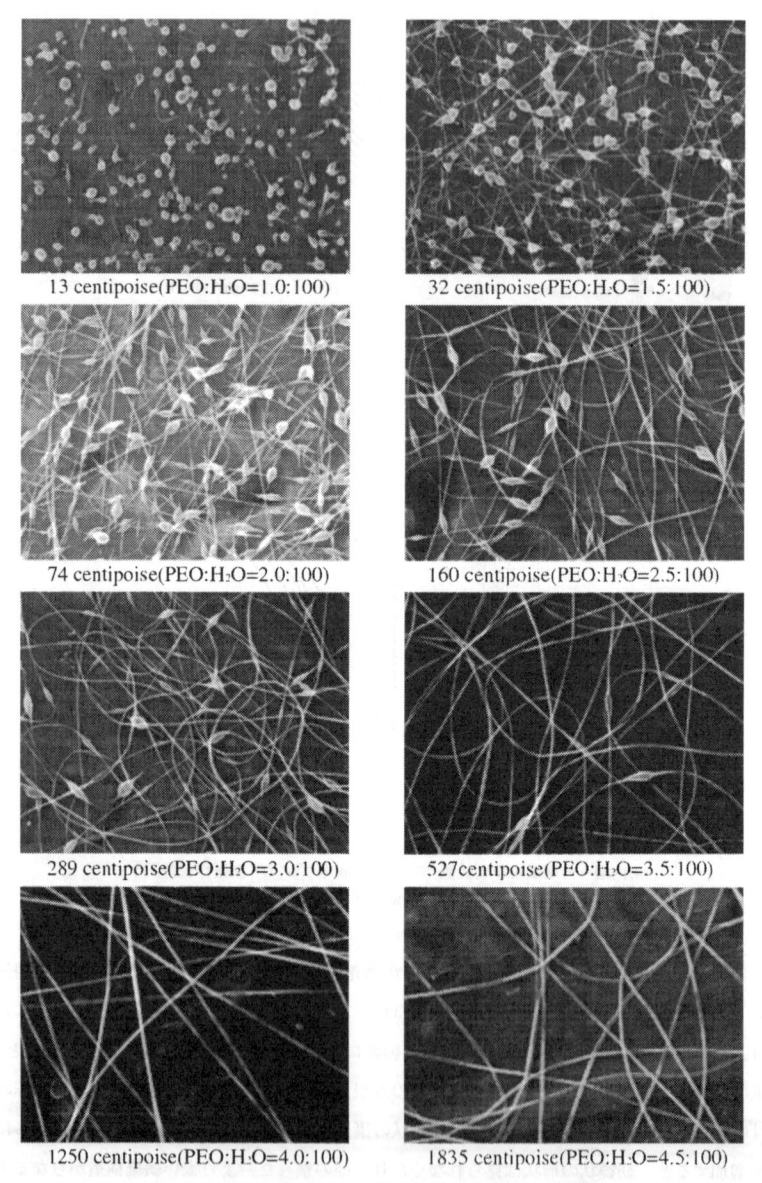

13 centipoise(PEO:H₂O=1.0:100)

32 centipoise(PEO:H₂O=1.5:100)

74 centipoise(PEO:H₂O=2.0:100)

160 centipoise(PEO:H₂O=2.5:100)

289 centipoise(PEO:H₂O=3.0:100)

527centipoise(PEO:H₂O=3.5:100)

1250 centipoise(PEO:H₂O=4.0:100)

1835 centipoise(PEO:H₂O=4.5:100)

図8　繊維形状の溶液粘度（濃度）依存性（比率は**重量比**）
　　　各写真の横サイズが20μmに相当。印加電圧0.7kV/cm。
　　　文献29）より改変。

め，球形に近づくと考えられる．実際に表面張力を低下させると，繊維状構造が観察される．

エレクトロスピニングにおいて，その溶媒は水でも有機溶媒でもどちらでも良いが，溶液の粘度や表面張力などが，実験の工程や繊維の形状に大きな影響を与える事から，紡糸に適した溶媒の検討が必要である．

### 3.3 エレクトロスピニング法の応用

これまでにエレクトロスピニング法が適用されてきた，高分子と溶媒の組み合わせを表1にまとめた[3,5,6,8,10,13,36~53]．初期には，合成高分子への適用が主であったが，最近は，さらに天然高分子であるコラーゲン[5]，絹フィブロイン[8,44~46]や遺伝子組み換え法により改変した生物が生産する人工タンパク質[45,48,49,51,52,54]までも対象とし，適用範囲が急速に拡大している．

エレクトロスピニング法で得られる不織布の最大の特徴は超極細繊維からなることであり，この特徴を活かした応用研究が進められている．その中で現在，多く行われているのが，フィル

表1　エレクトロスピニングの適用例

| 分類 | ポリマー | 溶媒 |
|---|---|---|
| 合成高分子 | ポリエチレンオキサイド | 水[29] |
|  | ポリビニルアルコール | 水[36] |
|  | ポリ乳酸（L，D，L/D） | クロロホルム[10]，ジクロロメタン[37]，DMF[38]，塩化メチレン/DMF[38] |
|  | ポリウレタン | DMF[3] |
|  | ポリカーボネート | THF/DMF[3] |
|  | ポリスチレン | DMF[39] |
|  | ナイロン6 | HFIP[40] |
|  | ポリアニリン | camphorsulfonic acid（PEO/クロロホルム）[13] |
| 無機・有機混合系 | ホウ酸アルミニウム | 水/ポリビニルアルコール[41] |
|  | シリカ | 水/ポリビニルアルコール[42] |
| 天然高分子 | デオキシリボ核酸 | 水/エタノール[43] |
|  | コラーゲン | HFIP[5] |
|  | 絹フィブロイン（野蚕，家蚕） | ギ酸[8,44]，HFA[45]，水（PEO混合系）[46] |
|  | フィブリノゲン | HFIP[6] |
|  | セルロースアセテート | アセトン[47]，酢酸[47] |
| 人工タンパク質 | コラーゲン様タンパク質 | HFIP[48] |
|  | 絹様タンパク質 | ギ酸[49,50]，HFA[45] |
|  | エラスチン様タンパク質 | 水[51,52] |

DMF : dimethylformamide, THF : tetrahydrofuran, HFIP : hexafluoroisopropanol,
HFA ; hexafluoroacetone

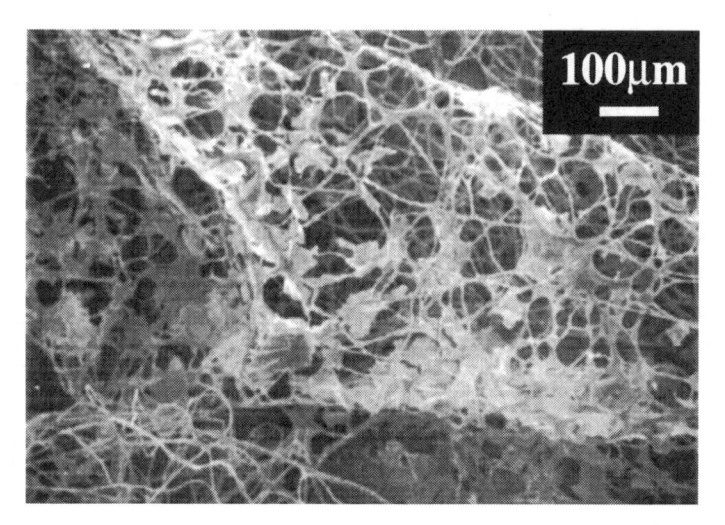

図9 ポリ（エチレン-ビニルアルコール）共重合体の不織布上に繊維芽細胞を加え，
培養器内で1週間培養した後のSEM写真
文献1）より改変．

ター・膜[2,3]，創傷被覆・血管移植や再生医療のスキャフォールド[1,4~9]，ドラッグデリバリー[10,11]，光学・電子工学分野[12~14]への応用である．

図9に，再生医療の足場材料（スキャフォールド）への応用例，すなわち，エレクトロスピニングで得られた不織布上での細胞培養の結果を示した[1]．繊維芽細胞が，不織布上で，よく接着していることが分かる．この分野でエレクトロスピニングが注目される点は，不織布の形態が，天然組織や内臓において，細胞が成長するための細胞外マトリックスに非常に近いことである．

ドラッグデリバリーシステムへの応用例も行われている．薬剤を紡糸溶液に添加し，エレクトロスピニングを行うことで，薬剤を含んだ不織布が作製できる．不織布の極細繊維は，薬剤を徐放する役割を持ち，またその作製条件がマイルドであることから，薬剤への影響が少ない利点がある．図10は，ポリ（エチレン-ビニルアセテート）共重合体（PEVA）を担体として，歯周病治療薬である塩酸テトラサイクリンの徐放性を試験した結果である[10]．市販品の薬剤を含んだPEVA繊維では，急激な薬剤放出性が見られるが，これは市販品では，熱により溶解させたPEVAに薬剤を混合するため，ポリマーと薬剤が分離した結果と考えられる．一方，エレクトロスピニングにより得られた不織布は，薬剤を徐々に放出しており，これは薬剤とポリマーの均一な溶液を紡糸した結果と考えられる．この他にもDNAをデリバリーするための研究なども行われている[11]．

第3章 不織布の新製法

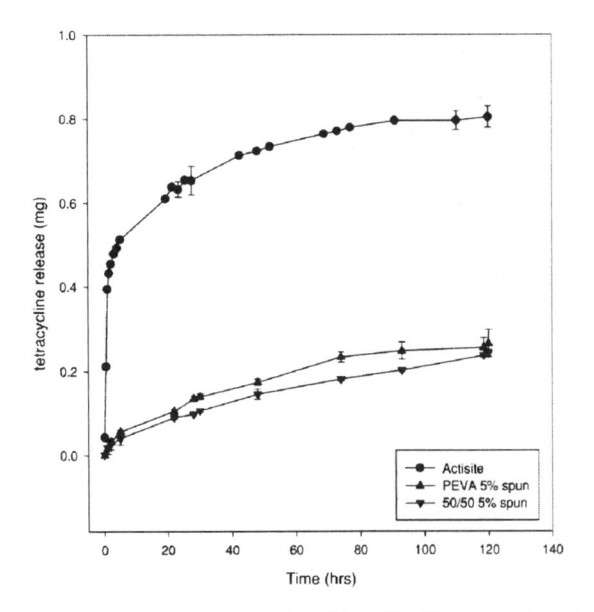

図10 ポリ（エチレン-ビニルアセテート）共重合体（PEVA）のエレクトロスピニング不織布の薬剤徐放性試験結果
塩酸テトラサイクリンを25wt%含むPEVA繊維（●）が急激に薬剤を放出するのに対し、塩酸テトラサイクリンを5wt%含むPEVA不織布（▲）はゆっくりとした放出特性を示した。文献10）より引用。

　これらの他に、人工タンパク質の加工技術としてのエレクトロスピニング法に注目したい。近年、遺伝子組み換え法を用いて、繊維状タンパク質の配列を有したタンパク質の設計が盛んになってきている。しかしながら、これらのタンパク質を繊維化するには、分子量や生産性の問題などから困難な面も多い。溶液紡糸ではなく、エレクトロスピニング法によってはじめて繊維化することが可能となるとともに、基材表面のコーティング材なども作製できる。図11には、実際に遺伝子組み換え法で得られた、絹フィブロインの配列を含む絹様タンパク質をエレクトロスピニングにより、紡糸した結果である[45,54]。溶液紡糸での繊維化は困難であったが、この手法により繊維化が可能となり、繊維直径の非常に細い不織布が得られた。

## 3.4　今後の展望

　現在、エレクトロスピニング法の問題点が、幾つか考えられる。まずは、この手法の生産性である。実験で述べたように、エレクトロスピニングでは送液量を数十〜数百$\mu$mlで行うが、この

機能性不織布の新展開

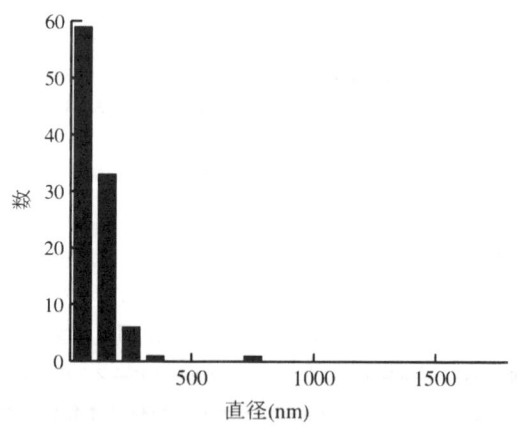

図11 遺伝子組み換え大腸菌より生産した新規絹様タンパク質，[GGAGSGYGGGYGHGYGSDGG(GAGAGS)$_3$]$_6$の，エレクトロスピニング法による繊維の作成
文献45）より引用。

量では得られる不織布の量に限りがある。工業化する際には装置上の工夫が必要である。ただし，高機能性不織布として，少量で活かされる応用方法であるならば，その限りではない。次に得られる不織布の結晶性や配向性ならびに力学物性である。これまでのところ，エレクトロスピニン

## 第3章 不織布の新製法

グで得られた不織布の結晶性・配向性は低い[30, 36, 50]。また力学物性もフィルムなどに比べ劣る場合も多い。もしこの不織布に優れた力学物性を付与するのであれば、アニーリング[38, 55]など、繊維の結晶性や配向性を向上させるプロセスを加える必要があろう。もしくは高強度の材料との複合材料として用いることが良い。また、現在までに報告されている、エレクトロスピニングで得られた不織布の径は、サブマイクロオーダーではあるが、100 nm以上であることが多い。ナノファイバーと呼ばれる領域は100 nm以下であり、この領域を目指すことで、より機能性の高い不織布の作製も可能となろう。

エレクトロスピニング法は現在、方法論としてある程度確立してきていると言える。今後、この手法を用いて作製した不織布の特徴を活かした新たな応用分野の開拓が望まれる。

## 文　献

1) Kenawy, E.-R.; Layman, J. M.; Watkins, J. R.; Bowlin, G. L.; Matthews, J. A.; Simpson, D. G.; Wnek, G. E. *Biomaterials* 2003, **24**, 907-913.
2) Gibson, P.; Schreuder-Gibson, H.; Rivin, D. *Colloids and Surfaces A* 2001, **187-188**, 469-481.
3) Tsai, P. P.; Schreuder-Gibson, H.; Gibson, P. *J. Electrostat.* 2002, **52**, 333-341.
4) Li, W. J.; Laurencin, C. T.; Caterson, E. J.; Tuan, R. S.; Ko, F. K. *J. Biomed. Mater. Res.* 2002, **60**, 613-621.
5) Matthews, J. A.; Wnek, G. E.; Simpson, D. G.; Bowlin, G. L. *Biomacromolecules* 2002, **3**, 232-238.
6) Wnek, G. E.; Carr, M. E.; Simpson, D. G.; Bowlin, G. L. *Nano Lett.* 2003, **3**, 213-216.
7) Yoshimoto, H.; Shin, Y. M.; Terai, H.; Vacanti, J. P. *Biomaterials* 2003, **24**, 2077-2082.
8) Min, B.-M.; Lee, G.; Kim, S. H.; Nam, Y. S.; Lee, T. S.; Park, W. H. *Biomaterials* 2004, **25**, 1289-1297.
9) Xu, C. Y.; Inai, R.; Kotaki, M.; Ramakrishna, S. *Biomaterials* 2004, **25**, 877-886.
10) Kenawy el, R.; Bowlin, G. L.; Mansfield, K.; Layman, J.; Simpson, D. G.; Sanders, E. H.; Wnek, G. E. *J. Control. Release* 2002, **81**, 57-64.
11) Luu, Y. K.; Kim, K.; Hsiao, B. S.; Chu, B.; Hadjiargyrou, M. *J. Control. Release* 2003, **89**, 341-353.
12) Chen, Z.; Foster, M. D.; Zhou, W.; Fong, H.; Reneker, D. H. *Macromolecules* 2001, **34**, 6156-6158.
13) Norris, I. D.; Shaker, M. M.; Ko, F. K.; MacDiarmid, A. G. *Synth. Met.* 2000, **114**, 109-114.

14) Wang, X.; Drew, C.; Lee, S.-H.; Senecal, K. J.; Kumar, J.; Samuelson, L. A. *Nano Lett.* 2002, **2**, 1273-1275.
15) Feng, J. J. *Phys. Fluids* 2002, **14**, 3912-3926.
16) Hohman, M. M.; Shin, M.; Rutledge, G.; Brenner, M. P. *Phys. Fluids* 2001, **13**, 2201-2220.
17) Hohman, M. M.; Shin, M.; Rutledge, G.; Brenner, M. P. *Phys. Fluids* 2001, **13**, 2221-2236.
18) Spivak, A. F.; Dzenis, Y. A. *Appl. phys. lett.* 1998, **73**, 3067-3069.
19) Shin, Y. M.; Hohman, M. N.; Brenner, M. P.; Rutledge, G. C. *Appl. phys. lett.* 2001, **78**, 1149-1151.
20) Yarin, A. L.; Koombhongse, S.; Reneker, D. H. *J. Appl. Phys.* 2001, **89**, 3018-3026.
21) Reneker, D. H.; Yarin, A. L.; Fong, H.; Koombhongse, S. *J. Appl. Phys.* 2000, **87**, 4531-4547.
22) Doshi, J.; Reneker, D. H. *J. Electrostat.* 1995, **35**, 151-160.
23) Deitzel, J. M.; Kleinmeyer, J. D.; Hirvonen, J. K.; Beck Tan, N. C. *Polymer* 2001, **42**, 8163-8170.
24) Yarin, A. L.; Zussman, A. T. *Nanotech.* 2001, **12**, 384-390.
25) Pawlowski, K. J.; Belvin, H. L.; Raney, D. L.; Su, J.; Harrison, J. S.; Siochi, E. J. *Polymer* 2003, **44**, 1309-1314.
26) Sun, Z.; Zussman, E.; Yarin, A. L.; Wendorff, J. H.; Greiner, A. *Adv. Mater.* 2003, **15**, 1929-1932.
27) Gupta, P.; Wilkes, G. L. *Polymer* 2003, **44**, 6353-6359.
28) Ding, B.; Kimura, E.; Sato, T.; Fujita, S.; Shiratori, S. *Polymer* 2004, **45**, 1895-1902.
29) Fong, H.; Reneker, D. H. *Polymer* 1999, **40**, 4585-4592.
30) Deitzel, J. M.; Kleinmeyer, J.; Harris, D.; Beck Tan, N. C. *Polymer* 2001, **42**, 261-272.
31) Shin, Y. M.; Hohman, M. N.; Brenner, M. P.; Rutledge, G. C. *Polymer* 2001, **42**, 9955-9967.
32) Reneker, D. H.; Kataphinan, W.; Theron, A.; Zussman, E.; Yarin, A. L. *Polymer* 2002, **43**, 6785-6794.
33) Fridrikh, S. V.; Yu, J. H.; Brenner, M. P.; Rutledge, G. C. *Phys. Rev. Lett.* 2003, **90**, 144502/1-144502/4.
34) Koski, A.; Yim, K.; Shivkumar, S. *Mater. Lett.* 2004, **58**, 493-497.
35) Theron, S. A.; Zussman, E.; Yarin, A. L. *Polymer* 2004, **45**, 2017-2030.
36) Ding, B.; Kim, H.; Lee, S.; Shao, C.; Lee, D.; Park, S.; Kwag, G.; Choi, K. *J. Polym. Sci.: B: Polym. Phys.* 2002, **40**, 1261-1268.
37) Bognitzki, M.; Czado, W.; Frese, T.; Schaper, A.; Hellwig, M. S.; Greiner, A.; Wendorff, J. H. *Adv. Mater.* 2001, **13**, 70-72.
38) Zong, X.; Kim, K.; Fang, D.; Ran, S.; Hsiao, B. S.; Chu, B. *Polymer* 2002, **43**, 4403-4412.
39) Koombhongse, S.; Liu, W.; Reneker, D. H. *J. Polym. Sci.: B: Polym. Phys.* 2001, **39**,

2598-2606.
40) Fong, H.; Liu, W.; Wang, C.; Vaia, R. A. *Polymer* 2002, **43**, 775-780.
41) Dai, H.; Gong, J.; Kim, H.; Lee, D. *Nanotech.* 2002, **13**, 674-677.
42) Shao, C.; Kim, H.-Y.; Gong, J.; Ding, B.; Lee, D.-R.; Park, S.-J. *Mater. Lett.* 2003, **57**, 1579-1584.
43) Fang, X.; Reneker, D. H. *J. Macromol. Sci., Phys.* 1997, **B36**, 169-173.
44) Sukigara, S.; Gandhi, M.; Ayutsede, J.; Micklus, M.; Ko, F. *Polymer* 2003, **44**, 5721-5727.
45) Ohgo, K.; Zhao, C.; Kobayashi, M.; Asakura, T. *Polymer* 2003, **44**, 841-846.
46) Jin, H.-J.; Fridrikh, S. V.; Rutledge, G. C.; Kaplan, D. L. *Biomacromolecules* 2002, **3**, 1233-1239.
47) Liu, H.; Hsieh, Y.-L. *J. Macromol. Sci., Part B: Polym. Phys.* 2002, **40**, 2119-2129.
48) Fertala, A.; Han, W. B.; Ko, F. K. *J. Biomed. Mater. Res.* 2001, **57**, 48-58.
49) Buchko, C. J.; Kozloff, K. M.; Martin, D. C. *Biomaterials* 2001, **22**, 1289-1300.
50) Buchko, C. J.; Chen, L. C.; Shen, Y.; Martin, D. C. *Polymer* 1999, **40**, 7397-7407.
51) Huang, L.; McMillan, R. A.; Apkarian, R. P.; Pourdeyhimi, B.; Conticello, V. P.; Chaikof, E. L. *Macromolecules* 2000, **33**, 2989-2997.
52) Nagapudi, K.; Brinkman, W. T.; Leisen, J. E.; Huang, L.; McMillan, R. A.; Apkarian, R. P.; Conticello, V. P.; Chaikof, E. L. *Macromolecules* 2002, **35**, 1730-1737.
53) Reneker, D. H.; Chun, I. *Nanotech.* 1996, **7**, 216-223.
54) 亀田恒徳, 朝倉哲郎 バイオシルク, ナノファイバーテクノロジーを用いた高度産業発掘戦略（監）本宮達也, 2004, CMC出版
55) Dersch, R.; Liu, T.; Schaper, A. K.; Greiner, A.; Wendorff, J. H. *J. Polymer Sci., Part A: Polym. Chem.* 2003, **41**, 545-553.

# 第4章　不織布製造機器の進展

## 1　スパンボンド――ライコフィル：ライフェンホイザー社の不織布技術――
Bernd Kunze[*1]，Michael Baumeister[*2]，吉田雄二[*3]

### 1.1　はじめに

　ライフェンホイザー社の不織布システムで作られる不織布はトップシート，バックシート，ギャザーとして現在，広く知られている。不織布製品への厳しい品質要求と増大するコスト圧力に対応するためReicofilはプロセスのみならずReicofilシステムとして日々改善を図ってきた。その結果として，多段ビームを採用することによりシステムの効率が上がり，なおかつより軽い重量でありながらこれまでの製品性能を満たすことが可能になった。この発展は，経済的で高品質製品の生産を可能にするReicofilプロセスが基本となっている。

### 1.2　Reicofilの使用例

　Reicofilの利点は，これまでの衛生材料だけに限られない。現在Reicofil製品の1/3は，従来の衛生材料以外で使われている。例えば下記のような使用例がある。

　①　医療用途（衛生衣料，マスク）
　②　農業用途（促進栽培，耕作地保護シート）
　③　家具（家具充填材）
　④　ルーフィング（天井保温シート，ルーフ用アスファルト用心材）
　⑤　フィルター（工業用フィルター，血液フィルター）

　不織布は全ての分野で利用できるものである。しかしながら，各分野それぞれの要求に対応できる不織布製品への性能，また，生産性への要求がある。
　例えば，医療用途の衣料では，不織布製品は，高いバリア性，高い引っ張り強度，高撥水性（ア

---

　*1　Dr.Ing. Bernd Kunze　Reifenhäuser GmbH & Co. Maschinenfabrik General Manager Nonwoven Division
　*2　Dipl.Ing. Michael Baumeister　Reifenhäuser GmbH & Co. Maschinenfabrik Technical Director Nonwoven Division
　*3　Yuji Yoshida　日立造船㈱　機械エンジニアリング事業本部　プラスチック機械営業部部長

## 第4章　不織布製造機器の進展

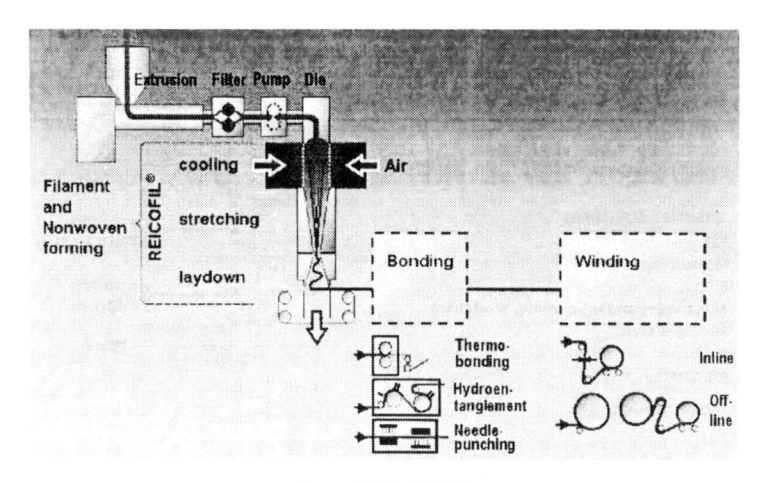

図1　不織布成形技術

ルコール，血液などに対する)が要求される。そのため，極細繊維の不織布とメルトブローンによる多層と特殊な処理が必要になる。また，耕作地の保護シート用の不織布製品は，通気性，高い引っ張り強度，伸縮性，高紫外線安定性が必要であり，太い繊維の不織布に耐紫外線処理を施すことになる。

これら2つの不織布製品はさらに最新のReicofil技術を使い，最新世代のReicofil4の性能を生かした製品となる。Reicofil4はさまざまな不織布に対する要求を満たし，ボンディングおよび後に続く工程に対応できる（図1）。

### 1.2.1　ルーフィング

ルーフ保温シート用途には，高強度のフィルム／不織布貼り合わせ通気性製品が利用される。製品には，耐紫外線安定性，型崩れがし難いこと，穴あけがしにくいことが必要である。製品の重量は通常135g/$m^2$までである（不織布20g/$m^2$-フィルム35g/$m^2$-不織布80g/$m^2$）。

フィルムの成形には，タルク入りPPが使われる。ライフェンホイザー社ではダイレクト押出しで対応できる。同方向の2軸押出し機によりそれぞれの材料をマスターバッチを使わずに直接押出し，フィルム成形する。基材となる不織布に，ライフェンホイザー社の特許であるロールコーティングと静電気コーティングによるコーティングがなされる。このプロセスでは，フィルム／不織布が成形される時に溶融樹脂が直接機械的に押し当てられることがなく，フィルムが基材の不織布の内部に静電気により押しこめられて成形される。その後のプロセスでフィルム／不織布の貼り合わされたシートは，弱延伸される。これにより極微細な穴がタルクの部分ででき通

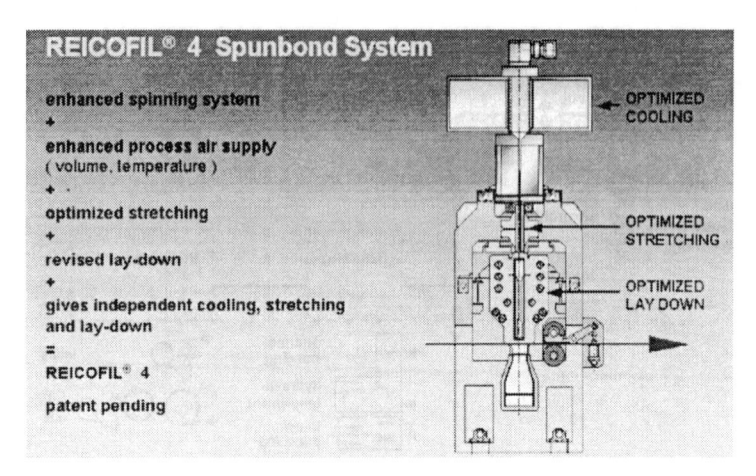

図2 Reicofil4 スパンボンドシステム

気性を出すのである。

製品への要求性能は，耐水性：1000mm水柱以上，通気性能：1000-2000g/m$^2$/24h，23℃，湿度85％条件下である。PET製不織布はより高温で，高引張り強度の要求されるルーフ保温シートの分野で使われる。例としては，DIN EN規格29073（引き裂き強度，伸縮度），およびEN ISO9237（通気性性能）の規格による15g/m$^2$から125g/m$^2$の製品が規定されている。例えば，PET不織布の通気性製品は，製品重量115g/m$^2$でMD，CDの引き裂き強度がそれぞれ230と215N/5cm，伸縮性能MD，CD方向それぞれ35％，収縮率：1.0から0.5％，200度の雰囲気温度，30分の条件下となる。

これまでの用途に加え，最新のReicofil4はさらに可能性が増えた。Reicofil4は従来のReicofil技術に比べより速い紡糸速度が必要なポリマーにも対応できる（PET：〜5000m/min）。最新世代のReicofilは完全に新たな発想からうまれ，紡糸冷却、紡糸延伸、紡糸レイダウンに関わる部品を新たに設計しなおしたものである（図2）。

ライフェンホイザー社の最新の技術革新を基にして，アスファルトの含浸心材用途の不織布基材を作ることができる。DIN18 192規格対応で製品重量200g/m$^2$の不織布を230℃でニードルパンチ，重量250g/m$^2$にする。

不織布の基材はこのようにして成形され，アスファルトの基材として両側からアスファルトを含浸する。総製品重量約5900g/m$^2$になる（図3）。アスファルト含浸された最終製品の引っ張り強度はMD/CD約1200/800N/5cm，伸縮性両方向60％になる。

第4章　不織布製造機器の進展

図3　アスファルト／ルーフシート

## 1.2.2　ワイパー

　不織布の用途としてワイパー用途がある。利用する分野(衛生材料用途，工業材料用途，家庭用途)により，また，使い方(湿式，乾式)により最終製品に対する製品性能の要求は，非常に広くなり，同時に不織布自体への性能要求が非常に広くなる。このような中，ライフェンホイザー社は，フライスナー社(Fleissner社)と協力し湿式ワイパーで皺の入りにくい製品を製造できる設備を作っている。これは基材の不織布とウォータージェットに対する安定性が要求され，対応した結果である(特許出願中)。

　ワイパー製品の一例として，PP不織布／パルプ／PP不織布の構成で製品重量：50～60g/m$^2$ があげられる。PPステープルファイバーに比べ，PP不織布のワイピングクロスより高い吸水性と，吸水時のより高い引き裂き強度があり，PP樹脂の比率をより低くし，代わりにパルプの量を増やすことができる(表1)。

　さらに最終製品のワイピングクロスの製品性能について，基材である不織布の性能を適正に向上させることにより製品の性能向上が望める。ライフェンホイザー社のシステムで成形された不織布の品質と均一性によりウォータージェット／ニードルパンチ工程で，パルプのロスがより軽減することが実証されている。また，さらに特殊な構成による基材の不織布によりウォータージェット／ニードルパンチ工程での水圧をより軽減することが実証された(特許出願中)。

表1　ワイピングクロスの比較

| パルプ比率 | 55〜60g/m² PP不織布／パルプ／極細PP不織布 | | 吸水性 |
|---|---|---|---|
| | 密度 | | 比率 |
| | ドライ<br>N/5 cm<br>MD/CD | ウエット<br>N/5 cm<br>MD/CD | 湿→乾<br>重量 |
| 50% | 120/70 | 110/65 | 5〜6 |
| 66% | 65/30 | 50/25 | 6〜7 |
| 75% | 60/25 | 45/18 | 6〜7 |
| 比較：ステープルファイバー不織布　60g/m² | | | |
| 50% | 75/13 | 45/6 | 6.5 |

## 1.2.3　衛生材料

　従来の衛生材料に加えて，バイコンポーネントでのより柔らかなトップ，バックシートを得ようとするトレンドがある。これはコア／シースのバイコンポーネント紡糸技術が基本となる。ヒルズ／ライフェンホイザー（Hils-Reifenhäuser）バイコシステムはその他，サイドバイサイド，セグメンテドパイなどのバイコンポーネントを一枚の分配プレートの交換のみで成形できる（図4）。

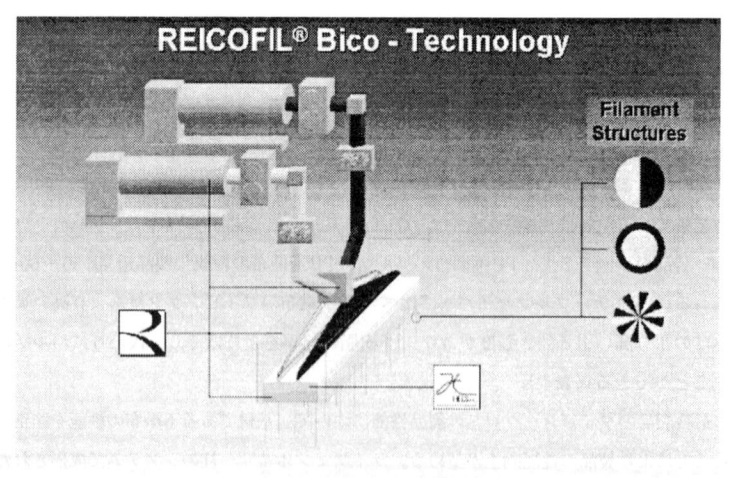

図4　REICOFIL Bico 技術

## 第4章 不織布製造機器の進展

### 1.3 おわりに

　不織布製品は，下流のプロセスがどのようなものであろうと，常に最終製品の特殊な要求あるいは，下流のプロセスに対応できるようにその要求に応えることが求められる。Reicofil不織布技術は，適応性があり，基本となる不可欠な条件を提供することで，広く知られている。しかし新たな利用法に対してもまた，最も適正に不織布を成形できるようにする可能性を持っている。

　新たに生まれた世代：Reicofil4により可能性はさらに広がっている。例えば，PETの低収縮率の特性，紡糸速度の大幅増速，極細繊維などのように，それは従来製品の生産性の向上のみならず不織布自身の性能も広げている。

## 2 スパンレース製造技術の動向

石橋正年*

### 2.1 はじめに

不織布産業において，現在，これまで以上に希少価値の高い製品が製造でき，またコストパフォーマンスに優れた装置が待望されている。それはなぜか。単純に不織布市場は，大量生産化され，また限られた範囲において使用されることにより，成熟段階に達してきているからである。スパンレース不織布においても同様に，医療・衛材・アパレル，そして巨大マーケットであるワイパー産業から新規事業への展開が待ち望まれている。

スパンレース不織布の特徴と言えば，柔らかく，肌触りの良さがあげられる。外観としては，嵩高でドレープに富んでおり，また通気性がよく，使い捨てが可能な機能があげられる。スパンレース不織布が，特に医療用途・ワイパーとして用いられる理由は，バインダーおよびケミカル・ボンドを使用しない点にある。ワイパー用途は，最も急速に発展したスパンレース，不織布商品のひとつだと言える。生産量の増加にともなって，スパンレース製造技術も同様に発展を遂げている。

### 2.2 エアレイドとのコンビネーション

スパンレース技術の最新傾向は，スパンレース工程にエアレイド・パルプなど，パルプを取り入れたことである。Rieter Perfojet 社（仏）は，この工程を最新型スパンレース装置である"JetLace 3000"に取り入れている。"JetLace"機は，特別な縞模様を連結させたインジェクターによってエネルギー効率を最適化し，稼動コストを減少することに狙いがある。本機は，主にウェット・ワイプの製造に使われ，エアレイド・パルプ工程を取り入れる場合，3つの工程を経ることになる（図1）。

#### 2.2.1 製造工程

まず，カーディングされた繊維（ウェッブ）が，第一番目の"JetLace3000"機によって交絡される（Step 1）。第一の"JetLace"機によって，水流交絡されたウェッブは，エア・レイド機に運ばれ，エア・レイド機によってパルプが敷き詰められる（Step 2）。繊維層・パルプ層の2層構造状態を第二番目の"JetLace"機によって交絡させることにより，パルプは，ウェッブの中で交絡される（Step 3）。上記一連の設備をRieter Perfojet 社では，"AirLace"の名称でプラント化している。

パルプと組み合わせることのメリットは，柔軟性を保ちつつ，吸水力を向上させ，また製品コ

---

\* Masatoshi Ishibashi　伊藤忠テクスマック㈱　繊維機械第二部

## 第4章 不織布製造機器の進展

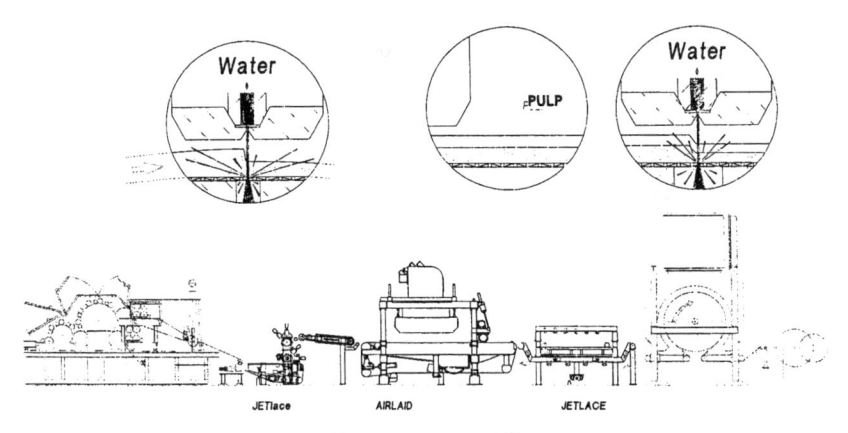

図1 スパンレース工程

ストが削減できる点にある。

### 2.3 スパンボンドとのコンビネーション

Rieter Perfojet社では，スパンボンドとのコンビネーションも生み出している。同社は，このコンビネーションをSPUNjetと呼び，不織布産業において幅広い市場のニーズに応えると共に新しい分野を切り開く製造装置として多いに可能性のある製造システムである。

#### 2.3.1 スパンレイドとドライレイドの歴史的直面

過去10年間の間に一工程でフィラメントを結合させるスパンボンド不織布は，恐ろしい勢いで成長し続けている。長繊維不織布・短繊維不織布は，いくつかの分野でマーケットをオーバーラップさせるものの，異なったマーケットで別々に成長し続けてきた。例えば，衛材用途では，短繊維不織布とスパンボンド不織布は，最終製品では，競合している。諸処の理由から，短繊維不織布製造コストの特性が好まれることがあり，一方では，フィラメント不織布の特性が好まれるケースもある。2者は各々の領域において，特異性，市場性を築き，また各々で製造哲学を持ち，技術開発を続けた。よって，競合するものに対しては，明確な利点を主張することができたのである。

(1) ドライレイドの長所
① ファイバーの収縮要素は，スパンレイドに対する決定的な利点要素となる。ファイバーの収縮は，製品に嵩高性を持たせ，また柔軟性を授与する。
② 最終不織布の特性を巧みに処理するために異なる成分のファイバーを混ぜ合わせることが

③ 一世紀に渡って蓄積された製造機器装置のKnow-How
(2) ドライレイドの短所
① 高いMD：CD比
② 多数の機器を使用しての横割りの連結
③ メンテナンスおよびクリーニングに要するダウンタイム
(3) スパンレイドの長所
① ポリマーチップから不織布製品への一貫した製造プロセス
② 高度な機械的特性とかなりの低目付でさえも可能なウェッブ均一化
③ 幅方向における良好なウェッブ形成
④ コストパフォーマンスに長ける製造プロセス
⑤ バランスのとれたMD：CD比
(4) スパンレイドの短所
① 硬くそして平らに結合された製品
② 吸水性ポリマーの不足

## 2.3.2 SPUNjetとは

SPUNjetは，スパンレイドとドライレイドの溝を橋渡しする製造方法である。

### (1) SPUNjetの由来

Rieter Perfojet社は，世界中に130台以上のスパンレース機を出荷し，また20年以上に渡りスパンレース不織布業界におけてさまざまな経験を持ち合わせている。同社のスパンレース機"Jetlace"は，不織布の専門家の間では，良く知られているところであり，時には，"Spanlace"という用語の代わりにテクニカル用語として用いられることもある。近年において，Rieter Perfojet社は，スパンレイド不織布の領域においてその地位を補強する為，スパンボンド技術"PERFObond"を発足させました。

SPUNjetは，PERFObond／Spunlaid技術から供給された連続したフィラメント（ウェッブ）を水流交絡（スパンレース）させるRieter Perfojet社のKnow-howを最大限に活用した大規模なR&Dプログラムの結晶である。この結果は，ドライレイド不織布とスパンレイド不織布のほとんどすべての領域で活用できる高品質不織布製品を一工程で製造できることとなる。つまり，SPUNjetは，川下の加工工程に対して，ポリマーチップからロール状の原反状態まで一連構成で製造し得る装置を意味するものである。

### (2) コストパフォーマンス

SPUNjetは，ポリマーチップやこれらの添加物のような原料を使用することによって，コスト

## 第4章 不織布製造機器の進展

パフォーマンスに優れた不織布製造工程である。SPUNjet不織布は、ドライレイド不織布より30%-40%割安に製造することが可能である。

(3) 高生産能力

SPUNjetは、メンテナンスおよびクリーニングに掛かるダウンタイムが少ないウェッブフォーミング技術なため、高生産が可能となる。ネット幅3,200mmの典型的な製品においては、最新の製造プラントを使用すれば、年間12,000Tの製造能力を持ち合わせる。

(4) 上質な製品作り

SPUNjetは、カレンダー装置を使ったサーマルボンド、金属針を使ったニードルパンチ(両者とも製品に特性をもたせるが)に対し、その不便さなしにスパンレイド工程の利点を生かしたものである。ボンディングの際、水圧のエネルギーを利用する利点は、機械的な特性を弱めることなく柔軟な肌触りと嵩高性を持たせることにある。それゆえ、SPUNjetによって作られた製品は、市場において優位とされる物質的な特性を持ち合わせている。例えば、衛材用途の製品は、全てユーザーの肌に触れる製品となる。柔軟な肌触りおよび意匠性は、多くのユーザーに心地よさを届けることとなる。

(5) 典型的なSPUNjet不織布特性

① MD：CD比＝1：1
② 高い抗張力
③ 高い引張り強度
④ 嵩高性
⑤ 柔軟性

(6) 目付け範囲

SPUNjetは、概して15gsmから300gsmまでのウェッブ目付範囲が最適である。

(7) 1：1のMD：CD比

特徴的で、また特許をもった機器の構成が、いかなるドラフトなしにフィラメントを"Spunlaid forming belt"上に自動的に運ぶ。特許をもったスパンレイドのデザインが組み合わされることによって、1：1のMD：CD比をもった不織布を作りだし、また、要望があれば、それ以下のMD：CD比の不織布を作り出すことも可能である。Rieter Perfojet社のスパンレース機"JetLace3000"と乾式不織布用カード機を組み合わせることによって、逆にCD比の高い製品を作り出すことも可能である。

(8) 高抗張力と低エネルギー結合

これまでウォータージェットを利用した連続したフィラメントの結合は、結合工程において高エネルギーを消化してしまうと不織布製造の専門家の間では言われつづけてきた。数社の機器製

造メーカーによって現在提案されている一般的な技術手法においては，これは事実である。しかしながら，SPUNjetにおいては，この事実は全くの誤りとなる。SPUNjetの他の製造装置に対する決定的な利点の一つが，低圧で高い結合効果を得ることにある。実際にその水圧は，短繊維不織布の結合に使われるものと同等の水圧が求められているからである。この利点は，特殊なデザイン構成であることに起因する。稼動水圧は，400Bar，過去に良く指摘のあった600barをはるかに下回る。幅方向における機械的特性に関する限り，SPUNjetによって不加された機能製品は，製品重量に対して大幅なコスト削減を提供することになる。例えば，現在のマーケットの一般基準である典型的なドライレイドのウェットワイプ／50gsmは，20N/50mmのCD抗張力があり，この数値は，SPUNjetでは，20gsmで達成される。

(9) 嵩高性

収縮性のない連続したフィラメントによって製造されたスパンレース不織布は，収縮性のある短繊維不織布で作られた製品と比較対象とならないと専門家の間では言われている。Rieter Perfojet社では，広範囲におけるテストプログラムを通して，乾式不織布で使用される1.7dtexの繊維と似た繊維によって同等の嵩高さをもった不織布製品を作り出すことを可能にした。同等の密度の不織布において，短繊維よりも高抗張力をえることができることになった。これは，SPUNjet不織布の特徴ある優位性が，最終用途を幅広い分野へ切り開く可能性を導き出したことを意味している。

(10) 水処理管理

短繊維のスパンレースは，大変細かいウォータージェットをおこなう製造工程で使用される水をリサイクルするために，巨大な水の処理プラントが必要とされる。この処理水は，ウォータージェットの力強い効果によって押し流されたファイバーによって汚染される。乾式不織布における製造効果は，この水の処理プラントの効果と相互関係がある。SPUNjetの製品は，押し流されたファイバーがなく，綺麗な原料だけを使用するといった点も含まれている。それゆえ，水処理工程の管理は，簡単で，よりろ過プラントが必要となる乾式不織布ラインと比べて低コスト化が可能である。

(11) **SPUNjetのさまざまなプラント構成**

① 衛材・ワイプおよびテクニカル商品向連続フィラメントのプラント
② 医療・ドライ・ウェットワイプ向に2層・3層化したウッドパルプ混プラント
③ メルトブロープラント
④ すべてのプラントに対しロゴおよびパターニングが可能

Rieter Perfojet社による"PERFObond"ウェップフォーミングと"JetLace"水流交絡のコンビネーションは，衛材・ワイプ・土木およびその他の技術的製品の巨大なマーケットに対し，新

## 第4章　不織布製造機器の進展

たな可能性を見出した。これは，Rieter Perfojet 社が，スパンレース技術を発展させることによって生み出されたものに他ならない。

## 3 ニードルパンチ機の動向

尾﨑隆宏*

### 3.1 はじめに

㈱ティ・ワイ・テックスは，営業品目の一つとして不織布製造業界において，日本市場ばかりでなく世界的にも納入実績の豊富なフェラー社*（FEHRER AG., オーストリア）…ニードルパンチ機，ペーパーメーカーフェルト・ニードルパンチ機，エアーレイ方式ランダムシート成形機の専門機械メーカー…の日本総代理店として，これを輸入，販売している。

このニードルパンチ機分野においても，その不織布の高生産，高品位化をいわれ続けて久しいが，近年，生活環境問題を重視する社会環境の中，天然繊維を原料に用いた不織布製造に注目が集まっており，一部では実用化されているものもある。この点も含めて当社扱いニードルパンチ機の進展について述べる。

一般的に，ニードルパンチ機の導入や生産ライン設計ではそのラインスピード，最終製品に対する打ち込み密度に呼応する機種選定をする事になる。機械回転数はストローク振幅と密接な関係があり，さらにライン設計する場合のファクターとしてストローク振幅，リニアーメートル当たりの針本数，機械的針密度等を考慮したうえでその生産ラインのニードルパンチ機に対する要求度すなわち，プレパンチ機としてなのか，ファイバー・エンタングルが主目的なのか，仕上げニードリングが目的なのか等そのラインに適した要素を十分検討して適切な機械を決定する事が重要である。このとき，繊維原料との絡み合いも非常に重要であることを付け加えておく。

### 3.2 第1パンチ機（プレパンチ機）へのウエブ供給

カード／クロスレーヤー工程あるいは，エアーレイ工程で形成されたウエブをいかに最低のドラフトでニードリング・ゾーンのフェルト針の第1針列まで搬送するのかは，高品位なニードルパンチ製品生産において，非常に重要なファクターである。

本来，プレパンチ機としての主目的であるウエブの嵩押さえのみであれば，リニアーメートル(lin.m)当たりの針本数は，3000本／lin.mまででライン設計されていたが，現在では，生産ラインの高速化，高生産化を考慮してプレパンチ機にもファイバーエンタングメント効果を持たせるべく 5000本／lin.m の針本数のニードルパンチ機が主流になってきている。

ニードルパンチ機の高速化，およびプレパンチ機としての高針密度の下，ニードリングの第1針列まで最低のドラフトでウエブを壊す事なく搬送，供給可能な装置が，FFS方式，RDF方式，DFS (Direct Feeding System) 方式である。

---

\* Takahiro Ozaki　㈱ティ・ワイ・テックス　営業部　営業マネージャー

# 第4章 不織布製造機器の進展

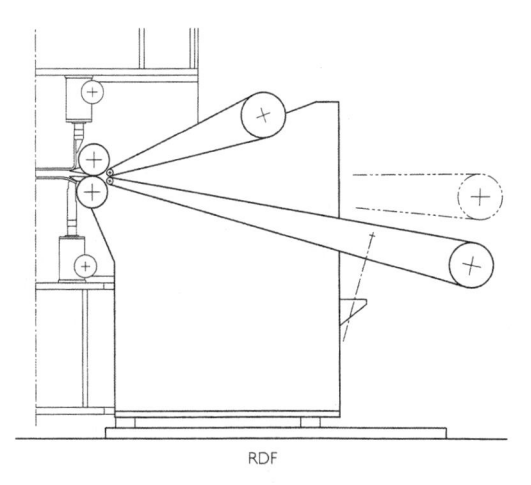

図1　RDF方式

① FFS方式：ラチスバー構成の上下バットコンベヤーとプラスチックフィンガー付特殊インレットローラーとで構成されている装置
② RDF方式：上下シートバットコンベヤーとプラスチックフィンガー付特殊インレットローラーとで構成されている装置。FFSに比して特殊インレトローラーのニップ点までの距離が短い（図1）。

この両方式は，嵩高の高いウエブの供給に適している。

③ DFS方式：図2のように上下シートバットコンベヤーのみで構成されており，その先端は，極めて細いペンシルポイント状であり，第1針列にできるだけ近くまでウエブを把持できるように設計されている。低目付ウエブの供給に適している。

上記ウエブ供給装置は，タイプNL9/S機と組み合わされ，またガイドレールにより前後移動が可能でウエブ・インレット・セクションのクリーニングが簡便である。

## 3.3　MMD（Multi Motion Drive，マルチモーションドライブ）機構

MMD（マルチモーション・ドライブ）機構を搭載した新機種が開発され，ITMAパリ，1999年に世界で初めて展示，紹介された。このMMDとは，フェルト針の上下運動に加えて，前後運動のスイングモーションを加えたいわゆる楕円送り機構である。ニードリング工程に発生するドラフト率の低下と針穴の目立ちにくさに寄与し，またアドバンス／ストロークの大きさを考慮しラインスピードのアップ化にも期待がもてる（図3，4）。

*111*

機能性不織布の新展開

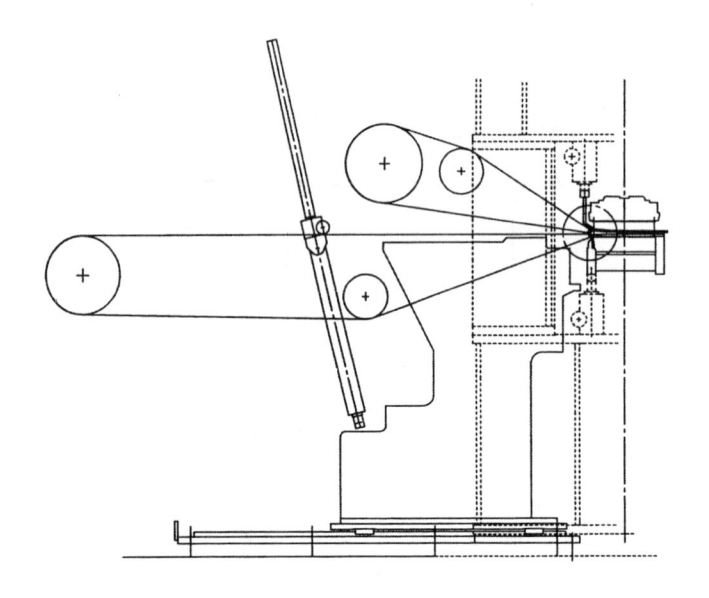

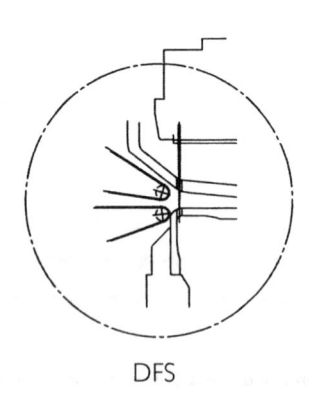

DFS

図2　DFS方式

# 第4章 不織布製造機器の進展

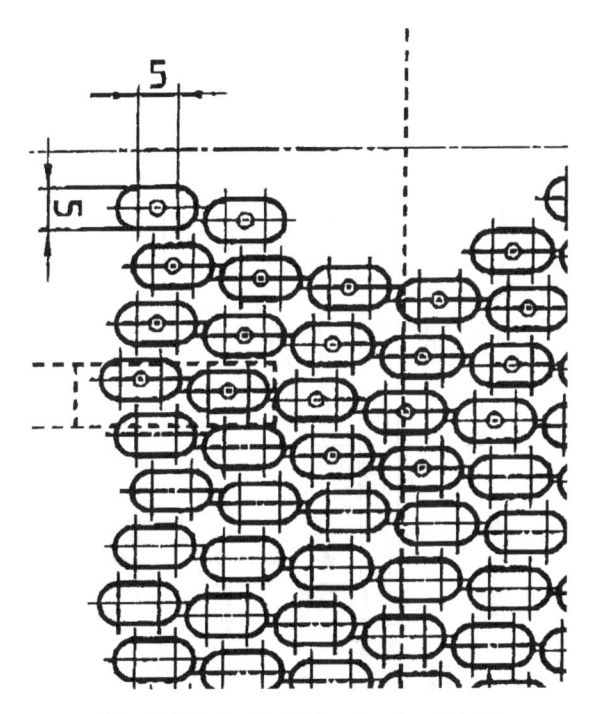

図3 MMDのベッド・ストリッパープレート穴形状

フェラー社[*]の見解では，このMMDを第1パンチ機として使用した場合ニードリング・ドラフトが押さえられ，良好な結果が得られていると報告を受けている。

## 3.4 ファイバーエンタングルメントが主な機種

リニアーメートルあたりの針本数が8000本／lin.m以上のタンデム機：タイプNL9/SRSやダブルボード機：タイプNL21 & NL21/Rがある。リニアーメートルあたりの針本数すなわち，針密度（平方センチメートルあたりの針本数）およびストローク振幅は，製品の最終的に要求されるパンチ密度（$P/cm^2$），その目付，厚みによって大きく影響される。また，同じリニアーメートルあたりの針本数であっても，異なったニードルパターンが設計されており生産ラインスピード（アドバンス／ストローク）により選択される。

ニードルパターン例：5000本／lin.mの場合

パターン名⇒5000 K1，5000 M1，5000 M2，5000—Aなど

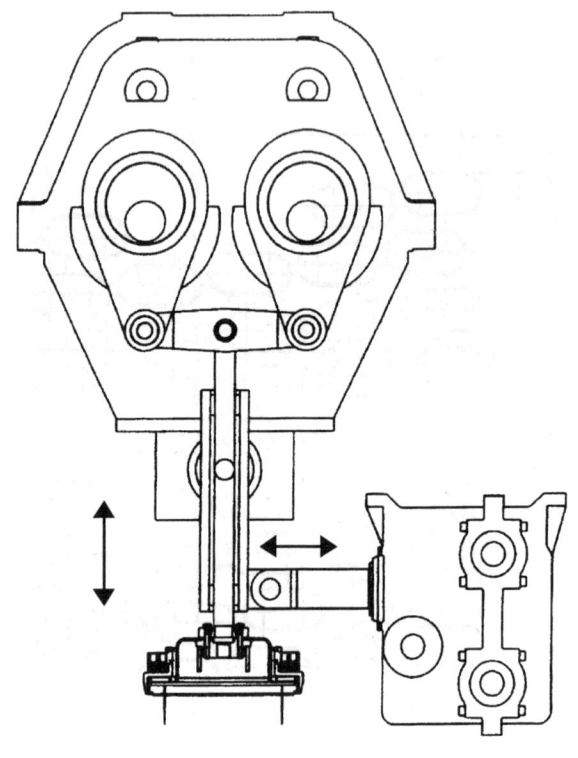

図4　MMD

　自動車内装天井材や人工皮革不織布生産ラインのスピードアップ化の必要性に応え，フェラー社[*]では高密度仕上げ針パターンとして『F-9パターン，針本数10,000本／lin.m』の開発，紹介に続き，2000年に仕上げ専用針パターンとして『F90パターン，針本数13,500本／lin.m』を開発した。このF90パターンは，表面仕上げ専用というべきであり，不織布表面の均一性，平滑性の改良を目指したものである。

① 　F-9パターン：図5のような，特殊穴形状をしたベッド／ストリッパープレート
　　　　　穴1個につきフェルト針5本が作用する。
　　　　　針密度：4.89本／$cm^2$
② 　F90パターン：図6のような，特殊穴形状をしたベッド／ストリッパープレート
　　　　　穴1個につきフェルト針9本が作用する。
　　　　　針密度：6.0本／$cm^2$

## 第4章　不織布製造機器の進展

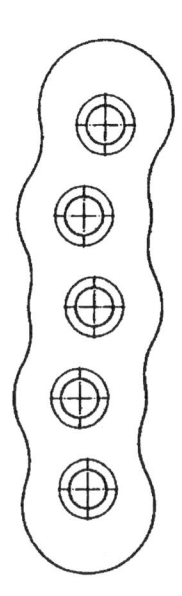

図5　F-9パターン

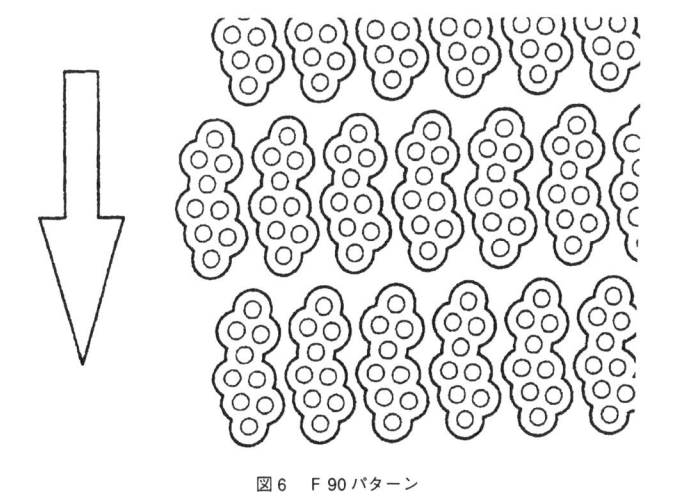

図6　F90パターン

## 3.5 スパンボンドシートのニードリング

スパンボンドのニードリングにおいて一時ニードルパンチ機の高速化が取りざたされたが,現在では最高回転数 3000r.p.m. 以上のニードルパンチ機の要求は減少しており,むしろ生産ラインスピードのアップ化およびその効率化改善が求められている。

機種の選定は,OFFライン,あるいは,INラインでのニードリングにより異なり,もちろん,ラインスピード,パンチ数 ($P/cm^2$) によっても異なる。最高速機種としては,タイプ NL3000,MAX.3050 RPM がある。現在,国内では NL2000/S,MAX. 2050 RPM が稼働している。

このスパンボンドのニードリングは,高温,多湿の条件下で行われており,機械の防錆対策として,ベッド&ストリッパープレートはステンレススチール製,またインレット&アウトレットローラーは,クロムメッキ仕様がオプションとしてある。

また,除塵,集塵問題を含めた生産,作業環境の改善を目的としてのオプション装置開発が望まれており,最近では,集塵装置が機械本体に取り付けらており,そして,防音対策として機械全体を覆う防音キャビンもオプションとしてある。

## 3.6 天然繊維のニードリング

近年,不織布原料としてケナフ繊維,フラックス繊維,ジュート繊維そしてヘンプ繊維を耳にする。日本では,ケナフ繊維を原料とした不織布の用途開発,研究が進んでおり,一部自動車用資材には採用されている。これらの不織布製品目付は,かなり高目付であり,ニードルパンチ機へのウエブもかなり嵩高であるため,前記のウエブ供給装置 FFS 方式あるいは RDF 方式が用いられ,それとニードルパンチ機タイプ NL9/S,3,000 本／lin.m が採用される。第1パンチ機として,針振幅 (Stroke Amplitude) は,70mm を使用し,追加針打ち密度が必要であれば,2号機を設備することもあるが針本数は,3,000 本／lin.m. が適当である。

また,除塵対策としてベッドプレート下部そしてストリッパープレート上面にはオプションとして除塵サクション装置が創部されている。

## 3.7 その他のニードルパンチ機

ファンシー／ストレクチャリング・ニードルパンチ機は,一度プレニードルされたウエブを再加工し商品化する目的の機械である。ランダムベロアー調フロアーカーペット用のタイプ NL21/S-RV "スーパールーパー" は,ナイロンブラシセグメントから成るブラシコンベヤーをベッドとしてニードリングする。そのコンベヤー長は,高速ニードリング時に発生する熱を発散,コンベヤーが冷却される時間が持てるよう長く設計されている。

また,ベロアー,コード調パターン・ニードリング機には,NL11/SE（シングルボード）と

第 4 章　不織布製造機器の進展

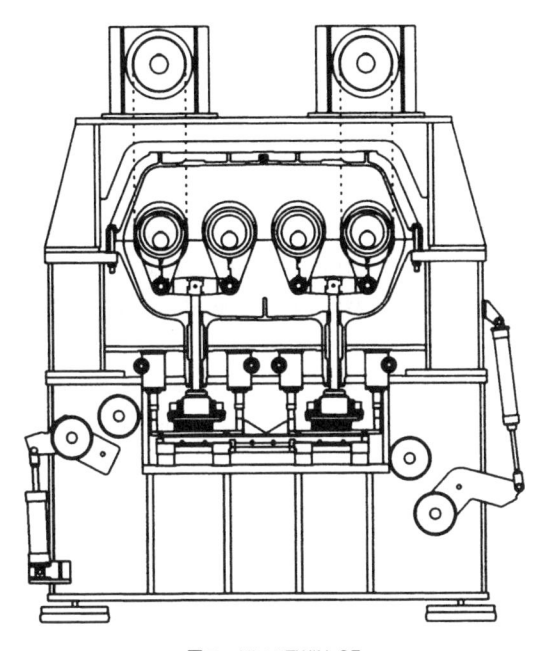

図7　NL11/TWIN-SE

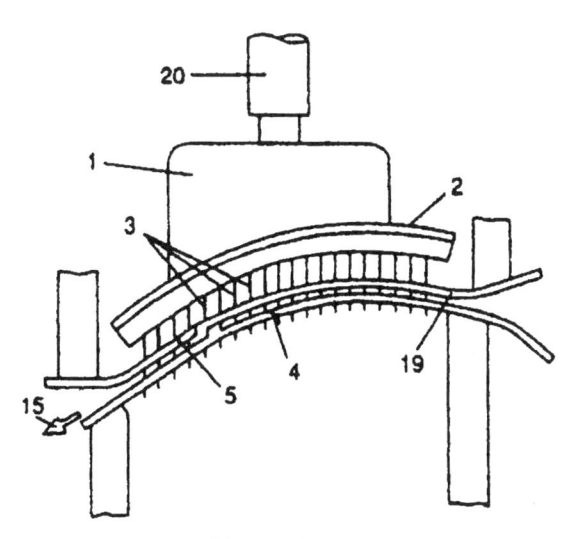

図8　H-1 システム

NL11/TWIN-SE（ダブルボード）(図7) がある．NL11/SEのパターンレピートは，短，中，長とあり，それらは，コンピューターで制御されている電子柄出し装置で作られる．NL11/TWIN-SE"カーペット・スター"は，ITMA 2003，バーミンガムに出展，実演され，ボーダー付のカーペットニードドリングに注目が集まった．二つのニードリング・ゾーンの他方から他方への調整は，あらかじめ準備されているレシピにより電子的に行われる．

　その他，湾曲した針板，ベッド・ストリッパープレートによるウエブに対して"斜めニードリング作用"の"H-1"システム(図8) も開発されている．これは，ニードリング回数の減少，剥離強度の増強，平滑性等を目的として特に人工皮革，製紙用フェルト用に開発された．

\*　フェラー社（FEHRER AG., オーストリア）は現在，Oerlikon Neumagグループの1社である，エリコン・ノイマーク・オーストリア社（Oerlikon Neumag Austria GmbH, オーストリア）に社名変更している．


この原稿は2004年当時の動向の記載であり，現在までに業界の状況はかなり変化をしている．

## 4　不織布の後加工

松井祐司*

### 4.1　はじめに

最近の不織布を使用した商品の多くは高機能化し，不織布に期待される機能も高機能化・多機能化し，その要求に対して繊維メーカー，不織布メーカー各社において鋭意開発中である。

高機能化のために繊維メーカーにおいては繊維のファイン化，異型断面化，バイコンポーネント化，機能剤の練込みなどの素材・形態の開発がなされている。一方不織布メーカーにおいては高機能化のため，繊維の電気開繊技術の進歩によるウェブの高均質化，SMSのような異種ウェブの積層化などがなされている。それらの例としては2003年冬のSARSの流行および花粉症対策として各種の不織布を高機能化し，さらに組合わせた各種の高機能化マスク[1,2]が上市された。しかしこれらの組合せのみでは，市場・顧客の要求を充足できなくなってきているのが現状である。一方，顧客の要望は急速に小ロット多品種化し，開発納期は短縮され，ますます小回りの利く『後加工』の重要性，多様化が進んでいる。

### 4.2　現状：後加工の分類

不織布を高機能化する手段としては，布帛・紙・フィルムに加工されている手段・方法は多少の工夫でもってすべからく可能と考えられる。期待される機能と機能を付与するための加工方法については日本化学繊維協会編の『合繊長繊維不織布ハンドブック(改訂版)』[3]にマトリックスでもって整理されている。各種後加工の特徴とその応用可能な用途を表1にまとめた。

最近の加工方法への要求としては，低ピックアップ化(乾燥効率，加工スピードアップ)，脱溶媒化(水，溶剤を使用しない)などが要求されている。前者の代表的な加工方法である泡含浸，泡コーティング法においては，コストダウン，省エネルギー対策のため高い発泡倍率が要求される一方で，加工後は速やかに破泡・含浸するという相反する機能なども要求されている。また発泡倍率，泡のサイズ，泡の寿命，塗布方法により新たな機能・外観の製品の加工が可能となっている。

またラミネート加工も接着剤の種類の多様化，接着剤の塗布パターン，ラミネート方式の多様化により通気量，接着力のコントロールなどが容易になり，従来積層できなかった組合せが可能になったりしてきている。その例としてはフィルター濾材の難燃性のホットメルトパウダーによるラミネートなどが上げられる。

---

*　Yuji Matsui　日華化学㈱　テキスタイル・ケミカル開発部
　　　　　　　　産業資材グループ　主席

表1 機能を付与する加工方法

| 加工大分類 | 加工小分類 | 特徴 | 適用可能な用途 |
|---|---|---|---|
| 加工剤の後加工 | 含浸 | 長：適用可能な加工剤が多い | 自動車基材, |
| | | 短：乾燥エネルギーが多い | 防水基布他多数 |
| | コーティング | 長：多量の付与，膜形成が可能 | フロアカーペット |
| | | 短：加工速度が遅い（加工費が高い） | |
| | スプレー | 長：加工速度が速い（加工費が安い） | フィルター濾材 |
| | | 短：機台汚れが激しく，付着斑が大きい | |
| | 印刷 | 長：複数の機能の連続付与が可能 | 包装資材 |
| | | 短：高付着量が困難 | 生活資材 |
| 複合化加工 | ラミネート | 長：異質素材の積層が可能，種々の方法あり | 包装資材 |
| | | 短：加工ロットが大きい | 農業・土木資材 |
| | ニードルパンチ | 長：異質素材の積層が可能 | メディカル |
| 物理的加工 | スパンレース | 短：積層素材に限定あり（厚さ，密度） | 土木資材 |
| | 揉み | 長：風合い調整が可能 | メディカル |
| | | 短：加工速度が遅い | 人工皮革基材 |
| | 穿孔 | 長：穴径，個数，パターンの選択が可能 | 防水材基布 |
| | | 短：加工速度が遅く，加工費が高い | 防音床材 |
| 化学的加工 | ヒートシール | 長：シールの形態，面積の選択が可能 | 包装資材 |
| | | 短：シール可能素材に限定あり | 農業・土木資材 |
| | スパッタリング | 長：金属の薄膜形成が可能 | 包装資材 |
| | | 短：連続加工でない（加工費が高い） | |

### 4.3 最近の後加工剤

繊維メーカー，不織布メーカーの改善・開発努力と並行し，加工薬剤メーカーも種々の機能付与，従来機能のレベルアップを目指し日々鋭意努力中である。例えば，従来は不可能であった可視光線下でも有効な光触媒などの新規の機能剤の開発および従来からある難燃剤，撥水剤，防汚剤等の機能剤のより高機能化，安全性の向上，低コスト化がおこなわれている。

一方，不織布メーカーからは難燃・硬仕上げ，撥水・抗菌，片面撥水・片面吸水などの複合機能の付与が可能な加工剤（併用可），加工処方，加工方法の提案が要求されている。例えばメディカルユースの撥水・抗菌・帯電防止・着色・毛羽伏せ・顔料の固着を1浴加工処理（従来は加工剤のイオン性の関係から困難であった），フィルター濾材の難燃・抗菌・防ダニ・硬仕上げ・光触媒・マイナスイオン・消臭などである。

各種の加工剤，樹脂メーカーの立場から見た不織布加工の課題（ユーザーからの要求）としては[4]，

① 環境に優しいすなわち，地球に優しい，作業・加工環境に優しい加工剤として，内分泌撹乱物質（環境ホルモン）やホルムアルデヒド，トルエンに代表されるTVOC（総揮発性有機化合物）を含まず，燃焼してもダイオキシンなどの有害物質を発成しない加工薬剤の開発。

② 作業環境，周辺地域への安全対策および製品中に有害物質が残らない加工薬剤として，ウ

## 第4章 不織布製造機器の進展

レタン樹脂に代表される脱溶剤の加工、ノンホルムアルデヒドの硬仕上げ樹脂の開発。
③ 高品位、高品質を要求される今日の不織布の用途に対して、いわゆる不織布単体ではその要求への対応に限界があり、また韓国、台湾、中国等からの安価品の輸入に対抗するには不織布の高機能化は必須であり、他社が真似できない機能の付与。

が強く求められ、各社重要課題として鋭意開発に努力中である。

### 4.3.1 非ハロゲン難燃剤

不織布に対する難燃化の要求は古くから車輌用、換気扇フィルター、弱電部材などにおいて求められてきた。従来は公知のごとく安価で難燃効果の高いハロゲン系の難燃剤にアンチモン系難燃剤が併用されその相乗効果にて難燃性を付与することが多かった。が、両難燃剤はそれぞれダイオキシン発生可能剤、重金属化合物であり環境に好ましくない化合物として槍玉にあがり、その使用を差控える企業が多くなっている。これらに替わる難燃剤として非ハロゲンの難燃剤が待望され種々の化合物が検討されているが性能vs価格のバランスを考えるとまだ決定的なものが出ていないのが現状である。が、しかし主に脱水反応による難燃メカニズムのリン系化合物、熱分解温度の高いホウ素系化合物、繊維などの高分子化合物と反応ゲル化し燃焼を阻害するシリコーン系化合物などが出ている。それらの特徴と課題を表2にまとめた。なお、これらの難燃剤は繊維加工用としては、水溶液、分散液とし上市されている。また成書としてはエヌ・ティ・エス社の「ノンハロゲン系難燃材料による難燃化技術」[5]がある。

### 4.3.2 消臭剤

生活習慣の変化・多様化、食品・嗜好品の多様化（廃棄物の増加）、住居・車輌の気密化などによりさまざまな臭気の発生→防臭対策が必要となってきている。特に最近はホルムアルデヒドなどのTVOC、煙草臭の低濃度域（ppm以下）での消臭対策（加工剤および消臭剤の両面から）が急がれ、ホルムアルデヒドおよびその付加物（メチロール基など）を使用、含有していない加工剤（バインダー、架橋剤など）が各種上市されてきている。消臭剤としては表3[6]に代表的なものがあげられている。最近の可視光線下でも有効な光触媒は、消臭剤としても注目されている。また、健康志向から天然物由来のフラボノイド、植物ポリフェノールの柿タンニン、緑茶カテキンなども注目されている。使用用途としては各種フィルターにはすでに一部採用済みであり、壁装材、内装材、使い捨て肌着、ペット関連資材、ゴミ袋などが想定される。

### 4.3.3 水系ウレタン樹脂

ウレタン樹脂は強靭かつ柔軟であり他の樹脂にはない性能から、身近な用途に使用されているがその多くは、作業適性上トルエン、ジメチルホルムアミドなどの有機溶剤に溶かした形で供給、使用されている。しかし、これらの有機溶剤は地球空間に放出され、環境汚染の一因となっている。しかし、2002年度に生産されたウレタン樹脂は約60万トンであるが、水系ウレタン樹脂は

表2 非ハロゲン系難燃剤

| 種類 | | 主な化合物 | 燃焼抑制機構 | 形態 | 特徴と課題 |
|---|---|---|---|---|---|
| 無機リン系 | | 赤リン | 断熱層の形成 | 赤褐色粉体 | リン含有率大、フォスフィン対策 |
| | | ポリリン酸アンモニウム | | 粒状 | 水溶性、白化 |
| | | ポリリン酸カルバメート | | 粉体 | 低価格、一時性 |
| | | リン酸グアニジン | | 粉体 | 水溶性、他樹脂との相溶性 |
| | | スルファミン酸グアニジン | | 塊状 | 水溶性、他樹脂との相溶性 |
| | | アミドフォスファゼン | 表層の不燃化 | 粉体 | リン/窒素の相乗効果による難燃性 |
| 有機リン系 | モノマー型 | TPP（トリフェニルフォスフェート） | | フレーク状 | 難燃性に優れ、比較的安価 |
| | | TCP（トリクレジルフォスフェート） | | 油状 | 難燃性良好 |
| | 縮合型 | RDP（レゾルシノールビスジフェニルフォスフェート） | 表層の不燃化 | 油状 | 耐熱性高いが、耐水性劣る |
| | | レゾルシノールビスジクレジルフォスフェート | | 油状 | 耐熱性高く、難燃性良好 |
| | | 環式ホスホン酸エステル | | 油状 | 難燃性良好、耐水性に劣る |
| 水酸化物 | | 水酸化アルミニウム | 材料自体の燃焼性 | 粉体 | 安価な難燃助剤、白化 |
| | | 水酸化マグネシウム | | 粉体 | 安価な難燃助剤、白化 |
| 硼酸塩 | | 硼酸亜鉛 | 高分子の架橋 | 粒状 | 発煙性なく炭化促進 |
| シリコーン | | ジメチルシロキサン | 高分子の架橋 | 油状 | 離型性良好、比較的高価 |

第4章 不織布製造機器の進展

表3 消臭方法と消臭剤[6]

| 消臭方法 | 消臭方式 | 消臭原理 | 代表的消臭剤・装置 |
|---|---|---|---|
| 物理的方法 | 水洗 | 臭気を水で洗い流す | スクラバー，シャワー |
| | 吸着 | 多数の微細孔に吸着させる | 活性炭，ゼオライト |
| | 薬剤点着吸着 | 消臭効果のある薬剤を担持体に吸着 | 薬剤添着活性炭 |
| | 冷却凝集 | 臭気の容積を少なくする | 冷却装置，コンデンサー |
| | 稀釈 | 大容量の空気などで臭気を薄める | 空気 |
| | 吸収 | 溶媒に吸収，溶解させる | 水，アルコール |
| | 被覆遮断 | 土砂による埋設，空気による遮断 | 埋設池，エアカーテン |
| | 燃焼 | 燃焼し水と炭酸ガスにする | 直接燃焼法，触媒燃焼法 |
| 化学的方法 | 脱硫 | 硫酸鉄，塩酸鉄などで硫化水素を除去する | 硫酸鉄，塩酸鉄 |
| | 気相酸化 | 活性酸素などで酸化分解する | オゾン，塩素，光触媒 |
| | 液層酸化 | 水に可溶な酸化剤にて酸化分解する | 過酸化水素，過マンガン酸カリ |
| | 液層還元 | 水に可溶な還元剤にて還元分解する | 亜硫酸ソーダ |
| | 化学的中和 | 酸とアルカリの反応にて中和する | 硫酸，塩酸，苛性ソーダ |
| | 縮合 | ホルミル基との反応 | グリオキザール，ホルムアルデヒド |
| | 付加 | 二重結合への反応 | マレイン酸エステル，メタクリル酸エステル |
| | イオン交換 | イオン的吸着，交換反応 | イオン交換樹脂 |
| 生物的方法 | 酵素 | 各種分解酵素にて臭気を分解する | 酵素 |
| | 活性汚泥 | 各種の汚泥中の菌にて臭気を分解する | 活性汚泥（菌） |
| | 土壌 | 臭気の発生源を土中に埋設し各種の菌にて分解する | 土（各種の菌） |
| | 防腐・殺菌 | 腐敗を防止・殺菌し臭気の発生を抑制する | 防腐剤，殺菌剤，抗菌剤 |
| 感覚的方法 | マスキング | 強い香気を加え臭気を覆い隠す | 香料 |
| | 感覚的中和 | 香気を加え，臭気の感覚強度を弱める | 香料 |
| | 変調 | 香気を加え全体として香気に感じさせる | 香料 |
| | 防臭 | 臭気が発生する前に香気にて臭気を感じなくする | 香料 |

約2％程度と推定され，まだまだ代替の余地を残していて，ウレタン樹脂の代表的な使用例である人工皮革用途においても溶剤系のウレタン樹脂への代替は緒についたばかりである。その他，耐摩耗性のよさ，反応性の高さ，多官能基化を活かした接着剤，架橋剤，硬仕上げ剤として，ロール，研磨材などの用途に使用されている。今後はTVOC対策，加工場および周辺の環境対策として水系化は推進されていくであろう。但し，急速に転換するには法規制などの後押しが必要であろう。

#### 4.3.4 マイナスイオン発生剤

大気中のイオンバランスは常に平衡状態ではなく，OA機器の周辺であるとか，煙スモッグ等の多い環境ではプラスイオンが増加し，マイナスイオンが不足した状態となり体調の異常・不調を訴える人が増加している。一方，水が激しく衝突し細かく砕け散っている滝，噴水の周辺とか

緑の多い公園・森林ではマイナスイオンの発生が多く心身ともに癒されることが知られている。

このマイナスイオンの発生剤としては，宝石の一種であるトルマリンを粉砕微粉末化したものとか古代海底堆積物・化石[7]などがある。マイナスイオンの応用・活用の主な用途は空気清浄機などの空調機器であり，マイナスイオン発生手段としては電気的な手段との競合となり，加工のしやすさ，装置のコンパクトさ（フィルター濾材－プラズマ発生機），およびオゾンが発生しない点に有利さがある。

### 4.3.5 花粉キャッチャー剤[4]

花粉キャッチというと，一般には粘着剤的挙動を持つ加工剤が用いられているが，このような加工剤は，風合いにも悪影響をおよぼし，また，付いた汚れ（花粉）が落ちにくいといった欠点がある。これらの欠点を改良し，風合いを損なうことなく，洗濯をすることにより，汚れが脱落し，その機能が復元するものが開発されている。但し，これらの加工剤は花粉を吸着するという機能はあるが，花粉症の予防効果は全くないものである。使用可能な用途としては，花粉症対策マスク，空気清浄機の濾材，ロールカーテン・ブラインドなどがある。

### 4.3.6 光触媒

光触媒に関する文献[8,9]は多数あるため最近の話題につき記述する。

光触媒（酸化チタン）を練込んだレーヨン繊維「サンダイヤ」[10]がオーミケンシから出され，光触媒担持不織布としては，三菱製紙「ラジット」[11]があり，日本バイリーンからも今秋には上市の予定[12]であり，各種の形で不織布への展開が進んでいる。

最近注目される光触媒はやはり，可視光応答型[13,14]であり，従来の紫外光を必須としたものに比して，本開発品は太陽光にて充分に効力を発揮するものであり，光触媒の課題であったエネルギー問題を一挙に解決可能となり無尽蔵のエネルギーである太陽光を使用できるため使用用途も格段に広がるものと考える。

が，もう一つの課題である光触媒の有する高い酸化力が，不織布を構成する各種繊維（有機物）を分解することに対しては，各種の工夫がなされているが，まだ決定的なものは開発されていない。使用可能な用途としては，壁紙，パーティションの表皮材，自動車内装材などの室内の消臭，抗菌，防汚性が要求される用途が想定される。

### 4.3.7 スキンケア・ヘルスケア加工剤

古来天然物由来の加工剤としては，茜，藍，貝紫などの草木染め，除虫菊による防虫などの多数の事例があり，近年はキチン・キトサン，カテキン，各種のハーブ抽出物などが抗菌，防虫などの各種加工に使用されていて天然物花盛りである。

そうした中で新規用途として本加工剤（加工）は，主な効用として痩身，ダイエット，美白，肌荒れ防止などがあげられ，癒し系，健康志向といった時代の要求にマッチし注目を集めている

## 第4章 不織布製造機器の進展

が，開発の緒についたばかりでまだ広く認知された状況にはない．不織布への加工としては，使い捨ての化粧用品，靴・スリッパ関係などが想定される．

### 4.4 おわりに

これからは『ちょうちょうのだっぴ：挑超脱非』すなわち，嫌われ者の芋虫，さなぎが綺麗な蝶々に変身するごとく，不織布も一皮も二皮も剥けて新しい機能をまとったものが現れる事が期待される．

  挑：課題への挑戦…誰でもできることなく自分でしかできないことへの挑戦
  超：超越したアイディア…人のモノマネでなく独自のアイディアの創出，実現
  脱：脱マンネリ…いつも同じ思考回路でなく多方向からのアプローチ
  非：非常識…『そんな馬鹿な』と言う前にまず実験し自分の目で確認

新規な要求，新規な機能を創出しうる有力手段が後加工と信じている．

もう一つのキーワードは『5つのRe…』Refuse，Reduse，Reuse，Reform，Recycleを意識した開発が重要になりつつあり，原料，中間材料，使用済み製品の廃棄処分のしやすさ，処分の方法を前もって考慮しながら商品開発をおこなっていくことがこれからの重要な課題と考えている．

最後に不織布開発担当者諸氏の今後のご健闘を祈念致します．

## 文　　献

1) 日本経済新聞，2004，1，23
2) 鈴木美浩　加工技術，**Vol.38** (8)，509 (2003)
3) 『合繊長繊維不織布ハンドブック』日本化学繊維協会　合繊長繊維不織布専門委員会 (1999.7)
4) 梅谷慎一，松井祐司　不織布情報，340号，10 (2002)
5) 『ノンハロゲン系難燃材料による難燃化技術』　エヌ・ティ・エス社 (2001)
6) 川崎道昭，堀内哲嗣郎共著，嗅覚とにおい物質，㈳臭気対策研究協会，85 (2000)
7) 斎藤公一，井狩康弘　加工技術，**Vol.38** (3)，206 (2003)
8) 藤嶋　昭，橋本和仁，渡部俊也共著，光触媒のしくみ，日本実業出版社，2000
9) 藤嶋　昭，WEB Journal No.38-2001，p 8
10) 不織布情報，342号，48 (2002)
11) 原田純二　コンバーテック，**28** (11)，54 (2000)
12) 中村達郎　加工技術，**39** (1)，30 (2004)
13) 和田雄二　化学と工業，**55** (3)，240 (2002)
14) 森　和彦　コンバーテック，**31** (10)，90 (2003)

# 応用編

# 第5章　空調エアフィルタ

大垣　豊*

## 1　はじめに

　空調エアフィルタは一般ビル空調から家庭，輸送機，産業分野に至るまで幅広い用途で用いられている。近年，その目的は粒子状浮遊物質(SPM)の除去だけでなく，ガス状汚染物質の除去や微生物の不活性化もありその役割はより一層重要になってきた。

　一方，フィルタ自体の年間廃棄量は約5～10千tにも達するとみられ，廃棄時の埋立地問題や焼却時に発生するダイオキシン問題等の環境負荷影響が社会的問題として関心が持たれており，循環型社会に適応するフィルタとして廃棄，焼却からリサイクル，再使用，環境負荷の小さいグリーン材料を用いたフィルタが注目されつつある。

　このような市場背景によりフィルタ機能は多種多様化し高度化してきたため，ここでフィルタの機能とは一体何であるのか振り返ってみるのも必要かと思われる。フィルタの基本的機能は粒子の分離・ろ過・除去作用であるが，ガスフィルタ，バイオフィルタになると物理吸着，化学反応，触媒分解作用が考えられる。そこで，表1にフィルタに要求されるフィルタ性能とそれらに

表1　エアフィルタのフィルタ性能と環境影響

| 側　面 | フィルタ性能 | | |
|---|---|---|---|
| 基本機能 | 分離，ろ過 | 不活性化 | 吸着，反応触媒 |
| 要求機能 | 粒子除去<br>花粉<br>カーボン<br>砂塵 | 抗微生物<br>カビ，菌<br>ウイルス<br>(MRSA, SARS) | ガス<br>ホルマリン<br>VOC<br>臭気 |
| フィルタ種類 | 除塵（高性能）<br>低圧損<br>高効率 | バイオ | 脱臭<br>ケミカル<br>低アウトガス |
| 技術要素 | 除去効率<br>組合せ<br>ろ材構造<br>ユニット構造<br>極細繊維<br>エレクトレット | 不活性化<br>抗菌<br>抗ウイルス<br>殺菌 | 物理吸着<br>化学反応<br>触媒作用<br>放散ガス |

---

＊　Yutaka Ogaki　日本バイリーン㈱　空調資材本部　技術部　技術部長

対応するフィルタの種類および技術的要素をまとめてみた。さらに今後はフィルタ自体による環境負荷影響も一種の新たな機能として考慮する事が必要ではないだろうか。

ここでは，まずはじめに空調エアフィルタの一般的な基礎的機能について述べたあと，表1の中で主要な高機能性フィルタとして高性能フィルタとケミカルフィルタについて述べる。さらに今後社会的な必要性が高いと思われる環境対応型フィルタについても述べる。なお，最近はマイナスイオンや香り等を発生させるエアフィルタも一部の市場にはあるが，ここではエアフィルタ本来の汚染物質を除去する機能について述べる事とする。

## 2 空調エアフィルタの基礎

### 2.1 エアフィルタの用途と使用目的

空調エアフィルタは人間，機械，製品，文化財や環境の保護を目的にさまざまな分野で使用されている。主な使用目的と代表的な用途を表2に，また使用されている繊維の種類と特徴を表3

表2 エアフィルタの使用目的と用途

| 目 的 | 用途分野 | 用 途 例 |
|---|---|---|
| 人間，文化財の保護 | ビル建築物 | オフィス，学校，デパート，病院，公共施設，ホテル，地下鉄，美術・博物館，劇場・ホール，運動施設 |
| 製品・機械の保護<br>環境保護（排気処理） | 工業 | 自動車，半導体，精密機械，食品，薬品，発電 |
| 人間の保護，排気処理 | 家庭 | 空気清浄機，エアコン，換気扇，掃除機，ヒーター |
| 人間，エンジンの保護 | 輸送 | 自動車，列車，飛行機，船舶 |
| 環境保護（排気処理） | オフィス機器 | コピー機，コンピュータ |

表3 繊維の種類，特徴とエアフィルタの用途

| 繊維の種類 | 特 徴 | エアフィルタの用途 |
|---|---|---|
| ポリエステル | 耐熱，耐薬品，嵩高 | ビル，自動車，家庭，工業 |
| ポリアミド | 洗浄耐久，柔軟性 | ビル，自動車，工業 |
| ポリオレフィン | エレクトレット<br>イオン交換（ガス除去） | ビル，自動車，家庭，工業 |
| アクリル | エレクトレット，成型 | マスク |
| セルロース | 吸湿 | タバコ |
| ビニロン・レーヨン | 吸湿 | エンジン |
| ポリビニルクロライド | 難燃 | ビル，工業 |
| 活性炭 | ガス吸着 | 脱臭，ガス除去 |
| アラミド | 耐熱 | 工業 |
| PPS | 耐熱，耐薬品 | 工業 |
| ポリイミド | 耐熱 | 工業 |
| ガラス | 耐熱 | ビル，自動車，家庭，工業 |

第5章 空調エアフィルタ

に示す。エアフィルタは半導体，医療，食品等，現代の最先端産業で非常に重要な役割を担っており，もしもエアフィルタが無かったら今日の豊かな産業社会は成り立たないと言っても過言ではないであろう。

## 2.2 除去対象とされる汚染物質

エアフィルタの除去対象となる粒子・ガス状の空気汚染物質の種類と代表例を表4に示す。それらの空気汚染物質の大きさと適用フィルタの関係を図1に示す。

表4 浮遊汚染物質の種類と具体例

| 種類 | 粒子 | バクテリア | ガス | 臭気 |
|---|---|---|---|---|
| | 粗大 | カビ | 有機 | 悪臭 |
| | 微細 | 細菌 | 酸 | |
| | 超微細 | ウイルス | 塩基 | |
| 具体例 | 花粉<br>DEP<br>タバコ<br>海塩<br>砂埃 | 大腸菌<br>ブドウ球菌<br>SARS<br>MRSA<br>インフルエンザ | ホルムアルデヒド<br>アセトアルデヒド<br>VOC<br>$SO_x$<br>$NO_x$<br>$O_3$<br>$CO，CO_2$<br>ダイオキシン | 特定悪臭物質<br>トルエン<br>キシレン<br>アルデヒド<br>アンモニア<br>メルカプタン<br>硫化水素<br>トリメチルアミン<br>イソ吉草酸<br>等22物質 |

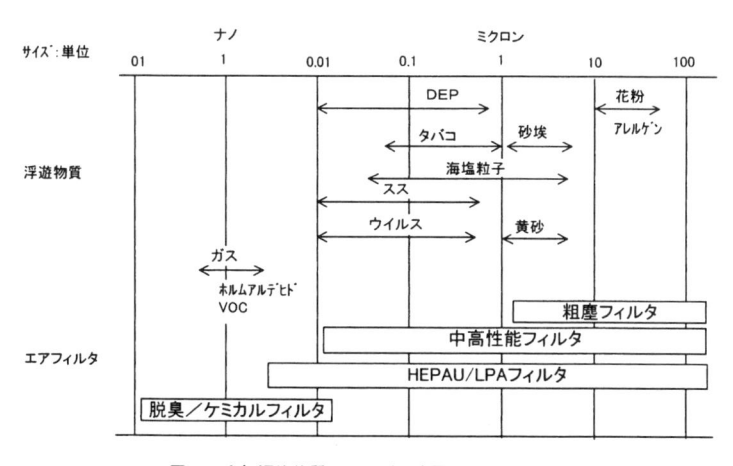

図1 空気汚染物質のサイズと適用フィルタの種類

タバコ煙は，以前は建物内で重要な汚染源であったが，今日では分煙化が進んだためフィルタへの負荷が従来に比べ軽減される傾向にある。DEP（ディーゼル排気ガス）は道路周辺で依然として濃度が高い状態が続いている。最近は花粉，アレルゲン，ホルムアルデヒド，VOC等のアレルギー性の粒子，微生物，ガスが強い関心を集めている。空気汚染物質のサイズは分子レベルのナノサイズから数十ミクロンメートルまで幅広く分布しており，それによって使用されるフィルタの種類が異なる。

## 2.3 エアフィルタの分類と性能試験方法

㈳公共建築協会では表5に示すように空調エアフィルタの分類と性能仕様を定めている[1]。そのフィルタ性能試験方法は表6に示すJIS-B9908[2]（換気用エアフィルタの性能試験方法）で規格化されており，形式1は計数法と呼ばれHEPA，形式2は比色法と呼ばれ中高性能，形式3は質量法と呼ばれ粗塵用に適用される。表中の圧力損失，捕集率（効率），粉塵保持容量について

表5 ㈳公共建築協会によるエアフィルタの性能仕様

| | | | 面風速 | 初期圧力損失 | 最終圧力損失 | 平均捕集率 | 粉塵保持容量 | 試験方法 | |
|---|---|---|---|---|---|---|---|---|---|
| | | | m/sec | Pa以下 | Pa以下 | %以上 | $g/m^2$以上 | | |
| パネル形 | | | 2.5 | 120 | 240 | 50 | 615 | 形式3 | 再生式 |
| 折込み形 | 中性能 | 標準300mm以下 | 2.5 | 140 | 280 | 60 | 1100 | 形式2 | |
| | | 薄形150mm以下 | 2.5 | 100 | 200 | 60 | 440 | 形式2 | |
| | 高性能 | 標準300mm以下 | 2.5 | 170 | 340 | 90 | 900 | 形式2 | |
| | | 薄形150mm以下 | 2.5 | 130 | 260 | 90 | 350 | 形式2 | |
| | HEPA | 標準300mm以下 | 1.38 | 245 | 490 | 初期99.97 | — | 形式1 | |
| | | 薄形150mm以下 | 0.76 | 245 | 490 | 初期99.97 | — | 形式1 | |
| 袋形 | | | 2.5 | 170 | 340 | 90 | 1300 | 形式2 | |
| 自動巻取形 | | | 2.5 | 120 | 240 | 50 | 615 | 形式3 | |

表6 JIS B 9908による性能試験方法

| | | 試験項目 | 試験粒子 |
|---|---|---|---|
| 形式1 | 極微細な粉じん用フィルタユニット | 計数法初期捕集率 圧力損失 | $0.3\mu m$ エアロゾル |
| 形式2 | やや微細な粉じん用フィルタユニット | 比色法平均捕集率 粉じん保持容量 圧力損失 | JISZ8901の11種 JISZ8901の15種 |
| 形式3 | やや粗粒な粉じん用フィルタユニット | 質量法平均捕集率 圧力損失 | JISZ8901の15種 |
| 形式4 | やや微細な粉じん用電気集塵器 | 計数法初期捕集率 圧力損失 オゾン発生量 | $0.5 \sim 1.0\mu m$ エアロゾル |

第5章 空調エアフィルタ

表7 各国のエアフィルタ試験規格

|  | 換気用エアフィルタ | HEPA, ULPA |
|---|---|---|
| 日本 | JIS B9908 | JISB9927 |
| 米国 | ASHRAE52.1<br>ASHRAE52.2 | MIL-STD282 |
| 欧州 | EN779 | EN1822 |

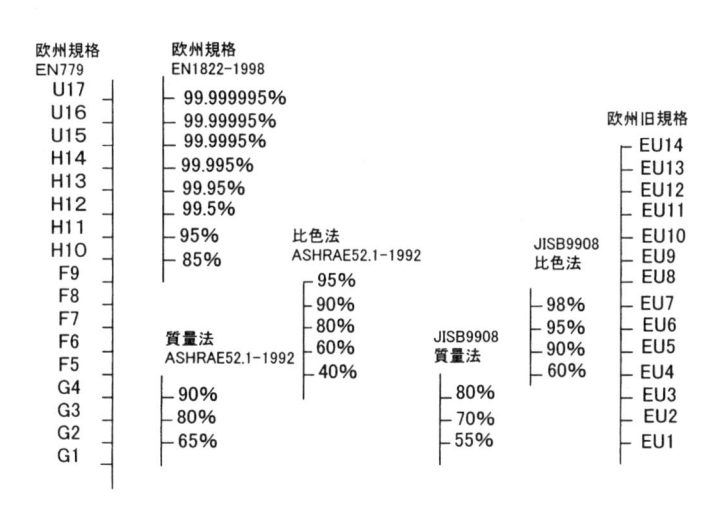

図2 各国フィルタ試験規格の関係

は後で述べる。

　海外での空調エアフィルタの試験規格は表7で示すように米国冷暖房空調学会の換気用エアフィルタの試験規格ASHRAE 52.1（質量法，比色法）[3]とASHRAE 52.2[4]（粒子径別粒子計数法）および欧州のEN779[5]（質量法，比色法，計数法）が世界的に広く用いられている。HEPAとULPAに対しては計数法が用いられ，日本のJIS-B9927[6]，米国のMIL-STD282[7]，欧州のEN1822[8]らがある。各試験法で使用する試験粒子は粒子径や成分性状等がそれぞれ異なるため，表示される性能を厳密に比較する事は難しいが，それらの規格の関係をおよそ比較したのが図2である。

## 2.4 エアフィルタの粒子捕集原理

　エアフィルタは図3に表すように幾つかの捕集原理に基づいているといわれ，重力，慣性衝突，さえぎり，拡散，静電気らの作用が働いている。図4に表すように重力，慣性衝突，さえぎ

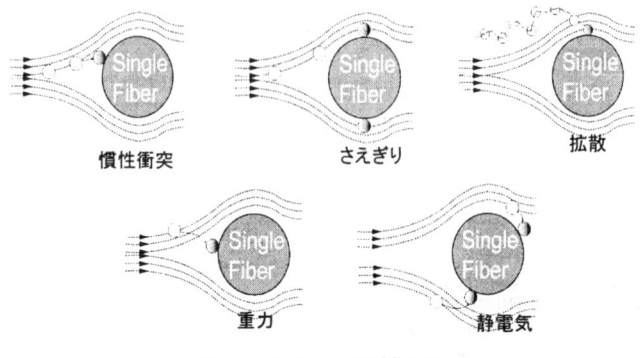

図3　エアフィルタの捕集原理

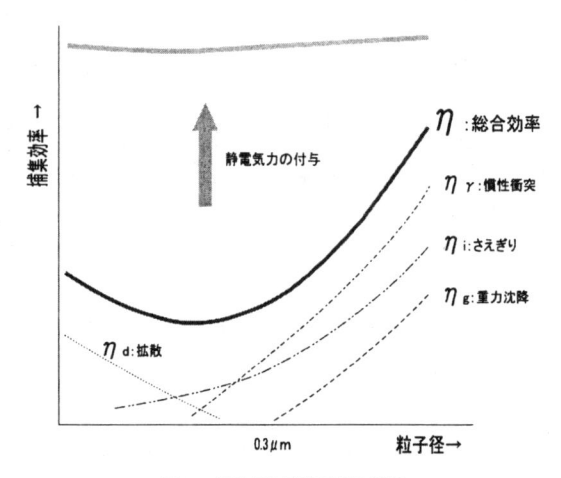

図4　粒子径と捕集原理の関係

りの3種類の原理は粒子径が大きいと強く作用し、拡散と静電気は粒子径が小さい方が強く作用する。これらの作用の総和が実際のエアフィルタ効果である。

　捕集した粒子は繊維表面との間に働く付着力によって捕集が維持されるが、付着力より強い外力が作用すると図5のように粒子は再飛散して捕集効率の低下を生じる事がある。付着力は分子間凝集力、毛細管引力や静電気力によるものである。再飛散を生じる外力は粒子の慣性力や振動エネルギーによる。粒子再飛散を防止する方法として繊維表面に粘着性を付与する、空気を高湿度に調整する、ろ過風速を低くする、ろ材に振動が伝わらないようにする、気流の乱流を少なく

第5章　空調エアフィルタ

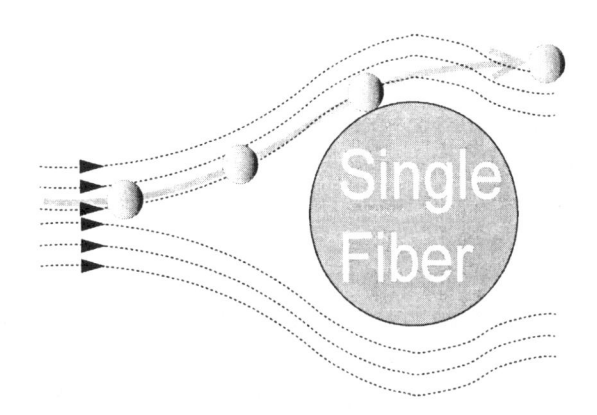

図5　付着粒子の再飛散

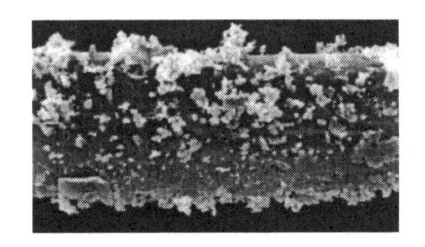

図6　繊維表面に付着した粒子

する，等がある。図6は繊維表面に捕集された粒子の電子顕微鏡写真である。粒子は繊維表面に均一に付着するのではなく不均一に樹枝状に形成される。

## 2.5　エアフィルタの性能

エアフィルタには圧力損失，捕集効率，ダスト保持容量の3種類の基本性能がある。

### 2.5.1　圧力損失（単位：パスカル，Pa）

圧力損失 $\Delta P$ はフィルタ前後の静圧 $P_1$，$P_2$ の差として定義され，ろ過風速 V に依存し一般に次式で表される。

$$\Delta P = P_1 - P_2 = C_D (SL/\varepsilon)(\rho V^2/2)$$

ここで $C_D$ は抵抗係数，$\varepsilon$ は繊維の空隙率，L はフィルタ層の厚さ，$\rho$ は空気比重である。

S はろ材単位体積中の繊維の流れ方向に対する全投影面積であり，繊維直径を $D_f$ とすると次式で表わされる。

$$S = 4(1-\varepsilon)/\pi D_f$$

### 2.5.2 捕集効率（単位：％）

捕集効率Eはフィルタ上流と下流の濃度$C_1$，$C_2$の比率で定義され，下式で表される。

$$E/100 = 1 - C_2/C_1 = 1 - EXP(-SL\eta/\varepsilon)$$

$\eta$は単一繊維の捕集効率であり，単一繊維の投影断面積に流入する粒子量に対する単一繊維に捕集される粒子量の比で表される。

捕集効率Eは粒子径に大きく依存し，粒子径別効率として表す事ができる。濃度の表し方には質量，面積（比色），個数（計数）の3種類があり，粒度分布を持つ粉塵に対しては各表示方法によって捕集効率の数値が大きく異なるため，それぞれを質量法効率，比色法効率，計数法効率と呼び区別する事が必要である。一般に質量法効率は粗塵フィルタ，比色法効率は中性能フィルタ，計数法効率はHEPA，ULPAに適用される事が多い。

### 2.5.3 ダスト保持容量

ダスト保持容量は最終圧力損失に達するまでに捕集したダストの質量で定義され，新品ろ材と使用済ろ材の質量$W_1$，$W_2$の差から下式で計算される。

$$DHC = W_2 - W_1$$

より大きなダスト保持容量を得るために密度勾配ろ材が効果的である。図7は厚さ方向に均一なろ材と密度勾配を持つろ材の断面図である。密度勾配ろ材は内部まで有効に繊維が活用されるため均一層ろ材の表面ろ過に比べてダスト保持容量が大きく寿命が長くなる。

### 2.5.4 性能ファクタ QF (Quality Factor)

上述の圧力損失と捕集効率の式から下式が得られ，両方の性能を同時に表す事ができる。右辺は透過率$(1-E)$の対数と圧力損失$\Delta P$をグラフにプロットした時の勾配係数となる。その係数の絶対値をQFとするとQF値の大き方が低圧力損失で高捕集効率の理想的なフィルタであると

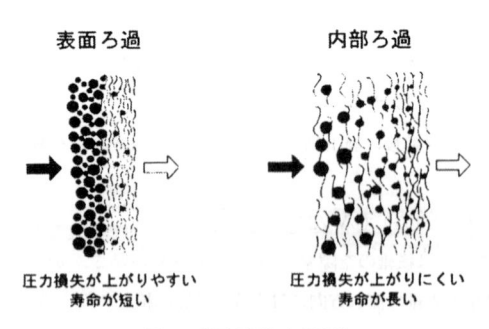

図7　表面ろ過と内部ろ過

いう事ができる。QFは性能ファクタとしてろ材の性能評価に用いられる。

$$Ln(1-E)/\Delta P = 2\eta/(C_D V^2) = -QF$$

## 2.6 その他の物性

上記のろ過性能以外にも使用目的と用途によってエアフィルタには以下のような種々の物理化学的特性が要求される事がある。

- 難燃，不燃性，耐熱性
- 撥水性，粘着性，化学薬品耐性
- 抗菌抗黴性，抗ウイルス性
- 廃棄焼却性，リサイクル性

## 3 高性能フィルタ

低圧力損失，高捕集効率，長寿命のろ材を一般に高性能フィルタという。前述の性能ファクターQFの数値が大きい程，高性能であるという事ができる。図8に通常の繊維層フィルタ，極細繊維フィルタ，エレクトレットフィルタの圧力損失と対数粒子透過率（100から捕集効率を引いた数値）の関係を表した。勾配が大きいとQF値が大であり，高性能であるといえる。

通常の繊維層フィルタとはステープル繊維で構成された繊維径が数$\mu$m以上のろ材の事でメカニカルフィルタと言われている。極細繊維フィルタとしてはPTFE繊維フィルタ，ガラス繊維層

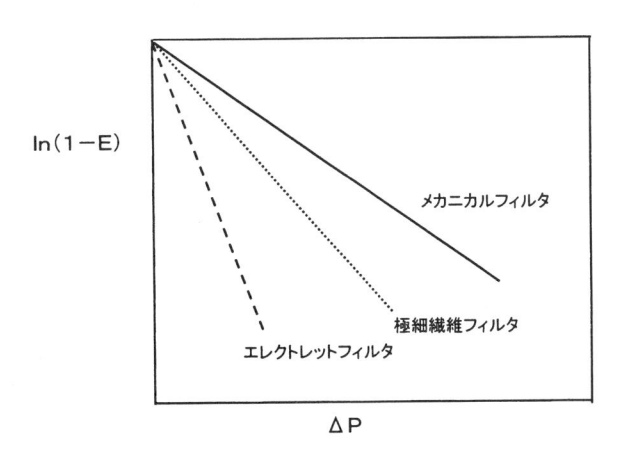

図8　0.3$\mu$m粒子に対する圧力損失と粒子透過率の関係

## 機能性不織布の新展開

フィルタ，メルトブローフィルタ等があり，繊維径は0.1〜数$\mu$mの分布を有している。

エレクトレットフィルタは通常の環境では変化する事のない永久帯電を有している。その帯電方法にはコロナ帯電，プラズマ帯電，トリボ(摩擦)帯電，水帯電方式等がある。繊維は誘電率の高いポリプロピレンが最もよく用いられる。また，帯電序列の関係でアクリルとの組合せは強い帯電効果を示す。一般の繊維は繊維製造の段階で静電気紡糸の目的で繊維油剤が用いられる事が多いが帯電工程の障害となるため油剤を除去したり，帯電に影響のない油剤を選定する事が必要になる。用途としては特に低圧力損失の要求が強いファン能力の小さなエアコン，空気清浄機，薄型の個別空調機等に用いられる。

エレクトレットフィルタは清浄な初期は捕集効率が高いが使用後は時間経過に伴い，極性基を持った粉塵，ミスト，ガス等の付着・中和によって一時的に捕集効率が低下する。しかしその後は捕集したダストの目詰まり作用が働いて圧力損失が上昇すると捕集効率は再び上昇する傾向がある。図9はエレクトレットフィルタの粉塵負荷に伴う捕集効率の変化の一例である。この様にエレクトレットフィルタは初期の捕集性能を改善するのに効果があると言える。前述のEN779規格ではフィルタの帯電効果をアルコールや油滴ミスト等によって前処理中和した後の捕集効率を求める事を要求している。また，水洗で洗浄して再生使用する場合は乾燥熱，洗剤等の影響によりエレクトレットが消滅して効果を失う事があるためエレクトレットフィルタは洗浄再使用しないのが普通である。この様にエレクトレットフィルタは低圧力損失が特徴であるが信頼性の高い性能を要求される場合には適用が難しい。

プリーツ折加工されたユニット式フィルタはろ過面積が大きいため低圧力損失，高ダスト保持

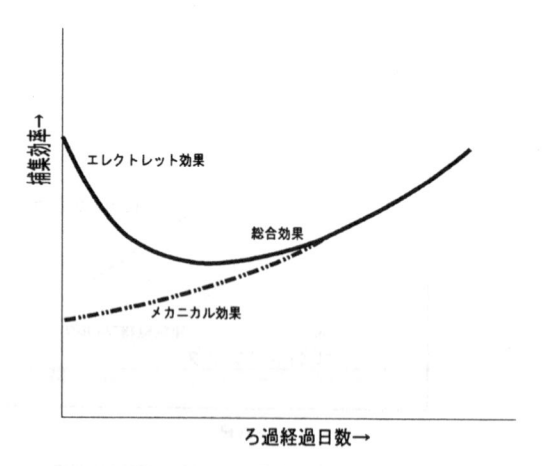

図9 粉塵負荷によるエレクトレットフィルタの効率変化

第 5 章　空調エアフィルタ

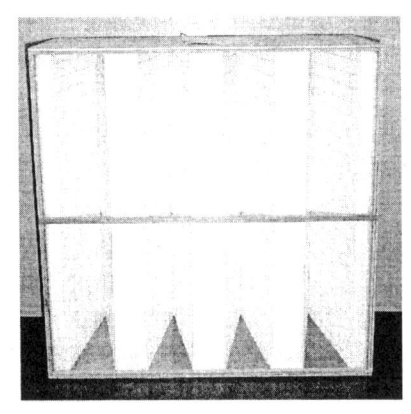

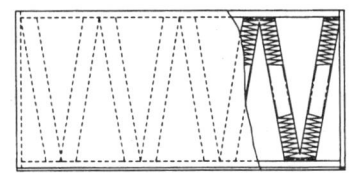

図 10　プリーツユニットの構造例

容量が得られる形状である。図10はプリーツ構造の一例である。ろ材の折り山同志が接触すると気流の流れにくいデッドスペースが生じて多面積効果が減少する事があるため，対策として最適なプリーツ山数の設計が必要であり，プリーツ山の間隔にセパレータを挿入する事，ホットメルト樹脂でろ材表面にビード加工を施す事，ろ材をコルゲート状に成型加工する事等が行なわれる。

## 4　ケミカルフィルタ

ケミカルフィルタは主として半導体工業のクリーンルームにおいて半導体製品の歩留向上のために，また，美術館・博物館等では文化財の保護を目的として空気中の分子状汚染物質を除去するフィルタとして用いられる。

### 4.1　除去対象の分子状汚染物質

半導体工業のクリーンルームで半導体製品に影響する分子汚染物質は一般に酸性ガス，塩基性ガス，有機物質，ドーパントの4種類に分類されている[9]。表8に各々の内容と主な発生源を示

表8 分子状汚染物質の種類と発生源

| 種　類 | 分子状汚染物質 | 発生源 |
|---|---|---|
| 酸性ガス | HF, HCl, $SO_2$, $NO_2$, $H_2S$ 等 | 洗浄装置, 外気 |
| 塩基性ガス | $NH_3$, アミン類等 | 洗浄装置, 作業者 |
| 有機物質 | DOP, シロキサン等 | 塩化ビニール材, シール材 |
| ドーパント | B (ボロン), P (リン) 等 | HEPA, 壁装材 |

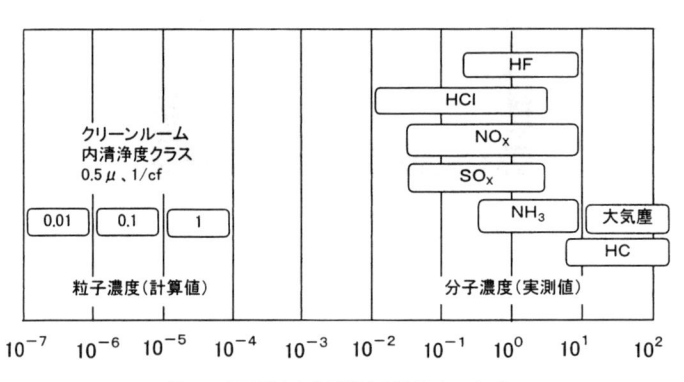

図11 粒子濃度と分子濃度の比較 ($\mu g/m^3$)

した[10]。またクリーンルームにおける分子汚染濃度の実測例と粒子濃度の比較を図11に表した[11]。この図から粒子濃度に比べると分子汚染濃度は非常に高い事がわかる。HFは洗浄液から発生したあとHEPAフィルタのガラス繊維を腐食して，含まれている$B_2O_3$と反応し$BF_3$（ボロン）を発生する。また新品時のガラスHEPAは通気によってBを揮発し，枯れて発生しなくなるまで数ヶ月〜1年はかかると見られている。Bは半導体製品のドーパントとして工程内でコントロールされながら微量注入されるものであり，空気中に汚染混入したBは製品不良の原因となる。そのためBを発生しないガラスHEPAやPTFE繊維のULPAフィルタが開発され用いられている。

### 4.2　ケミカルフィルタの種類

ケミカルフィルタは主として活性炭を用いた物理吸着によるものとイオン交換基による化学反応によるものの2種類がある。前者は化学薬剤を添着した活性炭を用いる事によって単に有機物質だけでなく酸，塩基性物質も同時に吸着除去する物理化学吸着反応に基づいている。そのため，幅広い種類の分子汚染物質を除去する事が可能である。しかしながら活性炭による物理吸着は対象ガスによって吸着能力が大きく異なる。図12は各種の有機ガスの沸点と吸着保持量の関係を

第5章　空調エアフィルタ

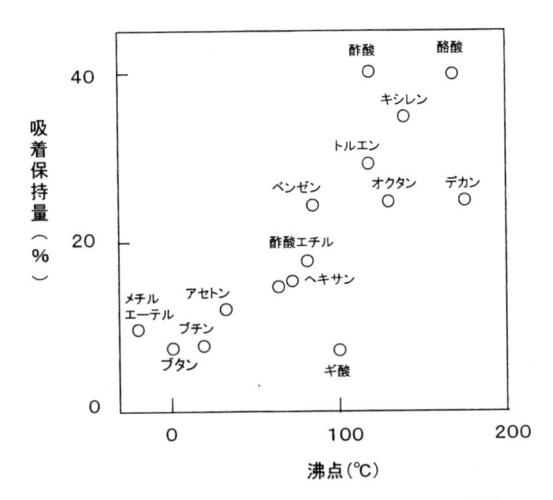

図12　有機物に対する活性炭の吸着保持力と沸点の関係

示したものである[12]。低沸点ガスは吸着保持量が小さく，高沸点ガスは吸着保持量が大きい傾向が見られる。これは高沸点物質すなわち高分子量である方が表面に吸着しやすく低分子量は吸着しにくい事を示している。また沸点の異なる多成分系の混合状態では高沸点物質が優先吸着される事や一度吸着した低沸点物質は高沸点物質によって追い出される吸着物質の置換現象があるといわれている[13]。このような表面の物理吸着特性というものは活性炭に限らず半導体製品表面の分子汚染においても同様な傾向を示すと考える事ができる。クリーンルームで問題になるDOPやシロキサンは図12で示す物質よりさらに高沸点物質であり，そういう意味で活性炭は有機分子汚染から半導体製品表面を保護するのに適した材料であるといえよう。

　一方，イオン交換フィルタはアニオン基またはカチオン基によるイオン交換反応に基づくもので，酸性，塩基性分子汚染物質に対しては強い化学反応により吸着した物質を再放散しないという特長を持っている。したがって添着活性炭の物理化学吸着とイオン交換基による化学反応はそれぞれに長所があり最も良く利用されている。

　さらに，ケミカルフィルタは支持体構造，添着薬剤，加工形状等の組合せによって多くの種類がある。表9によく利用されているケミカルフィルタの代表的な構成要素をまとめてみた。球状活性炭は破砕炭に比べて空気抵抗係数が小さいため低圧力損失である。言い換えると同一圧力損失で比較した場合は大容量の活性炭を一定のフィルタサイズ内に収める事が可能である。したがって低圧力損失でガス吸着性能に優れたフィルタを得ることが出来る。図13は球状活性炭を担持したろ材シートの断面切断写真の一例である。活性炭の粒子径は約0.5mmである。イオン

*141*

表9 不織布ケミカルフィルタの主な構成要素

| 支持体 | 吸着・化学反応体 | 添着薬剤 | 加工形状 | 除去原理 |
|---|---|---|---|---|
| シート状 | 活性炭 | 酸 | プリーツ状 | 物理吸着 |
| 三次元状 | 球状活性炭 | $H_3PO_4$ | マット状 | 化学反応 |
| | 粒状活性炭 | スルホン基 | ハニカム状 | |
| | ピッチ系活性炭素繊維 | 塩基 | 袋状 | |
| | フェノール系活性炭素繊維 | $K_2CO_3$ | | |
| | イオン交換体 | 4級アンモニウム基 | | |
| | イオン交換樹脂 | 3級アミノ基 | | |
| | イオン交換繊維 | | | |
| | グラフト重合繊維 | | | |

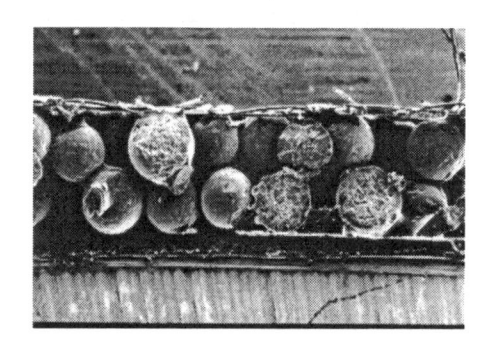

図13 球状活性炭シートのろ材断面図

交換体としては繊維状,樹脂状,後でグラフト重合されるもの等があり,アニオン交換基とカチオン交換基がある。

### 4.3 ケミカルフィルタによる分子汚染物質の捕集原理

ケミカルフィルタによる分子汚染物質の捕集原理は構成要素である吸着剤と化学薬剤,イオン交換基によるところが大きい。表10にそれらのフィルタ構成要素と物理吸着,化学反応効果を及ぼす事のできる分子汚染物質の種類を対比した。

表10 ケミカルフィルタの構成要素別による分子汚染物質への作用原理

| フィルタ構成要素 | 作用原理 | 分子汚染物質 | |
|---|---|---|---|
| 活性炭 | 物理吸着 | 有機物質 | DOP,シロキサン |
| りん酸,カチオン交換基 | 化学反応 | 塩基性ガス | $NH_3$,アミン |
| 炭酸カリウム,アニオン交換基 | 化学反応 | 酸性ガス | $SO_2$, $NO_x$, $HCl$, $H_2S$, $HF$ |

第 5 章 空調エアフィルタ

## 4.4 ケミカルフィルタの性能試験方法
　一般空調用のガス除去フィルタ性能試験方法 JISB9901(1997)[14]は高濃度時のガス除去率，ガス吸着容量を定めているが，前述の様な対象ガスの種類と低濃度のケミカルフィルタの使用環境に適した試験方法としてクリーンルーム用ケミカルエアフィルタ性能試験方法指針JACA No.38 (2002)[15]が制定され，試験装置，試験用ガスの発生方法，分析方法，寿命予測方法，脱ガス試験，発塵試験等が規定されている。

## 4.5 ケミカルフィルタの性能
　薬剤添着型球状活性炭の高濃度ガスによる試験結果と低濃度大気における長期試験結果の一例を図14〜図16に表す。高沸点有機物質，$SO_X$，$NH_3$に対してフィルタの下流側では長期間，1 $\mu g/m^3$ 以下の低濃度を維持する事が報告[16]されている。

## 4.6 ケミカルフィルタからのアウトガス
　ケミカルフィルタは高いガス除去効率を持つだけでなくフィルタ自体から汚染分子を放出しない事が重要である。そのためにろ材，枠材，接着剤，ガスケット等のあらゆるフィルタ構成部材はアウトガスの少ない材料がテストされ選定される必要がある。仕上げ処理としてベーキングや真空脱気を行ない汚染分子を脱離させる方法もある。

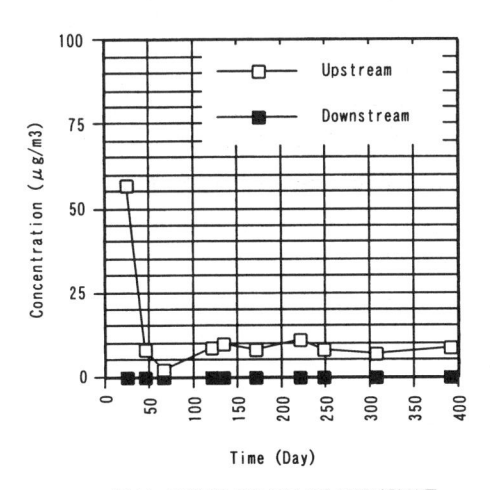

図14　高沸点VOCに対する長期試験結果

機能性不織布の新展開

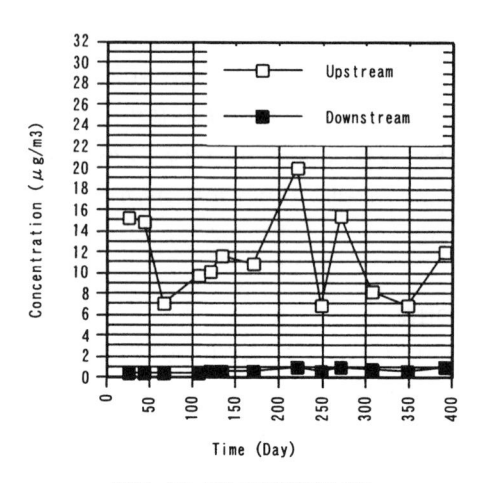

図15 SOxに対する長期試験結果

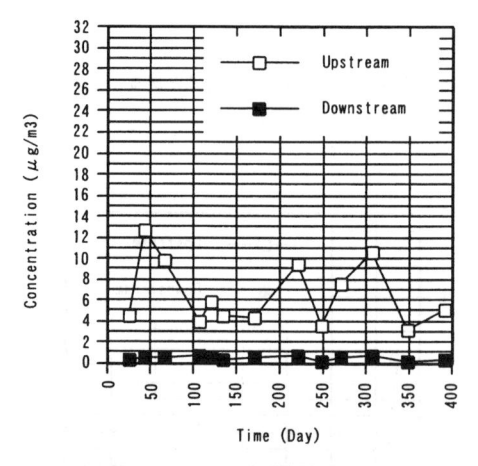

図16 NH₃に対する長期試験結果

## 4.7 ケミカルフィルタの設置例

　クリーンルームの外気取り入れ，天井FFU内，製造装置内，循環気流系で使用されるケミカルフィルタの設置個所の一例を図17に示す。

第5章 空調エアフィルタ

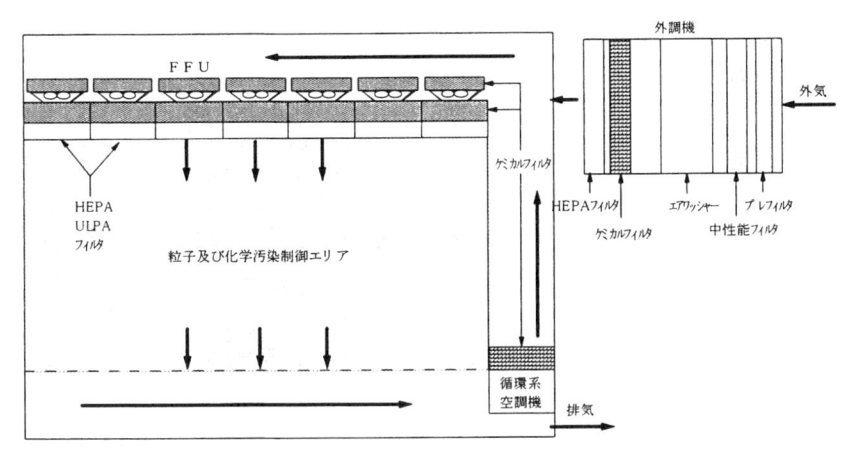

図17 クリーンルーム内におけるケミカルフィルタの設置例

## 5 環境対策フィルタ

エアフィルタは環境浄化の目的で使用されるものであるがそのエアフィルタ自体が環境負荷影響を及ぼすものであってはならないということから，さまざまな観点からエアフィルタの環境影響評価が試みられている。

従来，エアフィルタには使い捨てタイプと洗浄再生タイプの2種類があった。使い捨てタイプは使用期間の長寿命化や廃棄時の減容・コンパクト化が追求されてきたが，最近では循環型社会に対応すべくリサイクル再資源化システムが可能になった。そして環境影響評価を定量化するため資源採取，製造，加工，利用，流通，再使用，廃棄に至る製品の一連の流れを総合評価するLCA（ライフサイクルアセスメント）手法が導入検討されている。これにより廃棄，洗浄再生，減容，長寿命，低圧力損失，リサイクル再資源化，生分解等の環境対策を定量的に比較検討する事が試みられている。またPRTRの制定以来，国内外において法的な化学物質の使用規制が厳しくなり，さらに積極的に安全な資材の自主調達基準を持ち使用規制化学物質を排除しようという企業が増加している。

### 5.1 リサイクル再資源化

リサイクル再資源化システムには使用済みフィルタを回収して，製鉄高炉の原料として利用し再資源化を行う方法等がある。コークスと廃プラスチック（使用済み回収フィルタ）を混合して

還元剤として利用する事により，$CO_2$の削減や高炉の高カロリー燃料源として効果があり，製造された銑鉄はフィルタケーシング材としてリサイクルする事が可能である。

### 5.2 洗浄再生

以前からプレフィルタは洗浄可能なものがあったが，最近は中性能フィルタも洗浄される場合が見られる。しかし中性能フィルタはろ材が強度的に耐洗濯性を備えたものではなく，また捕集される粉塵も微細であるため一般にプレフィルタのように洗浄が容易ではない。そのため特殊な超音波式洗浄機械とシステムが開発導入された。しかし品質保証や安全衛生確保の観点から技術面で高度な管理が必要とされ，またある程度，適用可能な範囲が限定される。日本空気清浄協会は中性能フィルタの洗浄使用に関する実態調査を行ない研究報告を発表している[17]。

### 5.3 規制化学物質の不使用化

難燃性フィルタに使用されてきた塩化ビニルや臭素系難燃剤が焼却時にダイオキシン発生の原因として問題になる事からハロゲンを用いない難燃性フィルタが開発されてきたが，さらに最近はPRTR，EU指令，建築基準法改正等の国内外の法規制や企業の自主規制によりアンチモン，フタル酸エステル類，ホルムアルデヒド，VOC，環境ホルモン等，規制化学物質の範囲が拡大し不使用化の傾向が強くなってきた。

### 5.4 生分解性繊維使用フィルタ

トウモロコシを原料にしたポリ乳酸繊維を用いたプレフィルタが開発されている。埋め立て処理後は微生物の作用によって繊維が水と炭酸ガスに分解されて土壌に戻る。しかしわが国では埋立地の確保が困難である。

### 5.5 ろ材交換式減容型フィルタ

外枠は残してろ材のみ交換するもので廃棄物の減少とコスト削減の効果がある。

### 5.6 LCA分析

LCA (Life Cycle Assessment) とは原料の採取から製造，使用，廃棄に至る全ての過程を通して，製品が環境に与える影響を定量的に評価する手法であり，環境国際規格 ISO 14040 (JIS Q 14040)[18]として制定公布されている。一つの指標として$CO_2$排出量を用いて，中性能フィルタのLCA評価を行なった場合に使用時の送風機の動力エネルギーが最も大きく環境負荷に影響し，フィルタ圧力損失の低減が最も環境影響に効果が大きいという報告がある。表11は圧力損失の

第 5 章　空調エアフィルタ

表11　低圧力損失フィルタと通常フィルタのLCA評価比較

| プロセス | 低圧力損失化フィルタ (初期95Pa, 寿命150) | | 通常フィルタ (初期120Pa, 寿命100) | | $CO_2$排出量 低減率 (%) |
|---|---|---|---|---|---|
| | $CO_2$排出量 (kg) | 比率 (%) | $CO_2$排出量 (kg) | 比率 (%) | |
| ① 製 造 | 16.4 | 1.5 | 27.9 | 2.3 | 41.2 |
| ② 輸 送 | 21.6 | 1.9 | 32.4 | 2.6 | 33.3 |
| ③ 使 用 | 1037.2 | 92.9 | 1114.2 | 90.1 | 6.9 |
| ④ 輸 送 | 21.6 | 1.9 | 32.4 | 2.6 | 33.3 |
| ⑤ リサイクル | 19.6 | 1.8 | 29.4 | 2.4 | 33.3 |
| 計 | 1116.4 | 100 | 1236.3 | 100 | 9.7 |
| 通風時間 | 12,000hr | | 12,000hr | | |
| フィルタ交換数 | 2個 | | 3個 | | |

違いによるLCA評価の一例である[19]。

## 6　あとがき

　空調エアフィルタの機能と最近の動向についてできるだけ広範囲に述べたつもりであるが最近の光触媒フィルタやバイオフィルタ (抗菌・カビ・ウイルス) など記載できなかった点はご容赦戴きたい。また将来, より高性能のエレクトレットフィルタ, ナノ繊維フィルタ, バイオフィルタ, 触媒フィルタ等の開発が一層進歩する事を信じ, そのために本稿が少しでも役に立てば幸いである。

## 文　献

1) ㈳公共建築協会, 機械設備工事共通仕様書 (平成13年版)
2) JIS-B9908：換気用エアフィルタユニット・換気用電気集じん器の性能試験方法 (2001)
3) ASHRAE STANDARD 52.1 (1992)
4) ASHRAE STANDARD 52.2 (1999)
5) EUROPEAN STANDARD EN779: 1993 & 2000
6) JIS-B9927：クリーンルーム用エアフィルター性能試験方法 (1999)
7) MIL-STD282
8) EUROPEAN STANDARD EN1822 (1998)
9) JACA No.34, クリーンルーム構成材料から発生する分子状汚染物質の測定方法指針 (1999)

10) *id.*
11) *id.*
12) ㈳日本空気清浄協会：空気清浄ハンドブック，331 (1981)
13) 阪田，他：セラミックケミカルフィルタによるガス状有機汚染物の除去，第17回空気清浄コンタミネーションコントロール研究大会予稿集，371-374 (1999)
14) JISB9901：ガス除去フィルタ性能試験方法 (1997)
15) JACA No.38：クリーンルーム用ケミカルエアフィルタ性能試験方法指針 (2002)
16) 熊谷，他：高性能ケミカルフィルタの開発，第19回空気清浄コンタミネーションコントロール研究大会予稿集，50-51 (2001)
17) 空気清浄：39巻4号，中高性能エアフィルタの洗浄再使用に関する研究会報告
18) ISO14040 (JISQ14040)：環境マネジメント―ライフサイクルアセスメント
19) 西村，他：環境対応型新中性能フィルタ，第22回空気清浄コンタミネーションコントロール研究大会予稿集 (2004)

# 第6章　自動車関連

## 1　自動車用エアクリーナに用いられる不織布

熊野　隆*

### 1.1　はじめに

1964年,当社で開発した自動車用エアクリーナに用いられる不織布がトヨタ車に採用されてから,ちょうど40年になる。それ以降,その高効率化,長寿命化を追求して,改良改質のたゆみない努力を続けてきたのはむろんのことであるが,この商品は常に当社を支える主力商品となって今日に至っている。エアクリーナの濾材には不織布と濾紙,他に発泡ウレタン等が用いられているが,ここでは,当社が扱っている不織布について述べる。

### 1.2　使用目的

自動車用エアクリーナは,吸入した外気をエンジンへ供給するシステムの供給部品であり集塵を目的とするのではなく,下流にある機器の損傷を防止するために使用される。すなわち,エンジンが吸入する外気から,塵やほこり,その他の異物(砂塵,カーボンダスト)を濾過し,エンジン内部の弁やピストン,シリンダー等の摩耗を防止することを目的として使用されているのである。

### 1.3　濾材に要求される特性

低圧損,高い濾過効率やダスト保持量というフィルターとしての基本特性を備えていなければならないことはもちろんのことであるが,そのほかにも耐熱性,耐油性,耐酸性等が求められる。また,ほとんどの濾材はさまざまな形にプリーツ加工されエレメント化されるため,下記の特性も重要である。

① 形体保持性:風圧に対する抵抗性(剛性)がないと,実使用段階の風圧でプリーツ加工(ひだ折り加工)されたひだ同士の接触がおこり,有効濾過面積が少なくなり高圧損となる。
② 引張強伸度:エレメント成形時に問題となり,成形ラインとのマッチング性が満足される強伸度が必要。

---

\*　Takashi Kumano　呉羽テック㈱　研究開発部　部長

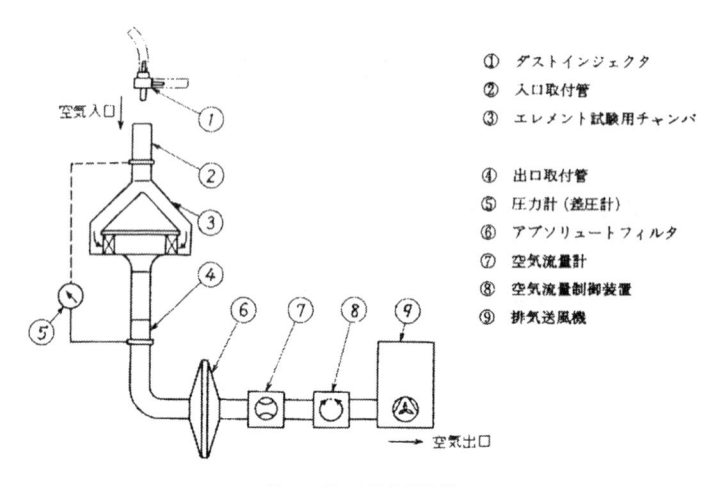

① ダストインジェクタ
② 入口取付管
③ エレメント試験用チャンバ
④ 出口取付管
⑤ 圧力計 (差圧計)
⑥ アブソリュートフィルタ
⑦ 空気流量計
⑧ 空気流量制御装置
⑨ 排気送風機

図1　ダスト性能試験機

## 1.4　エアークリーナのダスト性能試験

エアークリーナのダスト性能試験法はJIS D 1612に定められており，当社ではJIS 8種の試験用ダストを用い，図1のダスト性能試験機にて性能試験を行なっている。また，カーボン発生装置によるカーボン性能試験も行なっている。

## 1.5　不織布の構造

当社では塵埃に対する濾過効率やダスト保持量を高めるために，開発当初から密度勾配型の不織布を開発・生産してきた。密度勾配型不織布とは，充填密度の異なる繊維層を複数積層させたものであって，一般的には3～4構造になっている。各繊維層には，繊維径の異なる繊維を用いたり，あるいは配合比率を調節し，積層させた繊維層の充填密度が不織布の一方から他方の面に向けて段階的に大きくなる様に構成されている。また，繊維同士の結合には各種バインダーを用いたり，あるいは接着作用を有する繊維を配合し該繊維の一部を溶融させて他の繊維と付着させたりしている。また，必要に応じてスパンボンドやサーマルボンド不織布との併合構造とすることもある。その構造例を図2に示す。

各層の繊維太さは，粗層が4～7 dtex，中層が2～4 dtex，密層が1～2 dtexといったように繊維径を段階的に細くし，比較的大きいダストは粗層で，細かいダストは密層で捕捉できるように工夫している。繊維の種類としては，ポリエステルやビニロン，アクリル，レーヨン等を使用し，また，各層の目付にもいろいろと工夫をこらしている。これらの選定基準は，自動車が使

第6章　自動車関連

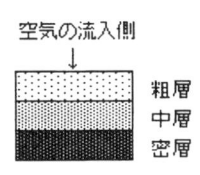

```
空気の流入側
      ↓
┌─────────┐
│ ░░░░░░░ │ 粗層
│ ▒▒▒▒▒▒▒ │ 中層
│ ███████ │ 密層
└─────────┘
```

＜3層構造＞

図2　エアクリーナ用不織布の構造例

われる使用環境によっても変わる。

### 1.6 不織布の作り方の変遷

　開発当初はカードから紡出された繊維層を，密層－中層－粗層の順に積層させ3層構造とした後，エマルジョン系のバインダーにて含浸・乾燥し化学結合を施して不織布を作成。これをプリーツ加工してエレメントにし，エアクリーナとして用いていた。しかし，この方法で得られた不織布はプリーツ加工の方法によっては，各層間で剥離するという問題が発生することがあった。このため，3層構造とした後にニードリングによる機械的結合を施し，エマルジョン系のバイン

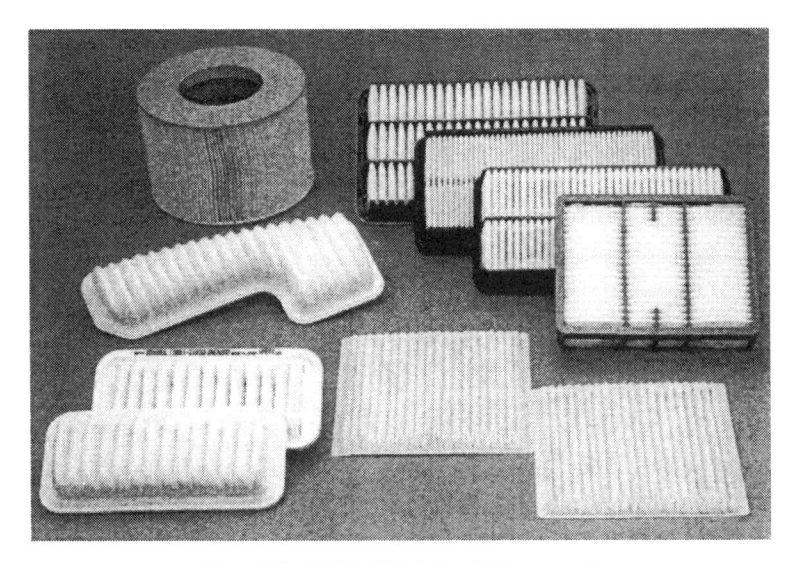

図3　当社の不織布が使われている主なエレメント

ダーにて含浸・乾燥し化学結合を施して不織布を作成することにより，上記問題を解決するに至った。この製造方法による不織布は現在でも主流になっている。しかし，最近の環境問題や，コスト低減などの要求により，従来のエアクリーナに使用されていたプラスチックのフレームを使用せず，プリーツ状の濾過部とフレームに相当する外周部を同一素材で一体成形したエレメント用の不織布を開発した。このものは，サーマルボンド法で作られた不織布で3～4層構造をした密度勾配型となっている。また，繊維同士の結合にバインダーを使用していないため，一体成形時に不織布で作られたフレームに割れが発生することがない。さらに，単一素材で作られているため廃棄処理に優れているといった特長を持っており，現在市場が拡大している。図3に，当社の不織布が使われている各種のエレメントを示す。

### 1.7 おわりに

現在当社では，グローバル対応するため日本以外にも海外生産拠点を持ち，エアクリーナ用不織布を生産しているが，今後も自動車メーカーの海外生産拡大と現地調達化に伴い，ますます，海外拠点での生産が増えてくることが予測される。また，自動車メーカーは部品購入を世界からグローバル調達すると明言しており，当社としても長年培ってきたいろんな意味でのノウハウを生かし，製造方法・設計の見直し等でのコスト低減や，新技術による低圧損化，高濾過効率化といったフィルター特性の改善・開発に取り組んでいく所存である。

### 文　献

1) JIS D 1612　自動車用エアクリーナ試験方法

## 2 リサイクル可能な自動車内装・外装材の開発

小菅一彦[*1], 高安 彰[*2]

### 2.1 序 論

自動車部材としての不織布は,キャビン・エアーフィルター,トランクライナー,カーペット等40以上の部位で使用されているが,最近,欧州の自動車メーカーから吸音機能をもつ不織布への期待が高まっている。自動車リサイクル法が2006年に欧州で施行されるのに伴い,現在フードライナー等吸音材として使用されている発泡体からリサイクル可能な不織布への切り替え期待のためである[1]。日本においても,自動車リサイクル法(使用済自動車の再資源化等に関する法律)が,2005年1月1日から施行される。使用済み自動車の解体から発生するシュレッダー・ダスト(ASR;Automobile Shredder Dust)現状年間約80万トンの発生量(ASR発生率:20〜25%)を低減させ,「"2015年以降使用済み自動車全体のリサイクル率95%"との目標(EU廃車指令等の目標水準と同レベル)を十分満たすものとなるよう」にすることが要求されている[2]。自動車メーカー各社はリサイクル率を高める検討を各種行っており,部品の素材単一化や,解体・リサイクルを容易にするための部材の変更が進んでいる[3]。現在,雑フェルトが使用されている部位が,素材の統一された不織布への切り替え,あるいはフェノール樹脂をバインダーとしたグラスウールからリサイクル可能な不織布への断熱・吸音材部位にて切り替えが行われると推測される。

一方,1997年12月に京都にて開催された「地球温暖化防止京都会議」にて,$CO_2$等の温室効果ガスを対象とし,2008年〜2012年に先進国全体で1990年比5%以上の削減を目標とする等を定めた「京都議定書」への取り組みが行われている。製造段階―使用段階―リサイクルという自動車の生涯エネルギー消費のなかで,最も多くエネルギーを消費しているのは,自動車を使用する段階であり,平均で全体の85%を占めている。したがって,自動車の生涯$CO_2$排出量抑制のためには燃費の向上が重要な要素となる[4]。車体重量の低減は,燃費を向上させる重要な手段であり,内・外装材関係の低減策として,断熱材や吸音材として使用されているガラス繊維(比重:2.5程度)からポリエステル繊維やアラミド繊維(比重:1.4程度)への切り替えが行われるものと推測される。

また,大気汚染とならんで騒音も重要な環境問題である。現在,日本の自動車騒音規制には,「加速走行騒音」,「定常走行騒音」,「近接排気騒音」の規制が適用され[5],世界で最も厳しい規制となっている。フードサイレンサー,ダッシュサイレンサー,エンジンアンダーカバー等の取

---

\*1 Kazuhiko Kosuge 東レ・デュポン㈱ 理事;ケブラー技術開発部 部長
\*2 Akira Takayasu 髙安㈱ 理事;事業開拓室 室長

り付けにより，車外騒音対策が施されている。

　快適さが，21世紀のキーワードになっており，より快適な室内環境を求められている。まず，快適な室内音環境にするために，ダッシュインシュレータ，吸音天井材等が取り付けられている。さらに，快適な室内とは余裕のある室内スペースであり，しかしながら車体重量を増やすことができないために，車自体の大きさを維持し，その結果としてエンジンルームをできるだけコンパクトにする設計が行われている。また，交通安全の観点から，国土交通省から発行されている「車両安全対策長期計画の基礎資料案」に，交通事故時の歩行者保護のために，歩行者頭部傷害軽減ボディが検討課題として設定され，歩行者との衝突部であるボンネット部では，フードとエンジンの隙間を多くとって，フードを衝撃吸収体とする工夫等を加味した車体とする規制案が提出されている[6]。本体策として，すでに，鉄板ボンネットではなく凹みやすいアルミ材ボディが採用されている例もある。また，同資料において，車両火災防止のために，室内の難燃化が検討され，保安基準第20条により自動車内装材の難燃化が義務づけられている。海外基準として，FMVSS 02 (Federal Motor Vehicle Safety Standard) やISO 3795が制定されている。FMVSS 302は車両用の材料に対して燃焼性能（燃焼速度）を試験する米国の試験規格で，保安基準第20条は，FMVSS 02と同様な内容となっている。

　こういったエンジン周りや室内の要求を満足させる手段の一つとして，より薄くしながら，吸音・遮音性能を高く，より軽量で，難燃性があり，かつリサイクル可能な材料が求められている。本稿にて以下に説明するのは，上述した背景を基に機能性不織布の中で，吸音不織布の開発についてである。従来の吸音材に使用されていたグラスウールや発泡体に対して，以下の特徴をもつ機能性不織布の出現が期待されている。

　吸音不織布の開発について述べる前に，まず吸音・遮音材料，難燃性についての基礎事項を以下に述べる。

## 2.2　吸音材料・遮音材料とは

　吸音材料の性能表示に，実用面で最も一般的に使用されているのが吸音率 $\alpha$ で，次式で定義される。

$$\text{吸音率}\ \alpha = (I_i - I_r)/I_i$$

ここで，$I_i$ は材料に入る入射波の強さ，$I_r$ は反射波の強さである。

　吸音率は，材料自身の性質のほかに，入射音の周波数や入射角度などの諸条件にも関係する。

　音波の入射条件として，通常，垂直入射吸音率とランダム入射吸音率が使用され，その測定方法は JIS A 1405「管内法による建築材料の垂直入射吸音率測定方法」および JIS A 1409「残響室法吸音率測定方法」で定められている。垂直入射吸音率は，材料に平面波が垂直にあたるときの

## 第6章　自動車関連

吸音率で,測定装置は小規模で試料も少量ですみ,一般に精度のよい測定値を期待することができるが,音の入射条件が特殊であることから測定値が実際の吸音特性に対応しないことが多い。ランダム入射吸音率は,材料面に対して,すべての方向から等しい確率で音が入射するときの吸音率である。大きな室で使われている吸音材料に対しては,ほぼランダム入射に近い条件が実現されていると考えてよいことから,室内音響調整に吸音材料を使うときの設計には,ランダム入射吸音率を使うのが一般的である。実験的にランダム入射吸音率を求めるには,残響室を使う方法となる。一般に吸音率は音の周波数に関係するので,吸音率のデータは各周波数の吸音率の値をグラフで示す[7]。吸音作用は,音のエネルギーが熱エネルギーに変換されて起こり,自動車用途では中高音域での吸音を狙ったグラスウールや発砲樹脂に代表される多孔質材料が使用されている。

遮音材料の性能表示には,次式で定義される透過損失Rの周波数特性が通常用いられる。

　　透過損失（dB）　$R = 10 \log_{10} I_i / I_t$

ここで,$I_i$は材料に入る入射波の強さ,$I_t$は透過波の強さである。

現在,実用上広く用いられている透過損失は,「拡散定常入射波」に関する透過損失で,その測定方法はJIS A 1416「実験室における音響透過損失の測定方法」で定められている。

自動車用途に従来使用されているのは,短繊維グラスウールや発泡体である。しかしながら,序論で述べたように,これら吸音材・遮音材はリサイクル等の問題により代替材料の検討が行われ,不織布吸音材が各社から提案されている。


## 2.3　難燃性とは

繊維の燃え易さは,①易燃性,②可燃性,③難燃性,④不燃性と分類されるが,繊維燃焼性の相対比較数値としては,限界酸素指数(LOI値,5 cm以上継続して燃えるのに必要な最低酸素濃度)が使われる。LOI値の指数か高いほど燃焼しにくいことを示し,一般にLOI値が26以上あれば難燃性があると判断される。

ガラス繊維は,炎にふれても燃えないことから不燃性に分類され,ポリエステルやナイロンは炎にふれると容易に燃えることから,可燃性に分類される。繊維は,熱エネルギーを受けると水分が蒸発し,合成繊維の場合は軟化,溶融,ドリップが始まり,そしてさらに高温になると,分解または解重合を起こし,可燃性ガス,不燃性ガス,炭化物残渣を生成する。可燃性ガスは空気と混合して可燃性混合ガスを形成し,発火点以上になると発火し燃焼を始める。したがって,繊維の難燃加工は,①繊維の熱分解を遅くする,②熱分解反応の機構を変えて,可燃性ガスの生成を抑制するなどの化学的機構,③熱,空気の遮蔽,可燃性ガスの希釈が考えられる。ポリエステル繊維の難燃化技術としては,①リン,ハロゲン化合物をモノマーの段階で添加して共重合す

る方法，②ポリマー紡糸液に難燃剤を添加する方法，③糸等に染色加工時，または樹脂加工時に難燃剤を塗布する方法がある。このような方法により，可燃性のポリエステルがLOI 30程度の難燃性を示すように性能を変えることができる[8]。

自動車用途に従来使用されているのは，外装材にはグラスウール，難燃性発砲体や難燃化処理したポリエステル布帛が主に使用され，内装材にはグラスウール，フェルトやポリエステル布帛等が使用されている。しかしながら，序論で述べたように，これら素材はリサイクル等の問題により代替材料の検討が行われ，難燃性不織布が各社から提案されている。

## 2.4 新規吸音性不織布"RUBA™"の開発
### 2.4.1 吸音性能・遮音性能

今回，当グループにより開発した吸音材"RUBA™"は，中高音域での吸音特性を，厚みを薄くしながら，かつ吸音効率を改善したものである。

新規吸音性不織布"RUBA™"は，ペーパーとニードルパンチ不織布の2層貼り合わせ構造からなっている[9]。RUBA™の断面写真を写真1に示す。ポリエステル不織布とスクリムを貼りあわせた吸音材が公表され，かなり似たような構造であるが，今回当方が開発したものは，ペーパーを貼りあわせたことによりより顕著な吸音特性を示す特徴がある。ペーパー，すなわち湿式不織布をカレンダー加工したものは，写真1に示すように緻密な繊維構造体となり，一旦ペーパーを通過した音の空気振動は，閉じこめやすい性質をもっているものと推測される。RUBA™の残響室吸音率測定結果を図1に示す。厚み70μ程度のペーパーを張り合わせるだけで，700 Hz

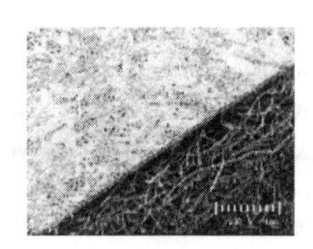

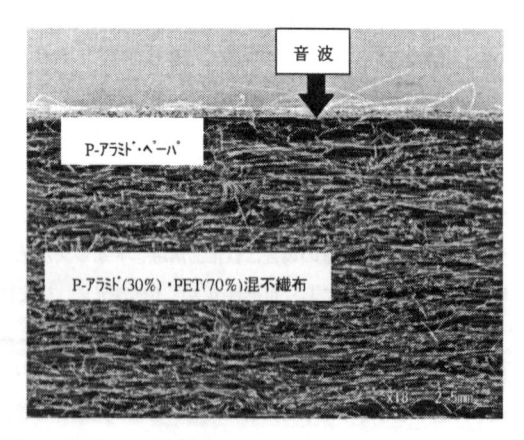

写真1 RUBA™の断面写真

## 第6章　自動車関連

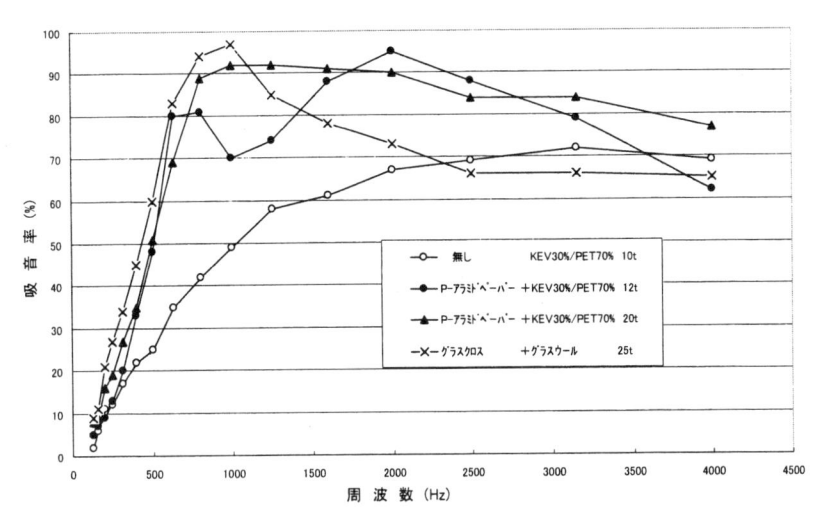

**図1　残響音室吸音率**

～3,000Hzの周波数にて，吸音率の著しい改善が認められた。空気振動である音波が，ペーパーの微細孔を通過し，不織布裏側の反射板とペーパーの間で往復運動している間に，ニードルパンチ不織布の短繊維が振動し，熱エネルギーに変換されて，吸音されたものと推測される。

ペーパーを用いることによって，グラスウールと対比しても薄くて吸音効果がある吸音材を得る事ができたようである。特に，1500Hz～3000Hz周波域での吸音に顕著な効果が認められる。この効果は，グラスウールに比べて，比重の軽い繊維を用いていることによる吸音性能が発揮されていると推測される。ポリエステル繊維でも，同様な結果が得られていることを確認している[9]。

また，遮音性能も吸音材不織布裏側にペーパーを張り付けることにより，図2に示すように2500Hz以上で3～7dB程度の改善効果が認められた。これもペーパーのもつ緻密であるがミクロな多孔質に起因する特徴と推測される。

### 2.4.2　難燃性吸音不織布

本開発に用いているパラ系アラミド繊維は，熱融解なく約500℃程度に至って熱分解し，LOIは29で，難燃性かつ耐熱性繊維に分類される。今回開発した難燃性不織布は，安価なポリエステル短繊維70％とパラ系アラミド短繊維30％を，均一に混合してニードルパンチで仕上げたもの[10]で，自動車内装材に適用される難燃性基準FMVSSに合格している。アラミドペーパーを表皮材に使用している吸音材RUBA™は，ペーパー側からのガスバーナー直火に対して良好な耐炎

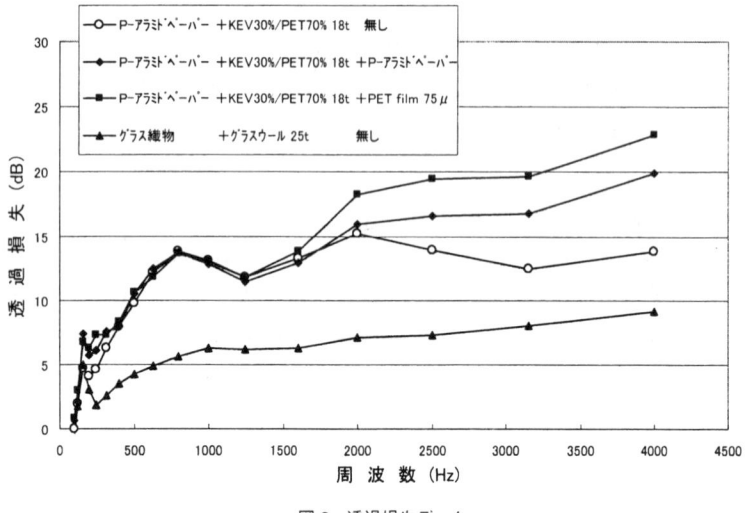

図2 透過損失データ

性を有しており，エンジン周り等の高温部の吸音材として有力な候補となる。また，ニードルパンチ方式による不織布を用いている事から，空気を適度に内蔵していることから，良好な断熱性をも示す。JISに規定されている熱流計法による測定結果では，熱伝導率が0.035～0.037W/m・Kで，グラスウールの0.03～0.05W/m・K，ウレタン発泡体の0.02～0.03W/m・Kとほぼ同等の断熱材といえる。

今回開発した難燃吸音性不織布は，塩素系，リン酸系等の特別な難燃加工を施していないため，焼却時のホルムアルヒデドの発生を抑えるとともに，簡単な工法で再原料化（リサイクル）が可能で，かつ，有機繊維使いであることから，取り扱い作業性が容易であり，グラスウール代替の有力候補となる。

## 2.5 今後の展開

今回開発した吸音性不織布RUBA[TM]は，従来素材の半分ぐらいの厚みで，ほぼ同等の吸音性を示し，かつリサイクル性にも優れ，取り扱いやすいという特長をもつ。この技術コンセプトは，エンジンフードだけに限定されるものではなく，フロア等の内装材にも適用される。問い合わせ先のニーズに応じて，カスマーライゼーションを進めている。

自動車以外の用途としては，列車・地下鉄・飛行機等の輸送関係への展開が考えられ，さらに難燃性を高める開発を進めている。一方，自動車用途全般への展開を図っていくには，コストパ

## 第6章　自動車関連

フォーマンスを追求した商品の開発が必要で，ポリエステル繊維主体の開発をも進めている。

なお，本難燃性吸音不織布RUBA$^{TM}$を自動車用途に展開するに当たって，成形加工性に優れる事が要求される。アラミド・ペーパーに用いているパラ系アラミド繊維は，耐熱性に優れ，低熱収縮特性をもつ繊維であり，加熱成型しにくい繊維である。加熱成型しやすいアラミド・ペーパの開発を進め，開発の目処を付けた。

（RUBA$^{TM}$は，高安㈱，東レ・デュポン㈱，一村産業㈱の登録申請商標である。図中，KEVと省略しているのは，KEVLAR®を示す。KEVLAR®は，デュポン社の登録商標である。）

## 文　献

1) "NONWOVENS IN MOTION" http://www.nonwovens-industry.com/approval/Dec031.htm）
2) http://www.meti.go.jp/policy/automobile/
3) http://www.dbj.go.jp/japanese/download/pdf/research/all_36_1.pdf
4) http://www.jama.or.jp/lib/jamagazine/200208/01.html
5) http://www.mlit.go.jp/jidosha/sesaku/environment/souon/souon.pdf
6) http://www.mlit.go.jp/jidosha/anzen/shou/02jidou/4icon/higai_keigen.pdf
7) 騒音・振動対策ハンドブック，技法堂出版，1985年
8) 防炎加工，繊維の百科事典（丸善）平成14年
9) 特願2003-430652,「吸音材」
10) 特願2003-430668,「難燃性不織布およびその製造方法」

# 第7章　医療・衛生材料

## 1　貼付剤

飯田教雄*

### 1.1　はじめに

　貼付剤は，その名のとおり皮膚に貼付し，生体に対して多岐にわたる効果を発揮する製剤である。現在，ドラッグストアー，薬局等の店頭には，外用消炎鎮痛パップ剤等の医薬品から熱冷却シート等の雑貨に至るまでさまざまな製品が陳列されている。

　これらの製品の開発に共通する技術は，「打ち身」「捻挫」「肩こり」等に適用される外用消炎鎮痛パップ剤(医薬品)の製剤化技術である。本技術は，主として高分子架橋技術であるが，この技術を活用・展開し，急な発熱に対して額に貼付し，熱をさます「熱冷却シート」，疲れたり，むくんだ足に貼付する「足すっきりシート」(何れも雑貨)，美白，保湿効果のある「フェイスマスク」(医薬部外品または化粧品)，荒れたかかとを滑らかにする「かかとうるおいシート」(化粧品)等多岐にわたる製品が開発されてきた。

　皮膚に適用する外用剤には，ゲル，ローション，クリーム，軟膏等多岐にわたる剤型が存在するが，貼付剤は「基剤」「支持体」「有効成分（雑貨は含まない）」「フェイシングフィルム」という構成（図1）からなるため，個々の要素の技術革新により差別化が可能な製剤である。

　本稿においては，貼付剤の支持体としての不織布の役割および機能性不織布の開発，活用による高付加価値の貼付剤開発の現状について，当社事例を用いて述べる。

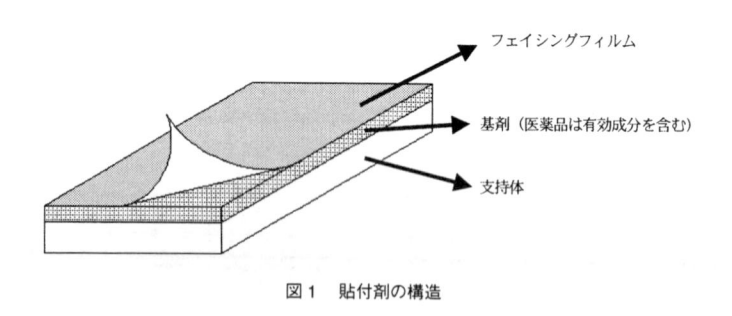

図1　貼付剤の構造

\*　Norio Iida　ライオン㈱　薬品事業本部　薬品研究所　主任研究員

第7章 医療・衛生材料

### 1.2 貼付剤開発の変遷

貼付剤は、前述のような構成であるが、旧来から構成要素ごとに改良を積み重ね、製品の高機能化を図ってきた。それぞれの変遷について以下にまとめた。

#### 1.2.1 基　剤

貼付剤の基剤には、ポリアクリル酸類を基本骨格とし、水を含む「含水ゲル基剤」と、水を含まず合成ゴムやアクリル樹脂等から構成される「非水系基剤」に分類されるが、本稿においては、「含水ゲル基剤」を活用した製剤について述べる。

前述したように、原点は、外用消炎鎮痛パップ剤であるが、当初は現在のように、基剤と支持体が一体化されておらず、消炎鎮痛成分を含むペーストを布にへらで用時塗布し、患部に適用していた。その後、1970年代に入り現在のパップ剤の原型であるゲルと布（支持体）が一体化され簡便性に優れた成形パップ剤が開発された。基剤は、1980年頃までは、カオリン等の無機粉体やゼラチンを水やグリセリンに溶解、分散したものが主流であり、皮膚に貼付する際、粘着力が低いために絆創膏等の補助具が必要であった。その後、金属イオンを活用した高分子架橋技術[1,2)]の開発により、製剤に粘着力が付与され、補助具無しでも皮膚へ貼付可能な製剤に改良され現在に至っている。また、本技術により、基剤中に大量の水分の保持(80%以上)が同時に可能となったことから、外用消炎鎮痛パップ剤に留まらず、水の気加熱を利用した「熱冷却シート」「足すっきりシート」等へ展開され、年間併せて100億円を上回る新市場の創出を可能にしてきた。

#### 1.2.2 支持体

旧来より使用されていたネル布（織物）に代わり、1970年中頃より、伸縮性の無いニードルパンチタイプの不織布が登場した。その後1980年中ごろには、サイドバイサイド型の複合繊維を用いたポリエステル製の一方向伸縮性不織布が、さらに1980年後半には、両方向伸縮性不織布[3)]の開発により、肘・膝などの関節部分にも貼付が可能となり、使用性が大幅に改善された。繊維技術の革新によるサイドバイサイド型繊維の出現は、パップ剤の高機能化に大きく貢献してきたといえよう。さらに最近では、当社も含めて伸長回復性に優れたニット[4)]の活用により、複雑な動きをする関節部に貼付しても「はがれ・めくれ」が無い、消費者満足度の高い外用消炎鎮痛パップ剤が上市されている。

一方で1995年頃から上市されてきた「熱冷却シート」「足すっきりシート」は、貼付部位が額や足の裏などに限定され、伸縮性の機能が前記パップ剤ほど要求されないことから、支持体選定時における着眼点が異なった。現在は価格競争が厳しくコスト重視のためニードルパンチ製法の不織布を用いてはいるが、開発当時は、医薬品であるパップ剤との距離を少しでも取りたいと考え、含水ゲル基剤に着色するだけに留まらず、支持体として、外観が異なるスパンレース製法の不織布を初めて活用し商品化を行なった（図2）。

*161*

## 機能性不織布の新展開

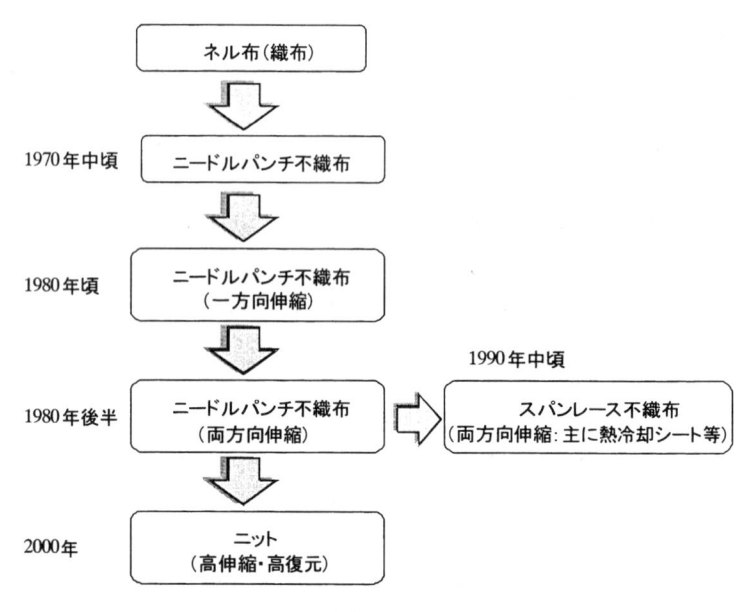

```
                    ┌──────────────┐
                    │ ネル布（織布） │
                    └──────┬───────┘
                           ▼
1970年中頃          ┌──────────────┐
                    │ ニードルパンチ不織布 │
                    └──────┬───────┘
                           ▼
1980年頃            ┌──────────────┐
                    │ ニードルパンチ不織布 │
                    │  （一方向伸縮）  │
                    └──────┬───────┘
                           ▼                1990年中頃
1980年後半          ┌──────────────┐    ┌────────────────────┐
                    │ ニードルパンチ不織布 │ ⇒ │   スパンレース不織布    │
                    │  （両方向伸縮）  │    │（両方向伸縮：主に熱冷却シート等）│
                    └──────┬───────┘    └────────────────────┘
                           ▼
2000年              ┌──────────────┐
                    │     ニット     │
                    │ （高伸縮・高復元）│
                    └──────────────┘
```

図2　貼付剤支持体の変遷

　上記の変遷における支持体選定時のポイントは，伸縮性，外観以前の問題として，含水ゲルの「支持体上への裏抜け」の防止である。裏抜けは，含水ゲル側の物性と連動するが，支持体側の寄与も大きく，「繊維素材」「目付け」「かさ高性」の観点から選定を行なう。不織布として，現在多く活用されているものは，ポリエステル製で100g/$m^2$程度の目付けの物が多く使われていると思われる。

### 1.2.3　有効成分

　外用消炎鎮痛パップ剤は，長年サリチル酸エステル系の有効成分が配合されてきたが，これらの製品に加え，1988年に，炎症に対して効果の高い，非ステロイド系抗炎症成分（インドメタシン，ケトプロフェンなど）を含む製剤が医療用で承認された。さらに1997年にインドメタシンが一般用医薬品（通常の薬局で購入できる医薬品）の有効成分としても承認され，現在広く流通されている。

　「熱冷却シート」や「足すっきりシート」等の雑貨には，有効成分は当然配合されていないが，貼付時に清涼感を付与する目的で少量のメントールや，天然ハーブ成分が配合されている。

　また，「フェイスマスク」「かかとシート」等の医薬部外品や化粧品には，グリチルレチン酸などの抗炎症薬，コラーゲン，ホホバ油，海藻エキス等の保湿成分が配合されている。

第 7 章　医療・衛生材料

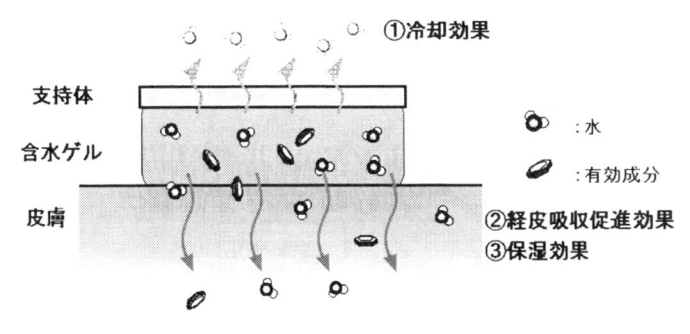

図3　含水ゲル基剤の基本機能

### 1.3　含水ゲル貼付剤の機能

　当社をはじめとする高分子架橋タイプのゲルは，水をゲル中に多量に含むことが可能なことから，その機能として①水の揮散（気化熱）による「冷却効果」②水による「有効成分の皮膚からの吸収促進」③「保湿効果」を有している（図3）。これらの機能を活用し，外用消炎鎮痛パップ剤（ハリックス，パテックス，サロンシップ等），熱冷却シート（冷えピタ，熱さまシート等），足すっきりシート（休足時間等），フェイスマスク（ライフセラ等）等の多岐にわたる製品が上市されている[5,6]。

### 1.4　支持体による貼付剤の高機能化

　製品の機能を高めるためには，ゲル基剤の改良，新規有効成分の配合によるアプローチも必須であるが，過去の変遷において，サイドバイサイドタイプの複合繊維を活用した不織布の出現により，伸縮性という付加価値を付与してきた事例からも，支持体による高機能化が可能である。
　支持体は，ゲルを保持し，人体の複雑な動きに対して追随が可能な伸縮性を付与する方向で開発，使用されてきたが，この基本機能に加え，複合化した不織布を活用することで，前述した含水ゲルの持つ機能の向上が可能である。具体的に，当社が実施してきた複合化の方法としては，不織布へのフィルムラミネート，ドットプリント加工があげられる。

#### 1.4.1　フィルムラミネート不織布

　フィルムを支持体として活用する目的は，含水ゲルからの水分の揮散を制御することにある。揮散の制御は，基本となる3つの機能の中で，冷却効果には，マイナスとなるため，「熱冷却シート」や「足すっきりシート」には展開できないが，皮膚中への水分移行は逆に増大するため，保湿効果が向上するとともに，多量の水分がゲル中に保持され角質層のバリア機能が低下し，薬物の皮膚からの吸収促進が可能となる。

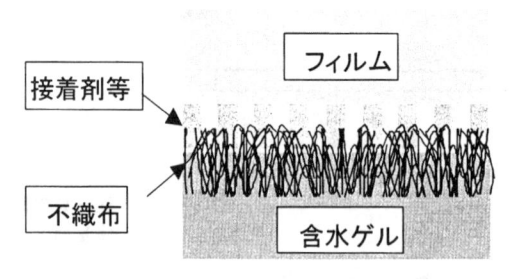

図4　フィルムラミネート不織布を活用した製剤の模式図

　この際課題となるのが，含水ゲルとフィルムの一体化である。通常のポリエチレンやポリウレタン等のフィルムを単独で支持体として活用しようとすると，含水ゲルとの親和性が低いため製剤化が不可能である。そこで，図4に示すような含水ゲルとフィルムを取り持つためのアンカー層として不織布等の繊維層が必須となる。積層方法は，接着剤を使用するケースと，樹脂を押し出し直接不織布にラミネートする方法があるが，フィルムと不織布の材質や厚さ，さらにターゲットとする製品により使い分けを行なっている。以下に，フィルムラミネート不織布を活用し機能を高めた事例を示す。

(1) **保湿用シート剤**

　当社では，1998年にスパンレース不織布を支持体とし，初めてのかかと専用シート剤を上市したが，2002年にポリエチレンフィルムをポリエステル不織布にラミネートした支持体をフィルムメーカー，不織布メーカー，ラミネートメーカーと共同で開発[7]し，「休足時間かかとぷるぷるジェルシート」(図5) としてリニューアルを行なっている。本品の特徴は，かかとにピタリと密着し，ポリエチレンフィルムのラップ効果により，ゲル中の水分が，揮散することなく，乾燥して荒れた皮膚に移行し，かかとに潤いを与える効果に優れる点である。

　含水率55％のゲルをポリエチレンラミネート不織布と，密封性の無い通常のポリエステル製不織布に展延して得た製剤を健常人のかかとに6時間貼付後の角質水分量を比較した結果を図6に示す。ポリエチレンフィルムの密封効果により，角質水分量が飛躍的に高まることを確認しており，かかとの荒れに悩む消費者から高い支持を頂いている。またこの知見を荒れ肌やニキビの予防を目的としたフェイス用シート剤やポリウレタンフィルムとニットを複合化し，伸縮性とラップ効果を併せ持つ「休足時間ひざ・ひじぷるぷるジェルシート」の開発にも活用し，商品化を行なっている。

(2) **外用消炎鎮痛剤**

　密封による薬物の経皮吸収の促進効果は，ODT効果(Occlusive Dressing Therapy)と呼ばれ，

第 7 章 医療・衛生材料

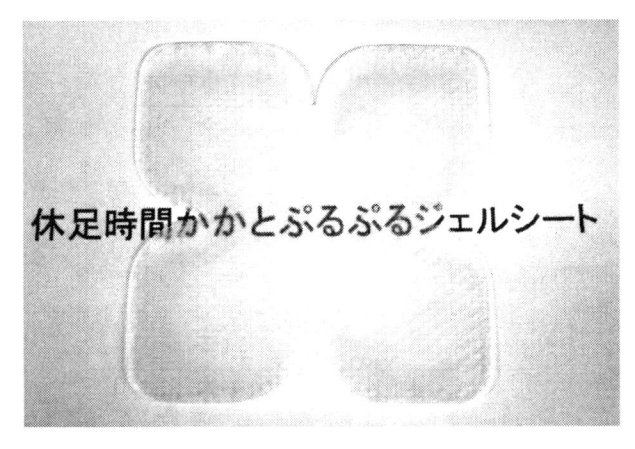

図 5 かかとぷるぷるジェルシートの外観

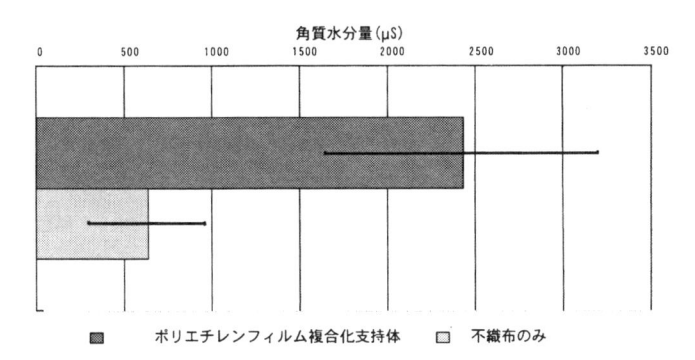

図 6 ポリエチレンフィルムラミネート不織布と不織布の保湿効果の比較（6時間貼付後）

皮膚疾患を対象として医療現場で実践されているが，含水ゲル系の外用消炎鎮痛剤で活用された事例は少ない。

　当社において，密封効果が消炎鎮痛成分の経皮吸収に与える影響[8]について評価した結果を図7に示す。消炎鎮痛成分としてサリチル酸グリコールを2％含有する含水ゲルをポリエステル不織布ポリウレタンフィルムラミネート品と，対象としてポリエステル製の不織布に展延した製剤を製造し，うさぎの背部に貼付し経時で血中に移行したサリチル酸の量を測定したものである。密封による有効成分の経皮吸収促進効果をご理解頂けるかと思う。

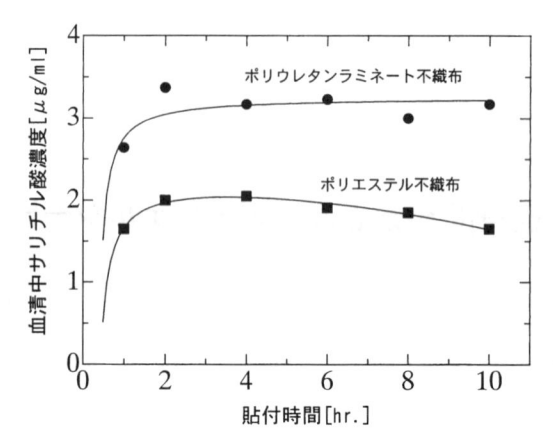

図7 ODT効果による経皮吸収性の向上

(3) 透明製剤

上述のフィルムラミネート不織布は，保湿機能，経皮吸収促進機能の強化のみならず，図5に示した「かかとぷるぷるシート」のように，「製剤の透明化」という外観上の差別化点の付与も同時に可能となる。不織布の目付けをゲルのアンカー効果の確保が可能な下限まで下げ，ゲル中の水で不織布を均一に"ぬれた状態"にすることで透明な製剤を得ることができる。従来の貼付剤の多くは，白色の不織布がほとんどを占め，一部「目立たない」ことを訴求し，肌色に着色をした不織布やニットが活用されているが消費者の満足度は低い。したがって，このようなフィルムラミネート不織布を活用することにより，今までには無い，透明で目立たずに，かつ高機能な製剤開発が可能となる。

### 1.4.2 ドットプリント加工不織布

当社では，1996年にスパンレース不織布を支持体に活用し，初めての貼付タイプのフットケア商品として「休足時間」を上市した。本製品は，若い女性のニーズを的確に捉え，爆発的な売上を記録し，新規市場を創出した。しかしながら，消費者ニーズの変化は速く，基剤，支持体等の改良を重ねて今日に至っているが，当時ほどの売上レベルは維持できていない。そこで当社では，昨年，多様化するニーズに応えるべく，業界初の「足裏のツボ刺激が可能な貼付剤」を新コンセプトとし高機能フットケアシート剤の開発を行なった。

足裏のツボを刺激するために，健康サンダル的な突起を不織布上へ付与できないものかと，不織布メーカー，繊維加工メーカー，樹脂メーカ等数社と共同で取り組んだ。施策としては，不織布のエンボス加工，モールドタイプの成型不織布，不織布のドットプリント加工等の施策の中か

第7章 医療・衛生材料

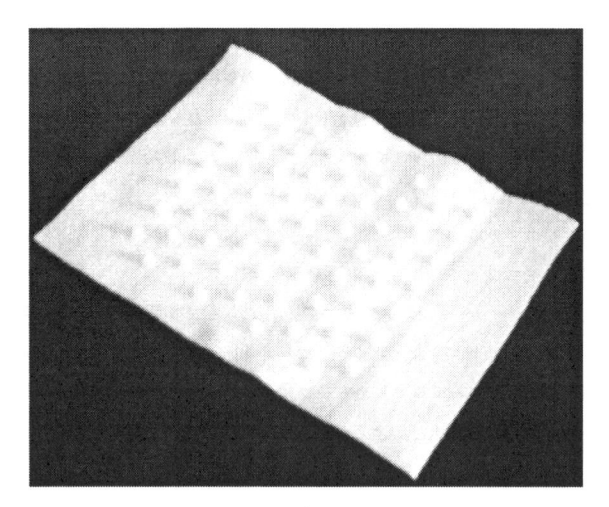

図8 UFP支持体の外観

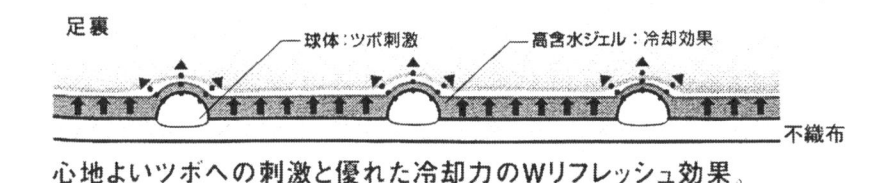

図9 ツボ刺激休足時間の構造

ら，不織布にフィラーを含むアクリル樹脂をドットプリントする技術[9～11]の展開により，今までには無い突起付きの不織布（図8）を短期間に開発した（UFP支持体：Uneven Functional Protrusion）。この支持体に，メントールを含む含水ゲルを均一に展延し，「休足時間ツボ刺激ジェルシート」（図9）として上市した。この製剤は，貼付時に心地良い冷感を与えるとともに，足裏のツボを刺激し，血流を高めることから，むくみ，疲労等の足のトラブルに悩む女性から高い支持を頂いている。

## 1.5 おわりに

貼付剤という製剤は，医薬品，化粧品，雑貨等多岐にわたる製品が流布されている。競合がひ

## 機能性不織布の新展開

しめく中で，今後競争優位性を確保し，生き残るためには，上述した内容に留まらず，高機能化製品の開発が必須である．したがって，今後の貼付剤の支持体開発は，含水ゲルの持つ機能を最大限に高めることを目的とし，不織布の複合化（繰り返しになるが，フィルムラミネート，ドットプリント等）の方向と，繊維自体に機能（例えば発熱，遠赤外効果等）を有する不織布の活用による高機能化の方向があると思われる．

一方で通常のポリエステル，ポリプロピレン単体の含水ゲルを保持する基本機能だけの支持体については，徹底したコストダウンが必須と考えられる．

当社のような日用品メーカーは，不織布の加工技術に対して情報量が少なく，現在まで活用してきた技術は，上述するように「フィルムラミネート」と「ドットプリント」のみである．今後さらに，不織布をはじめとする繊維メーカー，フィルムメーカー等の異業種が共同で相互の技術をフル活用して製品開発に取り組むことで，従来の市場には無い，新しい貼付剤の開発が可能であると考える．

### 文　献

1) 特許第 1753053 号
2) 特許第 1810198 号
3) 特開平 03-161434
4) 特開平 11-188054
5) 飯田教雄，杉山圭吉, *Fragrance Journal* **27** (2)，91 (1999)
6) 飯田教雄，杉山圭吉, 皮膚と美容 **31** (2)，26 (1999)
7) 特開 2003-119125
8) 特許第 3044352 号
9) 特願 2003-96683
10) 特願 2003-158212
11) 特願 2003-431244

## 2 マスク

伝田郁夫*

### 2.1 はじめに

イラク戦争やSARS（重症急性呼吸器症候群）問題などで，最近，雑誌・新聞やテレビでマスクを着用している人が報道され，呼吸用保護具への関心が高まっている。「マスク」は空気中に含まれた花粉，粒子状物質やガス蒸気などの吸入を防ぐために使用されている。ガーゼマスク，花粉用マスク，病院等で使用されるサージカルマスク等，一般産業で使用される防じんマスクや防毒マスクなどがある。サージカルマスクや防じんマスクには不織布が利用されている場合がある。本稿では一般産業で使用されている防じんマスクについて紹介する。

一般産業で使用される防じんマスクは厚生労働省により規格が決められている。この規格は2000年9月に改正された。規格改正には以下の事項が考慮された。

① 製造及び試験技術の進展，材料の進歩等による性能の向上に伴い，性能基準を見直した。
② 性能試験方法については，国際整合性を図るとともに，新たな性能試験方法に基づく性能基準を定めた。試験粒子を石英粉じんから塩化ナトリウム（NaCl）及びジオクチルフタレート（DOP）に変更した。これにより，粒径が小さい試験粒子（空気力学的質量中位径でおおよそ0.3マイクロメータにより，高い捕集効率のものを確実に測定できるようになった。
③ 作業の態様，有害物の発散の態様等を考慮した防じんマスク及び防毒マスクの区分を設けた。旧規格は石英粉じんで一区分の95％以上であったが，改正された規格は性能の等級を3区分に増やした。

参考として表1に日本，米国およびヨーロッパ規格の捕集効率試験概要を示す。

### 2.2 防じんマスクの種類について

防じんマスクは取替え式防じんマスク（図1）と使い捨て式防じんマスク（図2）の2種類に分けられる。

取替え式防じんマスクは目・鼻の部分を覆う半面形と顔全体を覆う全面形面体がある。接顔部，フィルター，吸気弁，排気弁，しめひも等の部品から構成される。

使い捨て式防じんマスクは，フィルターを面体として成形されたもので，呼吸を行なう場合，このフィルターを通して吸気と排気が行なわれる。最近では排気弁を付けて排気を楽にした製品が出ている。

一般的に粉じん濃度が高く，作業時間が長い作業等では使い捨て式防じんマスクより取替え式

---

* Ikuo Denda　スリーエム ヘルスケア㈱　安全衛生製品事業部　技術部　主任

## 機能性不織布の新展開

表1 防じんマスク:捕集効率試験国際比較

| 項　目 | 日本（告示第88号）<br>（2000年9月11日） | 米国（42CFR84）<br>（1995年6月8日） | ヨーロッパ<br>EN143（EFR）2000<br>EN149（FFR）2001 |
|---|---|---|---|
| 捕集効率用<br>試験粒子 | NaCl（S）<br>0.06-0.10μm<br>（数量中位径）<br>DOP（L）<br>0.15-0.25μm<br>（数量中位径） | NaCl（Nシリーズ）<br>0.055-0.095μm<br>（数量中位径）<br>DOP（P, Rシリーズ）<br>0.165-0.205μm<br>（数量中位径） | NaCl<br>約0.06μm<br>（数量中位径）<br>0.6μm<br>（質量中位径）<br>パラフィンオイル<br>0.4μm<br>（ストークス中位径） |
| 試験流量（LPM） | 85 | 85 | 95 |
| 捕集効率（％） | DS<br>NaCl 100mg 供給まで<br>　DS1：80<br>　DS2：95<br>　DS3：99.9<br>DL<br>DOP 200mg 供給まで<br>　DL1：80<br>　DL2：95<br>　DL3：99.9<br>RS<br>NaCl 100mg 供給まで<br>　RS1：80<br>　RS2：95<br>　RS3：99.9<br>RL<br>DOP 200mg 供給まで<br>　RL1：80<br>　RL2：95<br>　RL3：99.9 | Nシリーズ<br>NaCl 200mg 堆積まで<br>　N95 ：95<br>　N99 ：99<br>　N100：99.97<br>Rシリーズ<br>DOP 200mg 堆積まで<br>　R95 ：95<br>　R99 ：99<br>　R100：99.97<br>Pシリーズ<br>DOPにて捕集効率が低下<br>しなくなるまで<br>　P95 ：95<br>　P99 ：99<br>　P100：99.97 | FFR<br>NaCl 初期値<br>　FFP1：80<br>　FFP2：94<br>　FFP3：99<br>パラフィンオイル 初期値<br>　FFP1：80<br>　FFP2：94<br>　FFP3：99<br>EFR<br>NaCl 初期値<br>　P1：80<br>　P2：94<br>　P3：99.95<br>パラフィンオイル 初期値<br>　P1：80<br>　P2：94<br>　P3：99.95<br>＊初期値（3±0.5分） |

* 日本　　　D：Disposable（使い捨て式防じんマスク）　　S：Solid（固体）
　　　　　　R：Replaceable（取替え式防じんマスク）　　　L：Liquid（液体）
* 米国　　　Nシリーズ：Non-resistant oil mists
　　　　　　Rシリーズ：Resistant to oil mists
　　　　　　Pシリーズ：Oily mists Proof
* ヨーロッパ　EFR：Elastomeric Facepiece Respirators（取替え式防じんマスク）
　　　　　　FFR：Filtering Facepiece Respirators（使い捨て式防じんマスク）

防じんマスクが選択使用される傾向がある。

また，防じんマスクに求められるポイントは捕集性能が高い，密着性が良い，呼吸が楽，軽い，視野が広い，装着が簡単で確実などが挙げられる。

第7章 医療・衛生材料

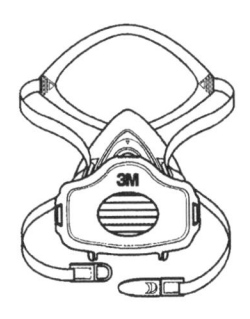

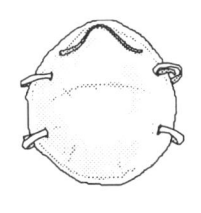

図1 取替え式防じんマスク　　　　　図2 使い捨て式防じんマスク

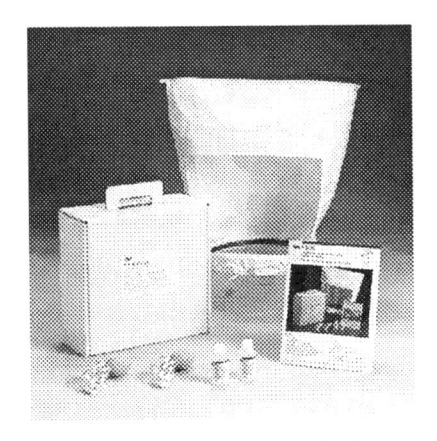

写真1　3M フィットテストキット FT-10

　捕集性能，呼吸が楽については防じんマスクの規格により，捕集効率，吸気・排気抵抗が定められており，国家検定合格品を選択使用することが大切である。
　また，密着性の確認方法としては，定性フィットテストと定量フィットテストがある。定性フィットテストには甘味（サッカリン），苦味（デナトニウムベンゾエート）等を利用したテスト方法で人間の五感(味覚)を利用する方法であり，安価な方法である。また，定量フィットテストは大気塵を利用した方法で高価な測定装置が必要となる（写真1）。

## 2.3　フィルターについて
　防じんマスクで使用されるフィルターはポリプロピレン製不織布，羊毛やガラス繊維等が使用

*171*

されている。その構造は細かい繊維を絡ませ厚みを持たせており、粉じんはこのフィルター通過時に捕集される。フィルターの厚みを厚くすれば捕集効率が上がるが、抵抗は高くなる。このため、フィルターは高い捕集効率を得るためや、抵抗を押えるためにいろいろと工夫がされている。

例えばフィルター面積を広くすることにより抵抗値の上昇を押えたり、フィルター繊維に帯電性を与えて高い捕集効率が得られるようにされているものがある。また、繊維径の異なるフィルターを組み合わせることにより、粉じん捕集による目詰まりによる抵抗値の上昇を押えたフィルターが製品化されている。

## 2.4 使い捨て式防じんマスク

米国3M社では、1960年代にカップ状に成形した不織布が開発され、この製品をマスクへ応用し開発されたのが使い捨て式防じんマスクの始まりである。フィルターは繊維の目を細かく緻密にしたフィルターに静電気を帯電させて、高い捕集効率をもたせたBMF(Blown Micro Fiber)を開発している。日本では1988年に厚生労働省（当時労働省）の防じんマスク規格改正時に従来からの取替え式防じんマスクに加えて、使い捨て式防じんマスクが新たに定められ、粉じん作業等の作業で使用され始めた。

3M使い捨て式防じんマスクは発売以降、市場の要求に応じてさまざまな改良を実施しており、主な改良点を以下にまとめる。

(1) **マスク内の蒸れ対策**

使い捨て式防じんマスクで、排気弁が付いていないものは、着用者の呼気がマスク内にこもり、蒸れやすくなる。そこで、排気弁をつけて呼気を外部に吐き出す改良を行なったのが排気弁付きの使い捨て式防じんマスクである。

(2) **防臭用マスクの開発**

防じん機能に加えて有機臭や刺激臭などの対策用として開発されたもので、フィルター製造時に活性炭や特殊加工を施された活性炭を付加させたものである（写真2）。

(3) **排気弁の改良**

排気弁の形状を従来の丸形からのれん形にし、より呼気を外部に出し易くし、マスク内の蒸れを押えるようにした。

(4) **3面構造の使い捨て式防じんマスクの開発**

3面(顔当て部,中央部,あご当て部)立体構造の折りたたみ式で、より顔面への密着性を高めたものである。未使用時には3面が折りたたまれた状態であるが、使用時にはこの3面を起こして、鼻や口を覆う立体形状にして装着するものである（図3）。

第7章 医療・衛生材料

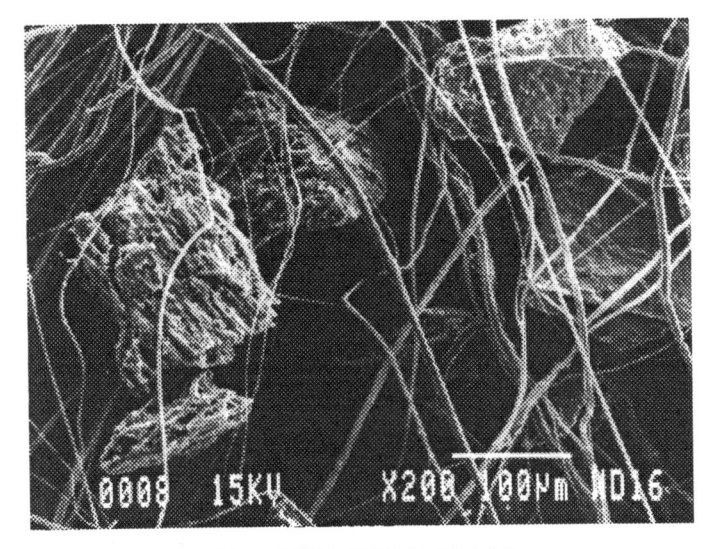

写真2 不織布に活性炭をからめたもの

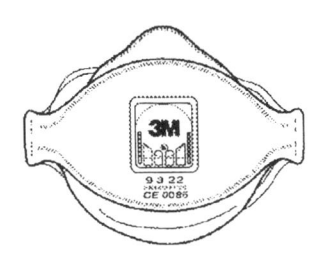

図3 3M 9300シリーズ使い捨て式防じんマスク

## 2.5 取替え式防じんマスク

取替え式防じんマスクは半面形と全面形の2種類がある。また、フィルターを1個取付けるシングルタイプと面体の左右にフィルターを取付けるデュアルタイプがある。

3M製取替え式防じんマスクのフィルターはポリプロピレン製不織布やガラス繊維を素材として開発されている。

(1) 3M 2000シリーズフィルター

ポリプロピレン製不織布製フィルターをバヨネット方式でフィルターを確実に面体に取付ける事ができるようにした製品である。また、フィルターの全表面から空気を取り入れる構造により、

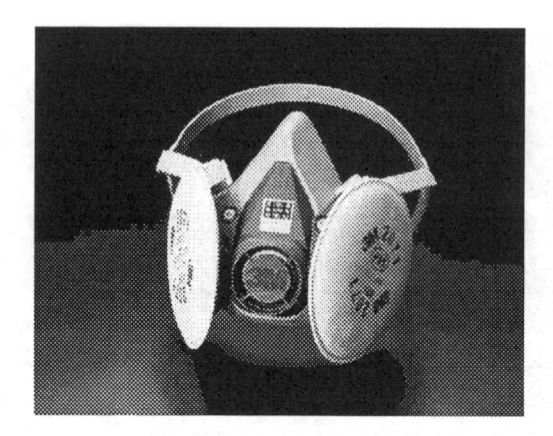

写真3　3M 6000SR/2071-RL2

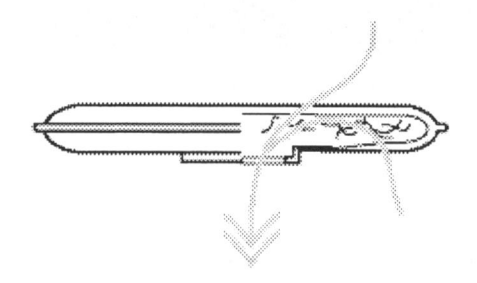

図4　空気の流れ 2000シリーズフィルター

ろ過面積を広くし溶接ヒューム等の捕集による目詰まりによる抵抗値の上昇をゆるやかにしている（写真3．図4）。

(2)　3M 7093フィルター

ガラス繊維を利用したフィルターで抵抗値を押えるために織り込むことにより,ろ過面積を広くすることにより溶接ヒューム等の捕集による目詰まりによる抵抗値の上昇をゆるやかにしている（図5）。

## 2.6　防じんマスクの選択使用について

防じんマスクの種類は12種類に増えた。作業の内容や粉じんの種類によって，使用する防じんマスクの区分が明確にされる予定である（表2）。

例えば，「放射性物質がこぼれた時等による汚染のおそれがある区域内の作業又は緊急作業,

第7章 医療・衛生材料

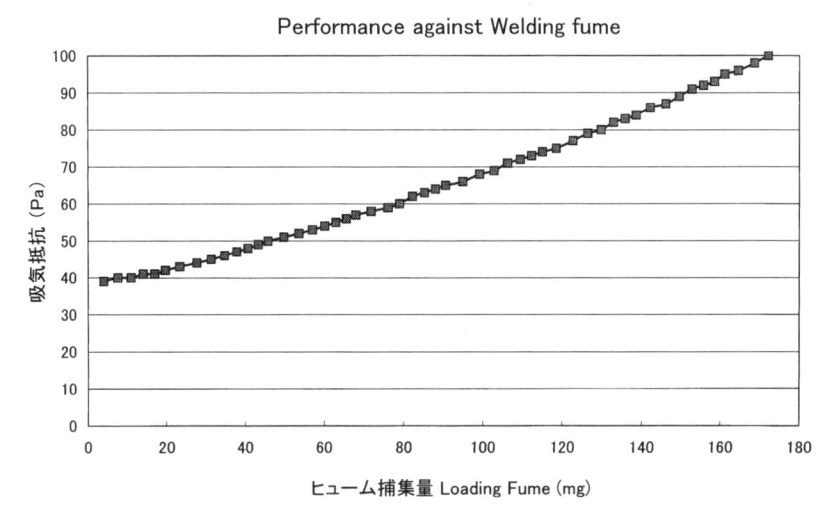

## Performance against Welding fume

（グラフ：横軸 ヒューム捕集量 Loading Fume (mg) 0〜180、縦軸 吸気抵抗 (Pa) 0〜100）

図5　3M 7093 炭酸ガス溶接ヒューム捕集量と吸気抵抗

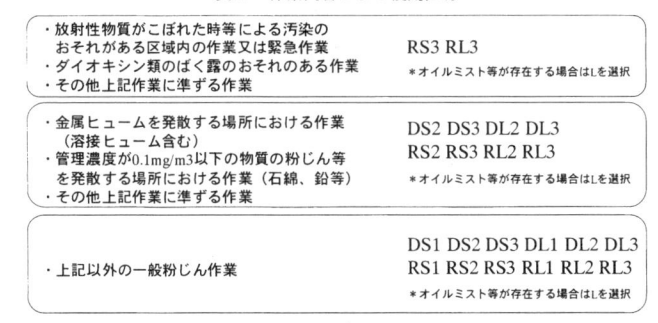

表2　作業内容による使用区分

| 作業内容 | 使用区分 |
|---|---|
| ・放射性物質がこぼれた時等による汚染のおそれがある区域内の作業又は緊急作業<br>・ダイオキシン類のばく露のおそれのある作業<br>・その他上記作業に準ずる作業 | RS3 RL3<br>＊オイルミスト等が存在する場合はLを選択 |
| ・金属ヒュームを発散する場所における作業（溶接ヒューム含む）<br>・管理濃度が0.1mg/m3以下の物質の粉じん等を発散する場所における作業（石綿、鉛等）<br>・その他上記作業に準ずる作業 | DS2 DS3 DL2 DL3<br>RS2 RS3 RL2 RL3<br>＊オイルミスト等が存在する場合はLを選択 |
| ・上記以外の一般粉じん作業 | DS1 DS2 DS3 DL1 DL2 DL3<br>RS1 RS2 RS3 RL1 RL2 RL3<br>＊オイルミスト等が存在する場合はLを選択 |

ダイオキシン類ばく露のおそれのある作業等」ではRL3あるいはRS3に合格した防じんマスクの使用が推奨されている。

　3M 6000/2091-RL3防じんマスクはRL3の性能を満たし，かつ米国規格のP100の基準を満たしているため，有害性の高い粒子状物質を取り扱う作業にて使用されている。また，フィルターを取り付ける面体はインサートモールディングにより軽量化されており，長時間着用しても負担が少ない軽さである（表3）。

　6000/2091-RL3防じんマスクは3サイズの面体を準備しているため，適切なサイズを選択使

表3　3M 6000/2091-RL3の特徴

| Feature | Advantage | Benefit |
|---|---|---|
| Pシリーズフィルター | オイルミストに対し高い捕集性能がある | オイルミストが存在する環境でも安全に使用できる |
| ラウンドフィルターデザイン | 全表面から空気を取り入れる | 呼吸が楽に行なえる |
| | フィルターケースがない | 軽量である |
| | | 廃棄物量が少ない |
| バヨネット方式によるフィルター取付け | 簡単・確実にフィルターの取付けができる | 安全に作業ができる |
| 3サイズの面体 | 適切な大きさの面体が選択できる | 安全に作業ができる |

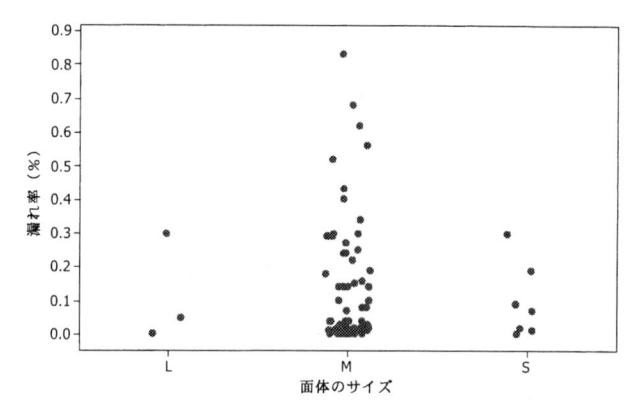

図6　6000/2091-RL3漏れ率試験結果（ドットプロット）

用することができ、より密着性を高めることができる。図6, 7に大気塵を利用した定量フィットテストによる現場での試験結果を示す。これにより高い密着性が得られていることがわかる。なお、この試験時では顔を上下、左右に振る、深呼吸を行なう、口を動かす動作を実施して漏れ率を測定した。

## 2.7　防じんマスク選択後の課題

現場の作業内容や有害性の度合いに応じて、防じんマスク選択をした後の課題としては、正しい装着、密着性の確認、保守点検等があげられる。

防じんマスクには取扱い説明書が添付されており、その中で着用方法等が示されているが、実際には、使用者は自己流で着用してしまう場合がある。この場合は漏れこみが多くなることが予想され、防じんマスクの防護効果が十分に得られない事が考えられる。このため、弊社では現場

第 7 章　医療・衛生材料

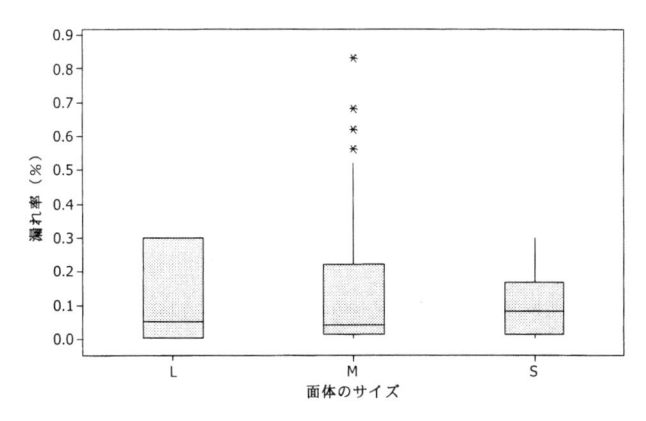

図 7　6000/2091-RL3 漏れ率試験結果（ボックスプロット）

で掲示できる防じんマスク装着パネルを用意している。

　また，取替え式防じんマスクは定期的に洗浄・保守点検をしないと，例えば排気弁の変形や排気弁座付近の汚れ等により漏れこむ恐れがある。

　使用者が簡単・確実に点検できるように工夫された構造のマスクも必要とされてくるであろう。

## 2.8　おわりに

　防じんマスクは規格が改正され，改良開発も行なわれ，種類も多くなってきているため，ユーザーにとっては選択肢が増えた状況である。しかしながら，場合によっては作業に合っていないマスクを着用している場合も見受けられる。防じんマスクを供給する側としては，製品供給に加えてユーザへの防じんマスク選択使用のアドバイスを行なうことも大切と考える。

# 第8章　電気材料

## 1　電気絶縁材料

藤岡良一*

### 1.1　はじめに

　近年電気・電子機器分野の技術革新は日進月歩の如く発展し，それに伴い電気絶縁材料に対する要求も多様化してきており，おのおのの用途にもっとも適した材料の研究，開発が鋭意なされている。絶縁材料として古くから天然資源を原材料とした天然物の油，ゴム，磁器，マイカ，紙，織布，皮革，木材さらに最近では，科学技術によって生み出された人造物の合成樹脂フィルム，ワニス，プラスチック，ガスなども含めて，要求特性，耐熱区分に応じて使用されている。本章で述べる乾式不織布はフレキシブルで，かつ，多孔質な構造を有しており，絶縁材料の新しい一種の材料として位置づけることができる。また，一方，電気・電子機器分野の最近の傾向として，機器は高電圧化，高周波化，小型化，軽量化，難燃化，デジタル化，コードレス化，性能は高性能，高容量，高信頼性，多機能性，製法は絶縁処理の省力化，表面実装技術および精密加工の向上など，技術開発動向に伴い，絶縁材料も厚い構造体から薄い薄葉体化，耐熱化，熱伝導性アップ，低インピーダンス化などの変化が進んでいる。それゆえ，絶縁材料も素材単体では各種の要求特性を満足することはたいへん困難となり，各種高機能を備えた素材の特徴を生かした複合化技術の研究，開発が盛んになってきた。以上のようなニーズのなかで，どのような形で乾式不織布が使用され特徴を発揮しているかを取り上げていくことにする。

### 1.2　絶縁材料

#### 1.2.1　分　類

　絶縁材料は非常に多種多様であるが，天然品，人造品として大別でき，それらの組織形態に従って分類すれば表1のようになる。

#### 1.2.2　要求特性

　電気絶縁に適用される材料は，目的，環境に応じて，基本的には要求される機械，電気，熱，化学的，寸法安定性，コストなどの各特性に応じて選定される。

---

＊　Ryoichi Fujioka　アンビック㈱　技術開発部　開発第1G　ディレクター

# 第8章　電気材料

**表1　組織形態による分類**

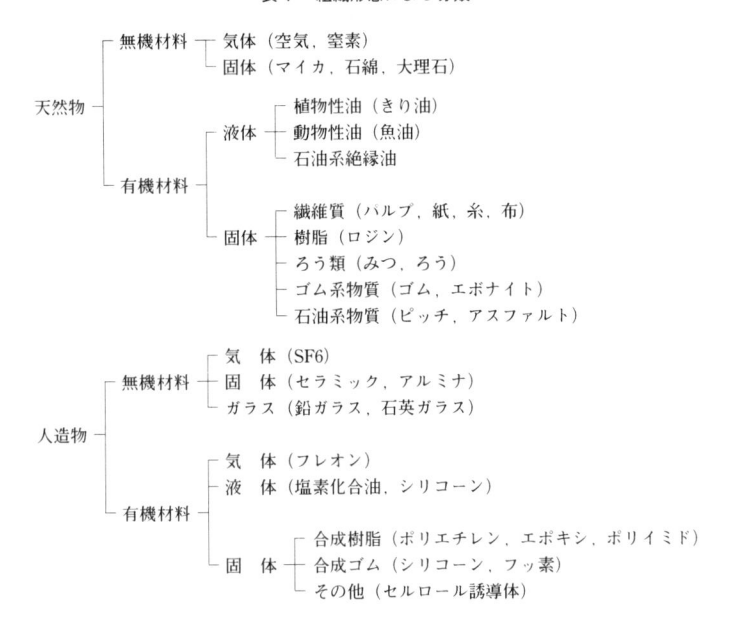

```
                ┌─無機材料─┬─気体（空気，窒素）
                │          └─固体（マイカ，石綿，大理石）
      天然物────┤
                │          ┌─液体─┬─植物性油（きり油）
                │          │      ├─動物性油（魚油）
                │          │      └─石油系絶縁油
                └─有機材料─┤
                           │      ┌─繊維質（パルプ，紙，糸，布）
                           │      ├─樹脂（ロジン）
                           └─固体─┼─ろう類（みつ，ろう）
                                  ├─ゴム系物質（ゴム，エボナイト）
                                  └─石油系物質（ピッチ，アスファルト）

                ┌─無機材料─┬─気　体（SF6）
                │          ├─固　体（セラミック，アルミナ）
                │          └─ガラス（鉛ガラス，石英ガラス）
      人造物────┤
                │          ┌─気　体（フレオン）
                │          ├─液　体（塩素化合油，シリコーン）
                └─有機材料─┤
                           │      ┌─合成樹脂（ポリエチレン，エポキシ，ポリイミド）
                           └─固　体┼─合成ゴム（シリコーン，フッ素）
                                  └─その他（セルロール誘導体）
```

(1) **機械的特性**

電気機器を構成するうえで，引張り強さ，圧縮強さ，曲げ強さ，ねじれ強さは非常に重要である。また，用途によっては適切な硬さ，たわみ，耐摩耗，加工性なども重要で，わが国では気候風土の関係から特に湿度が問題になるので，吸湿性の少ないことも必要である。

(2) **電気特性**

電気伝導性によっては，導体，半導体，絶縁体と大別できるが，絶縁材料としては，絶縁抵抗率が大きいこと（$10^{12}\Omega/cm$ 以上），高電界になっても絶縁性を消失しないよう絶縁破壊値（Kv/mm）が大きいことも必要な条件である。また，交流電圧に対して損失が少ないためには，誘電正接，比誘電率が小さいことも必要である。

(3) **熱特性**

電気機器の導体部分には電流によるジュール熱の発生，絶縁材料中には誘電損失や漏れ電流による発熱を生じ，運転中に温度が上昇する。温度が上昇すると絶縁材料は変質，劣化して，電気特性，機械特性が低下するので，熱を放散するためには機器設計上の配慮はいうまでもなく，絶縁材としても熱伝導率や比熱の大きなものが望まれる。また，材料の変質，劣化を防ぐためにも最高許容温度域を決めており，表2のとおり電気取締法にて区分されている。

表2　絶縁体の最高許容温度区分（電気取締法）

| 適用繊維 \ ワニス \ MAX. TEMP | 区分 | Y ～90 | A ～105 | E ～120 | B ～130 | F ～155 | H ～180 | C 180℃以上 |
|---|---|---|---|---|---|---|---|---|
| 木綿 羊毛 レーヨン | | ←→ | | | | | | |
| ナイロン | セラック系 油性 | | ←→ | | | | | |
| ポリエステル | フェノール アルキド（変形エポキシ） | | | ←→ | | | | |
| アラミド | シリコーン エポキシ | | | | | ←→ | | |
| セラミック ガラス アルミナ | ポリイミド フッ素 | | | | | | ←→ | → |

JIS C4003に準じる

(4) 化学的性質

一般的に化学的に安定であることは，絶縁材料の劣化を防ぐために非常に重要なことであり，耐水性，耐油性，耐薬品性（耐酸，耐アルカリ，耐溶剤性）などの諸特質が要求される。さらに熱に対して難燃性で炭化温度の高いこと，また，分解ガスなどによる金属腐食もないことが望まれる。

(5) 寸法安定性

絶縁材料には単体もしくは絶縁ワニスを含浸して長時間使用するために，機器の発熱により，強度ダウン，材料収縮，そり，ねじれ，層割れなどが発生すると，電気，機械特性が著しく低下し，機能に支障が生じるため，形状の寸法安定は重要な要素である。

### 1.2.3 絶縁材の種類と技術動向の概要

絶縁材料もニーズの多様化にて各種の材料が使用され，さらに，新素材，新製法の技術開発によって材料の動向も変化してきている。ここでは特に，紙，織布，フィルム，不織布およびボードについて概要を述べてみる。

(1) 紙

紙は古くからこの市場の主力製品として使用されてきた。しかし，機器全体の高性能化，コンパクト化，高信頼性，耐熱性などの要求が高まるなかで，天然紙の欠点である誘電損失が大きい，吸湿が多い，可燃性でかつ耐熱性がないなどの諸点で，要求される諸特性が得られなくなってき

## 第8章 電気材料

た。近年においては高機能合成樹脂,繊維の出現により,紙,合繊紙および不織布とフィルムとの複合化,さらに耐熱グレードを一段とアップさせたアラミド紙(メタ,パラ系)の開発により,永年に渡って使用され続けた天然紙(セルロース紙)は低コストのメリットが有りながらも,毎年減少傾向で,代わって合繊紙が増加していくであろう。

(2) 織　布

織布も紙と同様古くから使用されてきた材料であるといえる。紙に比べ機械強度,屈曲強度が強く,スリーブ,テープ,チューブ,ワニス含浸用クロスと多用途に展開されている。紙同様に素材も天然から合成繊維と変化するうちでも特に耐薬品,難燃化,高周波における低インピーダンス化などにより,綿,アスベストからポリエステルへ,さらに,ガラス,アラミド,フッ素繊維織物が,また,合成繊維の極細化と織機の技術向上で厚さも極薄化織布が可能となり,銅張り積層基板の多層化によるコンパクト化が可能になり,情報家電の発展とともに用途もかなり多く広くなった。

(3) フィルム

電気絶縁用プラスチックフィルムとしては,ポリエチレンテレフタレート(ポリエステル)フィルムが最初に登場し,もっとも長期に,しかも多量に使用されている。機器のコンパクト化,省力化,高信頼性が要求されるなかで,特に絶縁破壊電圧が大きく,誘電損失,吸湿,吸水性が少なく,紙,織布,不織布の欠点をカバーでき,諸特性をクリアーする優れた絶縁材料であるといえる。唯一の欠点としては,絶縁ワニスとの固着性が悪いが,最近のフィルムの表面処理技術がアップしてきてかなり改善が進んでいる。また,一方では,合成樹脂の開発が進み,耐熱,難燃性に優れた多機能ポリイミドフィルムがFPC基板を主力に広く利用されてきており,現在の絶縁材料の中心としてますます需要が伸びている。

(4) 不織布

不織布は各合成繊維,各製法の多様化,技術開発にて,紙,織布,フィルムにない特性を有しており,厚さも非常に薄い薄葉体から相当厚い構造体材料が可能である。不織布は密度が低く空隙率も大きく,フレキシブルでポーラスな構造を有しているため,単体では絶縁破壊電圧が低いという欠点がある反面,ワニスの含浸性がよく,含浸量が多く,ワニスの担体として合理化に役立っている。また,最近は機器のコンパクト化により,薄い薄葉状不織布の需要があり,同時に破壊電圧,耐熱性,熱伝導性をアップさせるため,ワニス,フィルム,マイカ,アルミナとの複合化も進んでいる。弊社開発の乾式製法でのアラミド100%の薄葉状不織布「ヒメテックA®」はコンパクト化に適した絶縁材である。今後不織布は合成繊維および不織布製法の新しい開発とともに,優れた新しい絶縁材料として,フィルムと同様大いに期待できるであろう。

### (5) プレスボード

プレスボードは特殊な方法で厚く抄いた紙であり，紙では得られない諸特性，破壊電圧が高い，成形性・形状加工が容易，可撓性に富む，高密度の割に油含浸がよいなどの優れた特性をもつ。また，収縮率および縦横方向差が小さく，機械的強度が良好な構造体であるため，用途上使用個所の形状が複雑でしかも構造体に適切な材料で，主に変圧器の絶縁材料として用いられる。また，ボード製法もコンプレストタイプが採用され，その特性から大容量，高電圧に適しており，コアー型変圧器絶縁筒に多く使用されている。最近は永年使用された木製積層品に代わってプレスボード積層品，さらに耐熱性，熱伝導性アップ要求に対して合成繊維のアラミド，アラミドとガラス，マイカの混合および複合ボードが開発されている。

## 1.3 電気絶縁用不織布について

### 1.3.1 不織布の分類

不織布の製造方法は基本的には繊維シートを直接法，間接法にて形成し，次に繊維シートを結合させる工程がある。間接法の乾式不織布は，あらかじめ原料樹脂を紡糸ノズルより紡糸させた合成繊維（繊維長1～4インチ）を混綿し，開綿した繊維集合体をカード機（ガーネット，フラット，ローラーカード）を用いて平行配列，交差配列，平行交差配列法によってウェブ（繊維

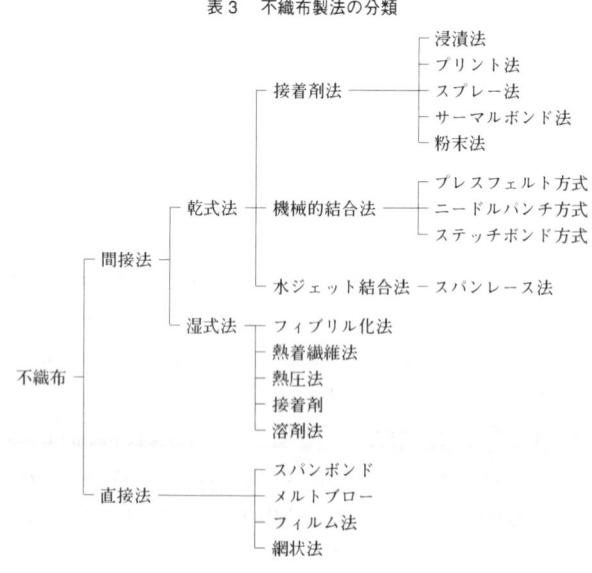

表3　不織布製法の分類

```
                              ┌ 浸漬法
                              ├ プリント法
                   ┌ 接着剤法 ─┼ スプレー法
                   │          ├ サーマルボンド法
                   │          └ 粉末法
                   │
           ┌ 乾式法┤          ┌ プレスフェルト方式
           │      ├ 機械的結合法┼ ニードルパンチ方式
           │      │          └ ステッチボンド方式
           │      │
   ┌ 間接法┤      └ 水ジェット結合法 ─ スパンレース法
   │      │
不織布     │      ┌ フィブリル化法
   │      └ 湿式法┼ 熱着繊維法
   │              ├ 熱圧法
   │              ├ 接着剤
   │              └ 溶剤法
   │
   │              ┌ スパンボンド
   └ 直接法 ──────┼ メルトブロー
                   ├ フィルム法
                   └ 網状法
```

# 第8章 電気材料

シート)を形成。また，空気法のランダムウェバー機を用いてランダムウェブが形成される。次いで，形成されたウェブ(繊維シート)を樹脂接着剤で結合する浸漬法，スプレー法，プリント法，繊維接着剤で結合するサーマルボンド法，ピンソニック法，超音波法，および機械的に結合するニードル法，ステッチ法，水ジェット法などの各結合方式を用いて不織布を形成する。一方，湿式不織布はごく短い。(繊維長10mm以下)合成繊維，パルプ繊維，熱接着性繊維，および樹脂接着剤を用いて製紙工程によって繊維シートを抄き，熱処理(乾燥，カレンダー)工程を経て不織布を形成する。最近では乾式法で使用される比較的長い繊維も利用できるようになってきた。直接法は紡糸ノズルより噴射した繊維状ポリマーと加熱空気の噴射によりシート状に分散して繊維シートを形成後，熱処理(各種のカレンダー加工)結合させたスパンボンド，メルトブロー法がある。表3に不織布の製法の分類を示す。

### 1.3.2 特　徴

不織布は，紙，織布，フィルムなどがもっていない適切な機械的強度，フレキシブルでかつ多孔質な構造を有しており，また，紙と比べて細孔径が大きいなどの特徴をもっているため，絶縁材料として好ましい。以下に特徴を述べる。

① 用途，電気的要求特性により原料を自由に組み合わせることができる。
② 厚さ，目付量，方向性など用途に応じて自由に設計，製造される。
③ クッション性に優れているため層間保護に良好。
④ ポーラス，網状構造のため各種絶縁ワニスとの密着性が良好。
⑤ 適度の機械特性を有し，フレキシブルのため各種形状に対して密着性が良好。
⑥ 空隙率が大きいため樹脂の保持量が多く，ウイック特性も良好のため，絶縁ワニスの含浸速度が早く含浸工程の省力化ができ，コスト低下に役立つ。
⑦ 切断面のホツレがない。
⑧ 各素材との複合化が自由に組み合わせが可能。

### 1.3.3 用　途

**(1) 回転機（モーター，発電機）**

回転機においては電子コイルに代表されるように，運転時には大きな遠心力，電磁力により，振動，ストレス，熱応力が加わるため，材料として機械的強度が大きく，耐熱性，耐コロナ性，熱伝導性のよい絶縁材料が要求される。使用される素材として，マイカ，アスベスト，アラミド紙，エポキシガラス積層板，フィルムなどが多く使用されている。スロットライナー材としては一般にポリエステルフィルムが使用されているが，ワニスとの固着性が悪いため，ワニス含浸性がよい不織布とフィルムの複合材が使用される。またコイル間の防振・クッション材としての素材としては，B種は主としてポリエステルが使用され，F種以上になると，アラミド，ガラスな

どの耐熱素材が要求される。

(2) トランス（変圧器）

変圧器の代表的な絶縁方式として，鉱物，合成油と絶縁紙，アラミド紙の複合絶縁システムを用いた油入変圧器型と，ビルディングなどで火災をきらう場所で使用する乾式絶縁システムを用いた乾式変圧器型に区別でき，さらに乾式の中で高圧用としてSF6ガス変圧器，熱安定によいモールド変圧器がある。絶縁材料は，紙，プレスボード，アラミドの紙，不織布，FRPガラス積層板，マイカが多く使用されており，不織布は図1のように乾式トランスのコイル配線の支持台としてガラス，アラミド積層板，コアーギャップ用スペーサーとしてアラミド不織布が，両コイルと外装間の絶縁テープとしてポリエステル不織布が使用されている。また，モールドトランスでは，コイルの層間絶縁としてアラミド不織布にあらかじめエポキシ，ワニスでプリプレグ状にして（プリプレグはボイドによる絶縁不良を防止するための事前処理）巻線の周囲に巻きつけた後，巻線を金型に入れ，樹脂注形する。

(3) コンデンサー

コンデンサーは可変型（バリコン，トリマー）と固定型（フィルム，アルミ電解，タンタル，セラミック）のタイプがある。現在，コンデンサーの誘電体として紙が非常に多く使用されているが，最近機器の小型化，大容量化，高周波化，プラスチック化により，耐熱性が高まってき，紙は誘電正接が大きく耐熱性がないため，フィルムが主流となってきた。不織布は，一部の特殊なコンデンサーに紙の代替として使用されている。

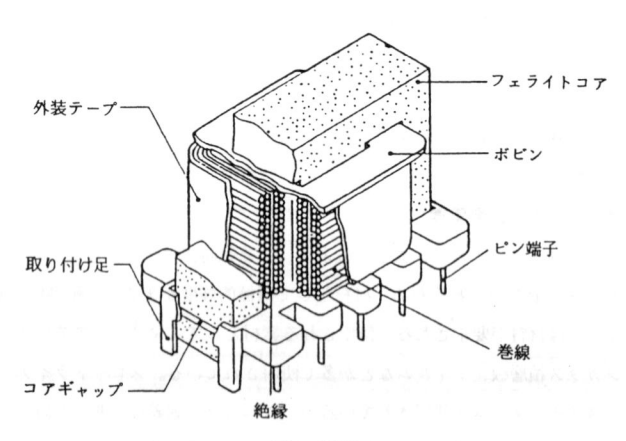

図1 構造

## 第8章　電気材料

### (4) 電線・ケーブル

ケーブル，電線には用途別に多種類あり，電力用，通信用，巻線用（マグネットワイヤー）に大別できるが，用途はほとんど糸線の被覆絶縁材として使用されており，紙，クロスが多かったが，最近の技術進歩によって一部を除いて合成樹脂ゴムが主流になっている。その中でケーブル電線で絶縁性，可撓性に加え，静荷重が連続的に加わる場合，プラスチックおよびゴムはクリープによって変形するので，機械的強度を有しているポリエステル不織布のスパンボンドが多く使用されている。また，特殊な耐熱電線，耐火電線では，マイカと不織布の複合品およびガラス，アラミドの不織布が使用され，光ファイバーケーブルでは絶縁材ではないが，耐屈曲性に対しての保護材および海底ケーブルの送水防止，止水材，吸湿剤としても使用される。

### 1.3.4　プリント配線板

電子機器産業の発展に伴い，実装する基本部品の多様性と機器特有の配線の複雑化から金属シャシー上に配線を取り付ける方法は根本的に困難な問題であった。このような背景から電子機器部品実装の合理化を目的として開発されたのがプリント配線基板である。その基板を分類するとリジットタイプ，フレキシブルタイプ，その中間としてセミフレキシブルタイプがある。リジットタイプのフェノール，ガラエポ基板基材として，多くは紙，ガラスクロスが主流で，薄葉体不織布も特殊な放熱性の良い金属基板の一部に使用されている。おのおのの基材に熱硬化性樹脂ワニス（フェノール，エポキシ）を含浸させたシート状塗工紙，クロス，不織布を目的の厚さにより数枚積層し，そのうえ，上下に耐熱接着剤を塗布した銅箔を重ね合わせて熱圧プレスにて形成される。最近は，高周波，熱伝導性に対して良好なフッ素，セラミック，アルミ配線基板が開発実用化されている。フレキシブル基板はリジッドに比べ柔軟性，可撓性，屈曲性が必要とされるため，基材として主に，フィルム（エステル，ポリイミド）が多く使用されている。アラミド不織布もポリイミドフィルムが高価のため，安価な基板材料として使用されている。製法として通常，ロール状でフィルムまたはエポキシガラスクロスに耐熱接着剤を塗布し，銅箔と貼り合わせ，熱圧カレンダーで形成される。一方，薄葉状アラミド不織布は絶縁ワニスを含浸後，乾燥してプリプレグ状態（Bステージ）下で銅箔と貼り合わせて熱圧カレンダーで（Cステージに移行させ硬化）形成する。その他要求特性として，表面の精度（平滑性），厚さの均一性，耐ハンダ特性（230℃～260℃）として耐熱性が要求される。また，リジットとリジットの接続として，ジャンパー線用としても不織布は使用されている。セミフレキシブルタイプは適度な剛性があり，塑性変形が可能なことが必要のため，素材としてガラスクロス，アラミド不織布に塑性変形の可能なワニスを加工するものと，可撓性のある金属板を使用する2タイプがあり，製法はリジットタイプと同一加工方法で，最後に曲げた状態下で使用される。フィルムは剛性に弱く，実装部品を支えることができないため使用されにくい。その他，回路形成後表面導体の保護のため，ポリ

機能性不織布の新展開

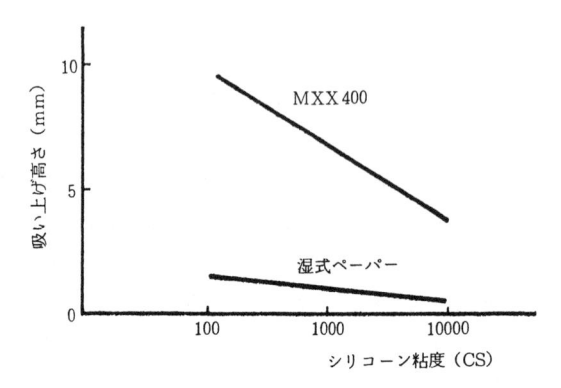

図2 ヒメテックA®の含浸特性

表4 耐熱絶縁材特性表

| 項目 | | ヒメテック-A® 生地 | ヒメテック-A® シリコーン | ポリイミドフィルム | アラミドペーパー | 備考 |
|---|---|---|---|---|---|---|
| 目付 g/m² | | 40 | ワニス加工品 90 | 35.5 | 40 | |
| 厚さ μ | | 60 | 100 | 25 | 50 | スナップゲージ (10φ)にて測定 |
| 引張強力 kg/5 cm幅 | タテ | 29.5 | 30.5 | 25.0 | 22.3 | 試長100mm |
| | ヨコ | 10.9 | 11.5 | 18.0 | 10.3 | 幅 50mm |
| 伸度 % | タテ | 12.0 | 16.0 | 11.0 | 9.0 | 速度100mm/min 抗張力型引張試験機にて測定 |
| | ヨコ | 13.0 | 12.0 | 50.0 | 7.3 | |
| 引裂強力 kg | タテ | 0.7 | 0.3 | 0.04 | 0.55 | JIS-L-1096 トラペゾイド法にて測定 |
| | ヨコ | 0.3 | 0.2 | 0.04 | 0.43 | |
| 熱収縮 % | タテ | 0.50 | 0.15 | 0.10 | 0.50 | 200℃×1hrにて測定 |
| | ヨコ | 0.20 | 0.10 | 0.10 | 0.43 | |
| 破壊電圧 kV/mm | | 8.10 | 35.0 | 276 | 16.2 | JIS-C-2111に準じ測定 |
| 誘電率 | | 2.35 | | 3.5 | 2.20 | 温度20℃ 湿度60% 周波数1kHz 間隙変化法にて測定 |
| 誘電正接 | | 0.0140 | | 0.0035 | 0.0095 | |
| 吸湿率 % | | 11.06 | 4.00 | 2.90 | 16.0 | JIS-6481に準じ測定 |

(測定値であり,規格値ではない)

イミドフィルム,アラミド不織布,コーティングインキなどが導体を絶縁被覆するカバーレイとしても使用される。その他の方法として,フィルム,薄葉体不織布上に直接印刷技術にて回路を形成した面状発熱体の耐熱絶縁材料としても検討されている。

第8章　電気材料

**1.3.5　芳香族ポリアミド薄葉体不織布ヒメテックA®**

　電気機器の大容量化，小型軽量化が急速に進み，絶縁材もB種からF→H種化が著しくなってきている。そのなかで耐熱性を有する芳香族ポリアミド繊維を使用し，湿式法でデュポン社より開発されたノーメックスペーパーが多く使用されているが，欠点としてワニス含浸性が悪く，作業加工性に欠ける。その反面，弊社が乾式法でしかもノーバインダー方式で開発したヒメテックA®はペーパーに比べ細孔径が大きく，かつ，空隙率も高いゆえ，ワニス含浸性が良好で作業効率アップにつながる特徴を有している。(図2．含浸特性に示す)。また耐熱絶縁材物性表において湿式・ペーパーと比較して破壊電圧は劣るがそれ以外の諸物性に関しては大差がない（表4．耐熱絶縁材特性に示す)。

　このヒメテックA®の主な用途として，各種の耐熱テープの基材およびバッキング材，金属積層板，各種モーターのスロット層間の絶縁材および通信，OA機器では耐熱を有した電磁波シールド，制電材の基材およびモールド間のインシュレーターなど幅広く使用されている。


　　　　　　　　　　　　　　文　　　献

1) 柳井久義ほか，基礎電気材料．実教出版
2) 電気電子絶縁材料，電気絶縁材料工学会編集 (1978)

## 2 電池セパレータ材

田中政尚[*1], 高瀬俊明[*2]

### 2.1 電池の種類について

電池とは電池内部に蓄えられた化学エネルギーを, 機械的な運動を伴わずに, 直接, 直流の電気エネルギーに変換して, これを外部に取り出す発電装置であり, 化学反応を利用するものを化学電池と呼び, 物理手段を利用するものを物理電池と呼ぶ。一般に電池といえば化学電池をさす。

電池には一次電池と二次電池とがある。一次電池は一度電気エネルギーを取り出してしまうと, 電池の機能を失って役目を終えるものをいい, 例えば, マンガン乾電池やアルカリマンガン乾電池, 酸化銀電池等がある。二次電池とは放電を行っても, 外部から充電して, 電池内に再び化学作用によって電気エネルギーを蓄え, 再度これを使用することのできる電池をいう。これを充電式電池（蓄電池）ともいい, 放電と充電の繰返し使用に耐えるものであり, 鉛蓄電池やアルカリ二次電池, リチウムイオン電池等がある。特に, 主として不織布がセパレータとして用いられるものに, ニッケルカドミウム電池, ニッケル水素電池（アルカリ二次電池）があげられる。

### 2.2 アルカリ二次電池について

正極活物質にニッケル酸化物（オキシ水酸化ニッケル）, 負極活物質に酸化カドミウム（ニッケルカドミウム電池に使用）, 金属水素化物（水素吸蔵合金：ニッケル水素電池に使用）, 電解液に水酸化カリウム水溶液を用いる。円筒形と角形の形状がある。円筒形は正極板と負極板とをセパレータを介して渦巻き状に巻き回し, 金属製のシリンダー状ケースに挿入した構造である。角形は正極板と負極板のそれぞれ複数枚にセパレータを介して交互に重ね合わせて電極群を構成し, 金属製角形ケースに挿入した構造である。電解液は水酸化カリウム水溶液で, 密度1.20〜1.30g/cm$^3$（20℃）の高濃度アルカリ水溶液である。電池特性の向上を目的に水酸化リチウムや水酸化ナトリウムが添加されることもある。

### 2.3 小型二次電池の用途別適性

近年, 携帯電話, ノート型パソコン, デジタルビデオカメラ, デジタルカメラ, PDA, ポータブルオーディオなど小型ポータブル電子機器には軽量でエネルギー密度が高くかつ繰り返し充電放電が可能な高性能二次電池が使用されている。その中でも, アルカリ二次電池は, 安全性にも優れコストパフォーマンスにも良好であることから広く用いられている。電池構成としては, 正

---

*1　Masanao Tanaka　日本バイリーン㈱　第一事業部　電気資材本部　技術部　部長
*2　Toshiaki Takase　日本バイリーン㈱　第一事業部　電気資材本部　技術部　課長

第8章 電気材料

表1 小型二次電池の用途別適正

| 分類 | 用途 | Ni/Cd電池 | Ni/MH電池 | Li-ion電池 |
|---|---|---|---|---|
| 動力電源 | 電動工具 | ◎ | ◎ | △ |
| | 電動アシスト自転車 | ○ | ◎ | △ |
| | 電気自動車（ZEV） | | ◎ | △ |
| | 電気自動車（HEV） | | ◎ | △ |
| 事務機 | ノート型 PC | | ◎ | ◎ |
| | サブノート・パームトップ PC | | △ | ◎ |
| 家電 | シェーバー | ◎ | ◎ | |
| | デジタルビデオカメラ | △ | ○ | ◎ |
| | ポータブルオーディオ | | ○ | ◎ |
| | デジタルカメラ | | ○ | ◎ |
| 通信機 | セルラーフォン | △ | ○ | ◎ |
| | PHS | △ | ○ | ◎ |
| | コードレスフォン | ◎ | ◎ | ○ |
| 防災 | フラッシュライト | ◎ | ◎ | |
| | 非常照明用 | ◎ | ◎ | |
| 雑貨 | Optical Network Unit | | ◎ | ○ |
| | ラジコン | ◎ | ◎ | |
| | 玩具 | ◎ | ◎ | |

◎：現在主力で使用されている
○：次に多く使用されていくもの
△：使用される可能性がある

極，負極，セパレータ，電解液などから構成されているが，最近の電池の高性能化に伴いセパレータの性能が電池性能を大きく左右し重要な電池構成部品となっている[1]。

表1に主な小型二次電池の用途別適性について示す。特に，アルカリ二次電池は，瞬間的パワーを要する動力電源，一般のサイクル用途である家電，通信機などを中心に広く用いられている。したがって要求される電池特性は用途により種々さまざまであり，セパレータに要求される特性も多岐にわたってきているのが現状である。特に，パワー用と一般サイクル用途では求める特性（高率放電性，高温特性，サイクル寿命特性など）が大きく異なりセパレータ設計が重要となっている。

## 2.4 アルカリ二次電池セパレータの要求特性

アルカリ二次電池用セパレータの基本要求機能は，電池の正極と負極との隔離を行い電極間の電気的短絡の防止を行う事と，電池の電解液を保持して正極と負極との間のイオン伝導性を確保する事である。一般的な要求特性は以下のとおりである。

① 正極と負極とを物理的に分離できる。
② 短絡を防ぐために電気絶縁性を持つ。

③ 電解液に対して濡れ易く,保液性に優れる。
④ イオン伝導性を阻害しない。
⑤ 耐電解液性があり,物理的,化学的に安定である。
⑥ 電気化学的耐酸化性がある。
⑦ 電池反応を阻害する有害物質を発生しない。
⑧ 電池組立て工程,および電池反応に対して耐え得る強度がある。

これらの一般要求特性の他に,各種電池の種類や形状に応じた特有の要求事項が付加される。密閉形のニッケルカドミウム電池やニッケル水素電池では,過充電時に正極から発生する酸素ガスを負極に吸収させる必要があるため,酸素ガスの透過性が必要である。電池内部ではこの他に充放電に伴う電極の膨張・収縮や,電池温度の上昇,長期サイクル使用による電極活物質のマイグレーションとデンドライト(金属イオンの析出成長),セパレータの電解液ドライアウト(枯渇化)現象など,さまざまな物理・化学現象が起きており,セパレータにとっては非常に過酷な環境である事を考慮しなければならない。また最近では,電池製造時のコスト低減のために,電池製造時の歩留りを向上させ,極板群構成時のショートを低減させることも重要な設計要素になってきている。

## 2.5 アルカリ二次電池セパレータの開発の歴史

アルカリ二次電池セパレータ開発の歴史は,当初,ニッケルカドミウム電池用セパレータ向けに開発されてきた。アルカリ溶液を電解液に用いるため,適当な耐薬品性を持つポリアミドセパレータが開発された。また,遅れて開発されたニッケル水素電池用セパレータにも,開発当初,ニッケルカドミウム電池で用いられていたポリアミド繊維を用いた乾式不織布セパレータが使用された。しかし,ポリアミド繊維は親水性が高く電解液との馴染みがよいことから,容易に電池特性は得られるものの,反面,長期のアルカリ溶液中で徐々に分解されアンモニアを生成し,これが正極状で硝酸イオンに酸化され,これが負極上で還元されるシャトル効果により自己放電が大きいものであった[2, 3]。

$$(NH(CH_2)_5CO)_n + nOH^- \rightarrow nNH_2(CH_2)_5COO^- \rightarrow NH_3$$

生成されたアンモニアは,正極上で酸化されて硝酸イオンとなり,硝酸イオンは負極上で還元されてアンモニアとなる次式の反応が繰り返される(シャトル効果と呼ばれる)。

(正極反応) $NH_3 + 6NiOOH + H_2O + OH^- \rightarrow 6Ni(OH)_2 + NO_2^-$
$NO_2^- + 2NiOOH + H_2O \rightarrow 2Ni(OH)_2 + NO_3^-$

(負極反応) $NO_3^- + MH_x \rightarrow NO_2^- + MH_{x-2} + H_2O$
$NO_2^- + MH_x \rightarrow NH_3 + MH_{x-6} + OH^- + H_2O$

第8章　電気材料

以上の反応より電極の酸化・還元が繰り返されて自己放電を加速している。

また，セパレータ自身も分解され，電解液保持性の低下によるドライアウト，強度低下による電極短絡の発生により電池寿命の短いものであった。これらを解決するために，ポリオレフィン不織布が用いられた。ポリオレフィン系繊維は耐薬品性がありアルカリ電解液中で分解することが無く，耐酸化性にも優れているため電池の長寿命化が可能である。しかし，ポリオレフィンは疎水性であるため，表面を物理的，あるいは化学的に親水化処理する必要があり，コロナ放電処理やプラズマ放電処理，あるいはフッ素ガス処理やスルホン化処理などにより親水化を行い，自己放電特性の改善が大きく図られた。特に，近年，環境にやさしい，高性能なニッケル水素電池が一次電池に代わり急速に市場での拡大をみせている。

## 2.6　アルカリ二次電池用不織布セパレータの不織布製法

不織布は，乾式法，湿式法，スパンボンド法，メルトブロー法が使用されている。また，繊維結合は熱接着法が主として用いられている。乾式法は機械的強度に優れており，湿式法は地合いが均一であり，電池の高容量化のためのセパレータ厚さの低減化・低目付化を可能にしている。スパンボンド法は機械的強度が強いが地合いの均一性に劣り，メルトブロー法は細繊維で緻密化が可能であるが強度に劣る。しかし，両者とも樹脂から直接シート化できるために製造原価が安価である事が大きな特徴である。

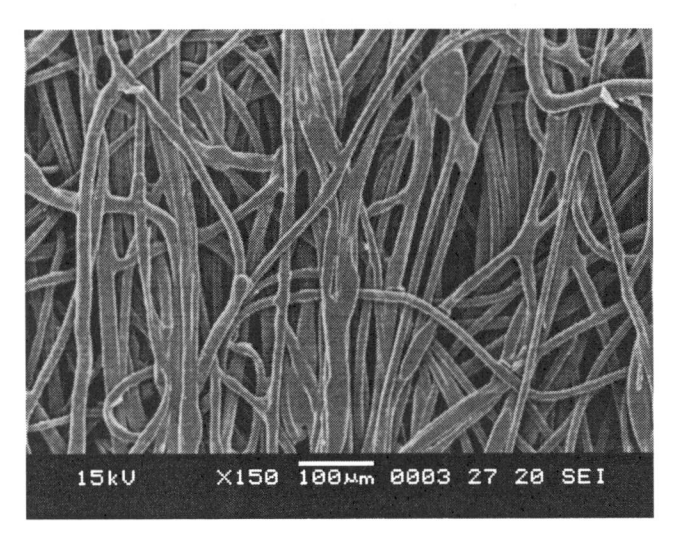

写真1　乾式法不織布セパレータ

機能性不織布の新展開

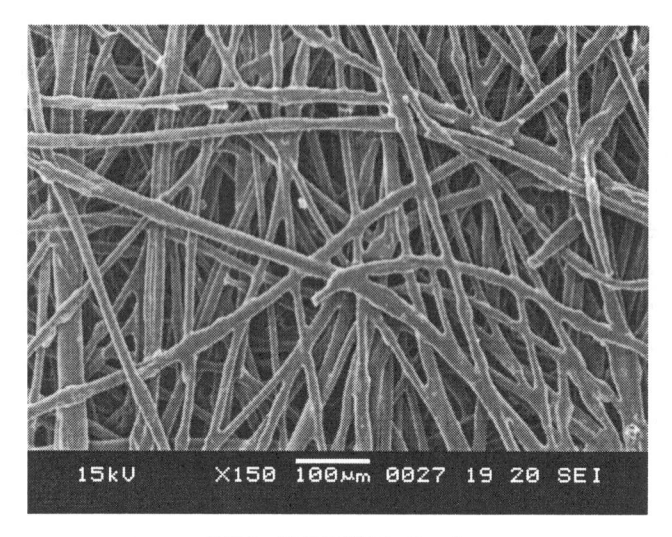

写真2 湿式法不織布セパレータ

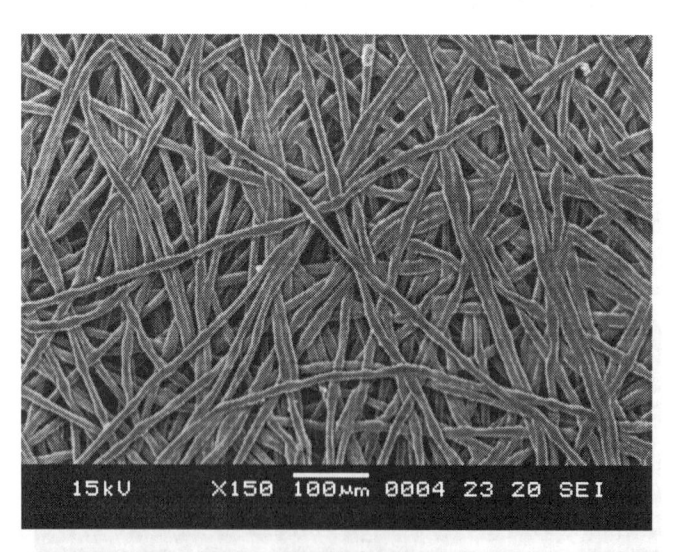

写真3 スパンボンド法セパレータ

## 第8章 電気材料

写真4 メルトブロー法セパレータ

代表的な不織布セパレータの電子顕微鏡写真を写真1〜写真4に示す。

### 2.7 乾式法,湿式法における構成繊維材料

前述したように,電解液アルカリ中で分解が無く,耐アルカリ,耐酸化性に優れたポリオレフィン系繊維が用いられるようになってきている。

表2にポリアミド繊維とポリオレフィン繊維の耐アルカリ性,耐酸化性による基布強度保持率の比較を示す。結果からも,ポリオレフィン繊維は耐アルカリ,耐酸化性に優れることが理解

表2 ポリアミド繊維とポリオレフィン繊維の耐酸化,
耐アルカリ試験による基布強度保持率の比較

| サンプル | 耐アルカリ性 | 耐酸化性 | |
|---|---|---|---|
| | 80℃,30日 | 55℃,30分 | 80℃,30分 |
| ナイロン6繊維 | 測定不可 | 30%以下 | 測定不可 |
| ナイロン66繊維 | 測定不可 | 30%以下 | 測定不可 |
| ポリプロピレン繊維 | 100% | 100% | 100% |
| PP/PE芯鞘繊維 | 100% | 100% | 100% |

・耐アルカリ試験溶液:30%KOH溶液500mlに浸漬
・耐酸化性試験溶液:5%KMnO₄溶液250ml,25%KOH溶液50ml
　の割合で混合した溶液500mlに試料を浸漬

できる。

また、オレフィン系セパレータには、次に示す代表的三種類の繊維が使用されている。

① 芯鞘型複合繊維：芯 PP／鞘 PE
② 単一繊維　　　：PP などから構成
③ 分割型複合繊維：PP と PE などから構成

上記繊維は、製造方法により繊維形状が異なり、乾式法では 5 $\mu$m から 20 $\mu$m 程度の繊維径で繊維長 30 mm から 70 mm のクリンプ（ちぢれ状）のかかったステープルファイバーと呼ばれる短繊維を使用する。湿式法においては、同繊維径で 3 mm から 20 mm 程度のチョップファイバーと呼ばれる直毛状短繊維を使用する。

基本的には、繊維同士の絡みのみで形成されている繊維シート作成後、芯鞘型複合繊維（接着繊維）の PE 鞘成分のみを熱で溶融させ繊維を熱圧着させることにより不織布を形成する。この熱接着工程により、基布に適切な機械的強度を持たせている。

近年、セパレータの低目付化にともない基布の均一性が要求されてきており、均一な基布を製造するのに有効な湿式法が主流となってきている。

フリース結合方法においては、サーマルボンド法（熱接着）、ケミカルボンド法（含浸法、スプレー法）、ニードルパンチ法、水流絡合法などがあるが、セパレータ用途にはサーマルボンド法が主として用いられている。この理由としては、ポリマー接着剤（バインダー）を用いるケミ

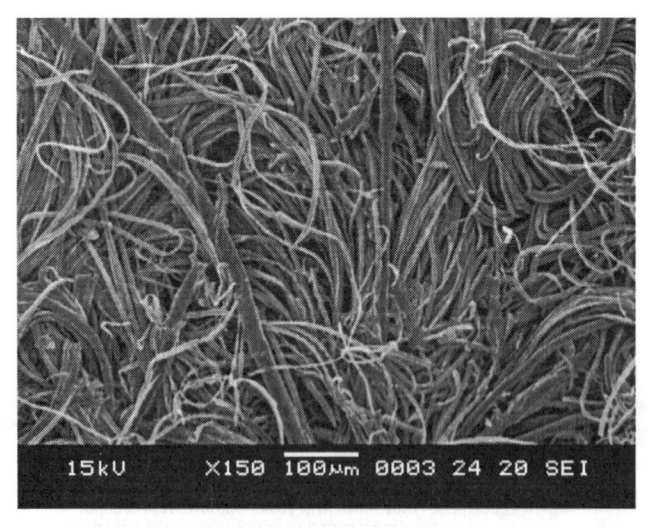

写真5　分割形複合繊維セパレータ

第8章　電気材料

カルボンド法はバインダー成分が電池特性に悪影響を及ぼす可能性があり，純粋に使用繊維のみで構成されるように製造が可能なサーマルボンド法が主流として用いられている。

ただし，分割型複合繊維を使用する場合は，繊維分割を行う必要性があり，水流絡合法を用い，分割繊維の水流による分割，繊維絡合を行う。その後，サーマルボンド法を併用し，さらに熱接着を行うことにより高モジュラス強度でかつ緻密なセパレータを実現させている。分割形複合繊維を用いた不織布セパレータの電子顕微鏡写真を写真5に示す。

セパレータは，目的とする厚さに調整する必要があり，基布製造後，カレンダー設備により厚さの適切な調整を行う。

乾式法や湿式法の不織布は，電池の要求特性に応じてさまざまな繊維を混合することができるが，スパンボンド法，メルトブロー法は単一成分の単一構造繊維のみとなる。

近年，電池の高容量化に伴いセパレータ厚さの低減化が強く要求されており，目付が低減することによって電池極板郡構成時の短絡不良率の増大が大きな問題となってきている。これに対応するために高強度の（通常の繊維強度の1.5倍から3倍の強度を有する）繊維を一部使用する事が有効である事が分かり，繊維強度をさらに向上させる開発が行われている。

### 2.8　ポリオレフィン不織布の親水化処理

ポリオレフィン繊維は撥水性であり，その繊維から構成されるポリオレフィンセパレータも何らかの方法で親水化処理（表面処理）を行う必要がある。ポリオレフィン系繊維セパレータの親水化処理方法としては以下のものがある。

① 界面活性剤付与
② コロナ放電処理
③ プラズマ処理
④ フッ素ガス処理
⑤ アルリル酸グラフト重合処理
⑥ スルホン化処理

さらに，これらを組み合わせる場合もある。①界面活性剤付与は，あらかじめ繊維に付着している繊維油剤をそのまま利用する場合と，不織布形成後に界面活性剤を付与する場合とがある。処理コストは一番安価であるが，この方法では電池構成時には親水性を示すが，電池の充放電繰返し使用により電解液に界面活性剤が溶解し，セパレータの繊維自身は親水性を失って電解液の保持能力が急激に低下する。②コロナ放電処理は不織布表面のみ親水化を行うもので安価な処理方法であるが，空気中放置により親水性の劣化が速い。③プラズマ処理は不織布表面とさらに不織布内部の繊維表面にも親水化が可能であり，耐久性も得られる。④フッ素ガス処理はフッ素ガ

## 機能性不織布の新展開

表3 各種セパレータによる自己放電抑制率

| セパレータの種類 | 親水化処理方法 | 自己放電抑制率(%) |
|---|---|---|
| ポリアミドセパレータ | なし | 20 |
| ポリオレフィンセパレータ | 界面活性剤処理 | 30 |
| | フッ素ガス処理 | 40 |
| | アクリル酸グラフト重合処理 | 70 |
| | スルホン化処理 | 80 |

20℃, 120%充電後, 60℃, 5日間放置した後の電池残存容量を測定

表4 親水化処理方法の違いによる電池特性の比較

| 処理法 | 電解液吸液性 | 電解液保持性 | 自己放電抑制効果 | 処理による基布強度保持 |
|---|---|---|---|---|
| フッ素ガス処理法 | ◎ | ○ | ○ | ◎ |
| スルホン化処理法 | ○ | ◎ | ◎ | ○ |

スを利用して繊維表面に酸素含有の親水基を形成するため，さらに耐久性が向上する。⑤アクリル酸グラフト重合処理はアクリル酸を繊維とグラフト重合させてカルボキシル基を形成させる。⑥スルホン化処理は発煙硫酸によりスルホン酸基を繊維表面に付与させる。⑤と⑥は親水性の官能基を化学的に表面に形成させる処理方法であり，恒久的に親水性を維持する事ができる。この中でもスルホン化処理は耐熱性，耐酸化性など化学的安定性に最も優れ，また，公定水分率がポリアミド繊維に近いため電解液の保持性が高く，良好な電池特性を得ることができる。

アクリル酸グラフト重合処理やスルホン化処理は，親水性だけではなく電池の自己放電を抑制する効果も発現することが分かっている。電池の電極活物質中に含まれる窒素元素が電池反応によりアンモニアに還元され，このアンモニアをアクリル酸グラフト重合セパレータやスルホン化処理セパレータが吸着することにより，自己放電の反応を防止する役目をしていると考えられている。表3にセパレータの種類による自己放電抑制率を比較する。

表4に代表的なスルホン化処理，フッ素ガス処理による電池特性への影響を示す。フッ素ガス処理は，初期の電解液吸液性に優れ，ガスによる処理のため，処理による基布強度の劣化は無い。反面，自己放電抑制効果がスルホン化セパレータと比較し劣る。また，スルホン化セパレータは電解液の保持性，自己放電抑制効果に優れるものの，反面初期の電解液吸液性，処理による基布強度維持性に劣る。

他の処理方法として，コロナ放電，プラズマ放電処理，イオン交換樹脂のバインダーによる付与などにより表面に機能性，親水性の付与も試みられているが，親水性の維持性の問題，電池特性上の問題などから本格的な採用には至っていないのが現状である。

第8章　電気材料

## 2.9　アルカリ二次電池用セパレータの最近の開発状況
### 2.9.1　電池群構成時の耐ショート性の向上

　最近の急速な電池の高容量化に伴い、セパレータの低目付化が促進され、電池極板群構成時のショート（短絡）が大きな問題となってきている。最近の開発で耐ショート性を向上させるためには、繊維配合の一部に高強度の繊維を使用することが有効であることが分かってきた。

　現在、例えば市販されている高強度のポリプロピレン繊維（通常の繊維強度の1.5から2倍の強度を有する）の配合が有効である。

　また、基布中の繊維分散の均一性、目付の均一性が望まれ、基布の製造面からは湿式法による製造方法が有効であることが確認され、使用されている。

　今後、いかに基布を均一に製造し、繊維配合に高強度繊維を適切に用いることが電池高容量化にともなうセパレータの低目付化の鍵となると考えられる。

### 2.9.2　細繊維の使用

　分割性複合繊維を代表とする細繊維の使用が必要となってきている。理由としてセパレータの低目付化に伴い、セパレータの絶対体積が減少しているものの電池特性上、電解液の保持性を高める必要があるからである。そこで、最近では、電解液の保持性を向上させるため、特に加圧時の電解液保持性を向上させるために分割繊維を代表とする細繊維の使用が行われるようになってきた。

　ただし、酸素ガス透過性との兼ね合いもあるため、セパレータの通気性維持には十分な注意が必要である。

## 2.10　アルカリ二次電池セパレータへの開発要求

　最近の電子機器の小型化、性能アップ、使用持続時間の延長、低価格化などさまざまな要求がアルカリ二次電池にあり、次に示す様な項目がセパレータの開発に要求されている。

① 応用機器の高性能化によるセパレータの高性能化
② 応用機器ライフの短縮化による開発期間の短縮化
③ グローバル化に向けた世界価格の実現

また、セパレータの要求特性も図1に示すように多岐にわたり複雑になっている上に、例えば電池高容量化にともないセパレータの低目付化が要求される反面、高モジュラス強度のセパレータが要求されるなど、相反する要求が多く非常に迅速な開発を求められている。

## 2.11　最近の電気自動車用ニッケル水素電池セパレータ

　最近、電気自動車、特にHEV用にニッケル水素電池が広く使用され急速に普及しつつある。電

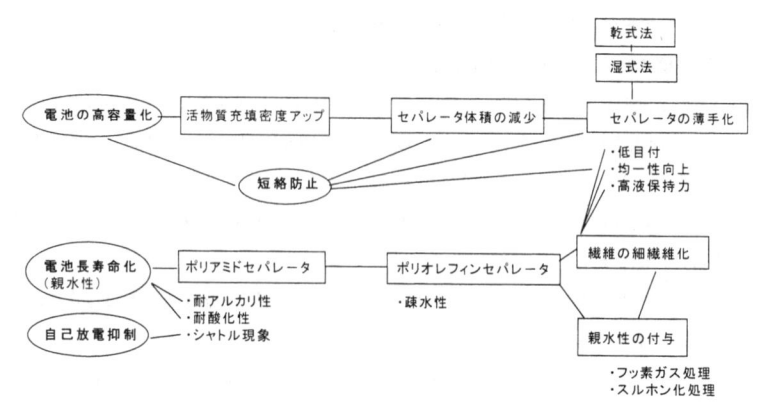

図1 アルカリ電池セパレータの要求特性

気自動車用電池として最も重要な特性は信頼性である。信頼性とは特性・品質の均一性と安定性に加え，安全性も重要項目である。電気・電子機器向けの民生用電池は，その搭載個数は1個からせいぜい十数個程度であったが，電気自動車用には1台あたりに数十個から数百個の電池が搭載されており，かつ高電圧を必要とするために全て直列に接続されているのが現状である。それゆえ，その中の1個でも不良が発生するとその自動車は動かなくなる。また，使用期間も長期にわたるため，全ての電池が均一な耐久性をもっていなければならない。さらに，交通事故や風雨などで容易に電池が爆発や燃焼を起こす様なことは人命にかかわる問題であり避けなければならない。

これらの事から，セパレータに要求される特性は，第一に物性・特性が均一であることが要求される。第二に性能面で，長期耐久安定性（サイクル性能），高電流充放電性，自己放電抑制機能が求められる。第三に低価格が重要となる。環境にやさしい低公害車である電気自動車の普及には価格が大きなネックとなっており，いかに低コストで高性能，高品質なセパレータを開発するかが今後のカギとなっている。

## 2.12 おわりに

セパレータの市場要求はこれからもますます，高度化するものと予想される。重要な項目課題について次に示す[4]。

① 耐高温特性の改善
② 高容量化にともなう薄手化
③ 電池群構成時の耐ショート性の更なる向上（電池製造歩留まり向上）

## 第8章 電気材料

④ 電解液保持性の維持, 向上
⑤ 低コスト化
⑥ 品質, 信頼性の更なる向上

この様にアルカリ二次電池用セパレータの高性能化, 信頼性の向上に伴い, セパレータに求められる要求もますます, 多様化, 高度化していくものと考えられる。今後は, 従来からの開発方法のみならず, 新たな考えでの開発方法の必要性が高まるものと考える。

## 文　　献

1) 太田　璋ほか, 電池技術, **11**, P54～P59 (1999)
2) 海谷　英男, 表面技術, **45**, (6), P27～P32 (1994)
3) 田好晴, 竹原善一郎, 編；電池便覧, 丸善 (1995)
4) 池田宏之助, 岩倉千秋, 松田好晴, 編；いま注目されているニッケル―水素二次電池のすべて, p.117-132, エヌ・ティー・エス (2001)

# 第9章　土木用不織布

西村　淳*

## 1　はじめに

　不織布は，産業分野全般に適用が進められている製品であるが，土木分野においてもジオシンセティックス（土木分野に使用される合成高分子材料）の中核製品として位置付けられ，近年では汎用的に使用されている。JIS L 0221ジオシンセティックス用語[1]でのジオシンセティックの分類においても，図1に示すように，従来より馴染みのある「ジオテキスタイル」の中，ジオノンウォーブンとして明確に定義されており，なおISOの中においてもGeo-nonwovenとして，世界的共通の扱いとなる。

　本稿においては，実質日本国内の土木分野に広く使われてきた不織布の実状について，市場面，技術面，そしてそれらの展開について論じることとする。

```
ジオシンセティック ─┬─ ジオテキスタイル ─┬─ ジオテキスタイル ─┬─ ジオウォーブン(1)
                 │   （広義）          │   （狭義）        ├─ ジオノンウォーブン(2)
                 │                    │                  └─ ジオニット(3)
                 │                    ├─ ジオグリッド(4)
                 │                    ├─ ジオネット(5)
                 │                    └─ ジオテキスタイル関連製品(6)
                 │                        [(1)〜(5)以外の製品]
                 ├─ ジオメンブレン(7)
                 └─ ジオコンポジット(8)  [(1)〜(7)の複合製品]
```

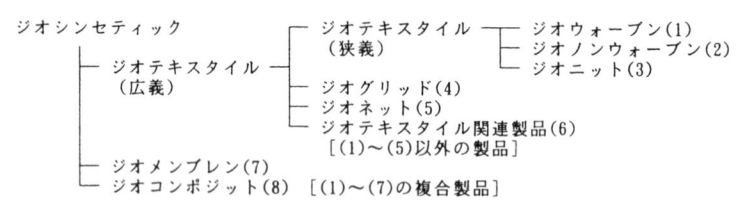

図1　ジオシンセティックス製品の分類

## 2　国内での利用状況

　ジオシンセティックスに関する技術情報の交換の場として，国際ジオシンセティックス学会があり，その日本支部においては，隔年ごとに国内におけるジオシンセティックス使用量調査が行われており，このデータが不織布の利用状況を総括して判断できるものとして紹介することとする[2]。

　2001年1月から12月末迄のジオシンセティックス製品の使用量総計は，1億400万 $m^2$ 程度で

---

*　Jun Nishimura　三井化学産資㈱　土木資材事業部

## 第9章 土木用不織布

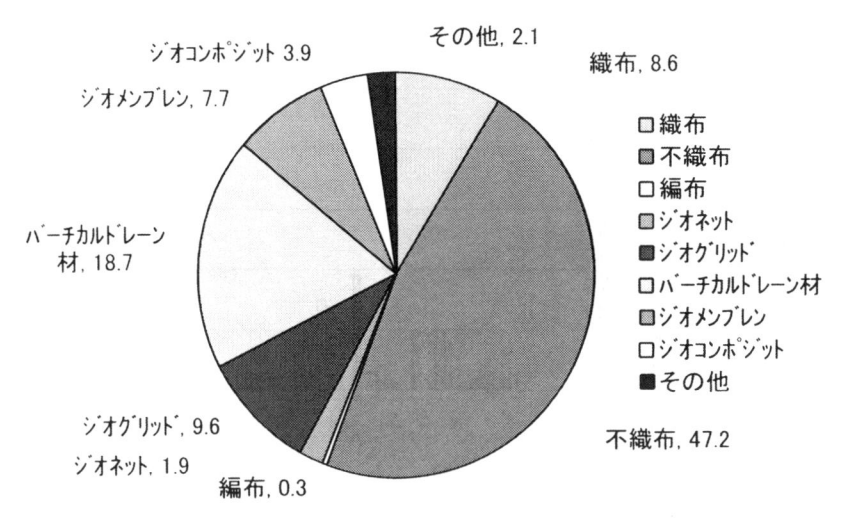

図2 2001年における各種ジオシンセティックス製品の使用量[2]

（凡例：織布, 不織布, 編布, ジオネット, ジオグリッド, バーチカルドレーン材, ジオメンブレン, ジオコンポジット, その他）

- 織布, 8.6
- 不織布, 47.2
- 編布, 0.3
- ジオネット, 1.9
- ジオグリッド, 9.6
- バーチカルドレーン材, 18.7
- ジオメンブレン, 7.7
- ジオコンポジット, 3.9
- その他, 2.1

あり，図2は各種ジオシンセティックス製品の使用量百分率を示したものである．不織布は全体50％（約5000万$m^2$）にあたり，この点においても不織布がジオシンセティックスの中で中心的製品であることが理解できる．

また，図3には1991～2001年の各種ジオシンセティックスの年間使用量の変遷を示すものであり，不織布の使用量は，漸増の傾向にある．調査当初（1991年）において，使用量がほぼ同等で，かつ汎用性の高かった織布の顕著な減少傾向を見ると，織布から不織布への代替が進んでいると推察される．また同調査においては，非常に興味のある視点での分析結果も示されている．

図4は，日本におけるジオシンセティックス使用量と建設投資額について1991～2001年までの推移を示すものである．ジオシンセティックスの土木資材としての汎用化に伴い，公共建設投資額(国土交通省白書2002年版による)の増減に影響を受けやすくなるものである．事実，1993～1995年においてはほぼ同等，1995～1997年においては7.4％程度の減少であった．しかしながら，1999年，2001年と建設投資額が，各々5.5～7.5％程度の減少であったにも係わらず，1999年は1997年に対し20％増，2001年は1999年に対し3％微増している．ジオシンセティックスが，土木資材としてその有効性の認識が確実に拡大，定着化していることが示唆され，その中核製品である不織布においては，建設投資の著しい減少という昨今の状況からみて，特筆できる程の増加傾向と見ることもできる．

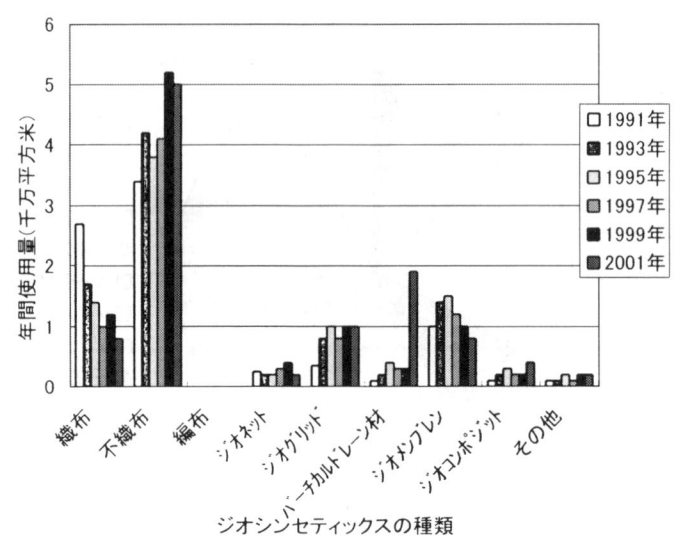

図3　各種ジオシンセティックスの年間使用量[2]

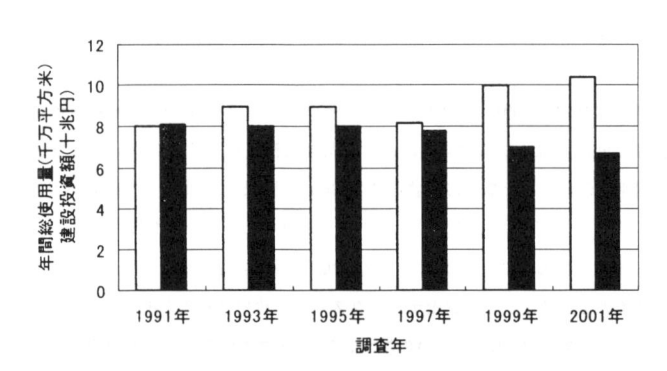

図4　日本におけるジオシンセティックス使用量と建設投資額[2]

## 3　土木用不織布の機能と用途

### 3.1　ジオシンセティックスの機能

　ジオシンセティックスには土構造物に関する機能として，排水・ろ過・分離・補強・保護およ

第9章　土木用不織布

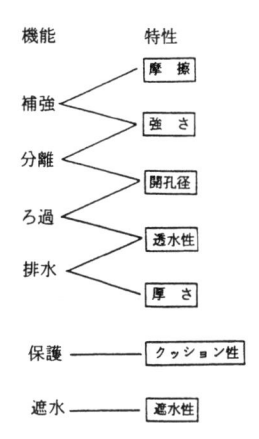

```
機能            特性
補強 ─┬─ [摩　擦]
      └─ [強　さ]
分離 ─── [開孔径]
ろ過 ─── [透水性]
排水 ─── [厚　さ]

保護 ─── [クッション性]

遮水 ─── [遮水性]
```

図5　機能とジオシンセティックの特性

びジオメンブレンのみが有する遮水の6つがある。また，これらの機能は，図5に示すとおり，ジオシンセティックス製品に要求される特性と密接な関係がある。各々の機能の説明については，土木研究センター発行の「ジオテキスタイルを用いた補強土の設計・施工マニュアル（改訂版）」[3] に下記のように記述されている。

① 排水機能　：降雨や地下水の余剰水等の構造物の機能上不要な水を集水し，排水する機能
② ろ過機能　：水の流れによる土粒子の流れを抑制し，水のみを通過させる機能で，他の機能と併用して用いられることが多い。
③ 分離機能　：粒径の異なる，または性状の異なる土層の相互混入を防ぐ機能
④ 補強機能　：ジオテキスタイルの持つ引張りおよび摩擦特性により土等の安定を向上させる機能
⑤ 保護機能　：構造物の部材の損傷を防ぐ機能。例えば，溜池や廃棄物処理施設などの底面をジオメンブレンでしゃ水する場合に，鋭利な角ばり等によるジオメンブレンの損傷を防ぐ。
⑥ しゃ水機能：溜池や廃棄物処理場などにおいて，水・廃液の土構造物内への浸透を防ぐ機能

土木用不織布は，全ての機能を満足する優等生という印象が強いが，特に分離・ろ過・排水そして保護の機能が必要とされる用途においては，中心的な製品として利用されている。したがって，図5にあるごとく，不織布は強さ・開孔径・透水性・厚さ・クッション性に関する特性を持った製品であるといえる。

## 3.2 土木用不織布の用途

3.1に示す通り，ジオシンセティックスの機能に対して，土木用不織布は網羅的に特性を有しており，多様な用途に用いられている現状にある。表1には思いつく限りの土木用不織布の用途を示し，またその用途に必要とされる機能を明記した。これらの分析からみると，土木用不織布は複数機能が要求される用途に対して，不織布が最適として位置付けられるところであり，道路造成，舗装維持，海岸・河川の護岸，宅地造成，配水管設備という土木構造物の全域に渡り，用途の裾野を広げている。また一方では，単一機能のみが要求される用途においては，その機能にのみ特化した他のジオシンセティックス製品が主に使われている傾向がある。

## 4 土木用不織布の展開

土木用不織布は，土木材料として，徐々に汎用化されつつある。最近，国土交通省による，公共工事に活用できる技術を可能な限り網羅する，一般向けのデータベースとしてNETIS（新技術情報システム）がある。このシステムは，比較的新しい工法，材料を拾い上げ，広くユーザに技術情報を提供するものである。ここで「不織布」をキーワードとして検索を試みると，61件もの技術を検索することができる。これらの技術は土木用不織布自体を対象としたものは少なく，それを一部に，かつ必須として用いた製品や工法であり，ここでもその使用用途が多岐にわたっていることがわかる。特に土木用不織布の新しい展開（開発）は，それ自体の高性能化を図るということにより，他の素材と組み合わせることにより，付加機能を生み出すための素材（製品）としての役割を担っていると言えよう。

一方，土木用不織布の特筆すべき最近の新しい展開として，以下の2つの用途事例を紹介する。

## 4.1 軟弱路床上舗装の路床／路盤分離材としての利用

本用途は，土木用不織布を軟弱な路床と路盤の間に敷設し，路床土と路盤材間の混合を防ぎ，舗装の長期寿命化を図るものである。本用途は，欧米ではすでに汎用化工法と位置付けられており，不織布の用途としては最も古いものであるが，舗装という分野は明瞭な指針（アスファルト舗装要綱等）があり，なかなか効果の定量化がされていない製品，工法は受け入れられない土壌がある。したがって土木用不織布は，従来部分的に使用するに留まっていた。しかしながら，多くの実験，解析と実使用の経年調査を通じ，2001年11月に(財)土木研究センターより，同用途の設計・施工マニュアル[4]が発刊されたことから，土木の一般工法（セメント安定処理，良質材による置換）と同等の性能が認められ，スパンボンド不織布に限定はされるが，ようやく門戸が開

# 第9章 土木用不織布

表1 土木用不織布の用途と必要機能

| 対象土構造物 | | 目的／機能 | 備考 | 排水 | 濾過 | 分離 | 補強 | その他 |
|---|---|---|---|---|---|---|---|---|
| 地下排水工 | | 砕石併用トレンチ排水 | 自然骨材併用 | ◎ | ◎ | ○ | | |
| | | 縦型暗渠 | | ◎ | ○ | | | |
| | | 有孔管暗渠 | 排水パイプ，有孔管併用 | ◎ | ◎ | ○ | | |
| 路盤・路床 | | 水平遮断排水 | 水位低下，浸透水排除 | ◎ | | ○ | ○ | |
| | | 層間分離（道路） | | | | ◎ | ○ | |
| | | 噴泥防止（鉄道） | | | | ◎ | ○ | |
| | | 凍上抑制層形成材 | | | | ◎ | ○ | |
| | | 防水路盤の排水層 | | | | ◎ | ○ | |
| | | 仮設道路わだち掘れ防止 | | | | | ◎ | |
| 舗装 | | インターロッキング基礎砂分離材 | | | ◎ | ○ | | |
| | | リフレクションクラック防止 | 既設舗装補修 | | | | ◎ | 遮水○ |
| | | 防水・はく離防止材 | 排水性舗装 | | | | | |
| 盛土 | 法面 | 雨水排水 | 表層すべり防止 | ◎ | | | ○ | |
| | | 層厚管理材（JR粘性土用） | 路肩補強 | | | | ◎ | |
| | 盛土体 | 水平排水（圧密排水） | 高含水比盛土，畦畔盛土 | ◎ | | | ○ | |
| | | 袋詰盛土工法 | | | ○ | | ○ | |
| | | 排水補強材 | | ○ | | | ◎ | |
| 覆土 埋立土 | 基礎地盤 | 水平排水 | サンドマット代用または併用 | ◎ | | ○ | ○ | |
| | | 垂直ドレーン | プラスチックドレーン | ◎ | ○ | | ○ | |
| | | プラスチックドレーン被覆材 | | | | ◎ | | |
| | | 軟弱地盤表層処理 | 表層処理工法，覆土工法 | ○ | | ◎ | ○ | |
| | | サンドマット層低減工 | | ◎ | | | ○ | |
| | | パイルネット工併用不同沈下防止 | その他基礎杭工法にも適用可 | | | ○ | ◎ | |
| 堤防・護岸 | 法面 | 吸出し防止 | 河川 | ○ | ◎ | ○ | | |
| | | | 港湾 | ○ | ◎ | ○ | | |
| | | 止水シート保護 | クッション材 | ○ | | | | 保護◎ |
| | 堤体 | 鉛直遮断排水 | フィルダム | ◎ | ◎ | | | |
| | 基礎 | のり先の洗掘防止 | 自然骨材併用 | ○ | ◎ | ○ | | |
| | | 垂直ドレーン | 鉛直ドレーン材 | ◎ | ○ | | ○ | |
| 構造物裏込め | | 背面排水 | | ◎ | ○ | | | |
| 埋設管基礎 | | 基礎砂の分離材 | 砂基礎併用 | | | ◎ | | |
| 連続セル構造 | | 蛇かご表面分離材 | マット状，蛇かご | | | ◎ | ○ | |
| 貯水池 | | 脱水処理（底泥脱水工法） | BDF工法 | ○ | ○ | | ○ | |
| | | 袋詰脱水工法 | 混合補強土研究会 | | ○ | | ○ | |
| 処理池 | | 止水シート裏面保護・排水 | 湧水，浸透水，ガス処理 | ◎ | | | | 保護◎ |
| 法面保護工 | | 浸食防止 | | | | | | ◎ |
| | | 袋状型枠 | 布製型枠 | | | | ○ | ◎ |
| 防草 | | 道路用 | | | | | | ◎ |
| | | のり面用 | | | | | | ◎ |
| | | JH用（抑制） | | | | | | ◎ |

写真1　土木用不織布の軟弱路床上舗装への利用

いた状況となり，今後の展開に有望なものとなっている。写真1にその実施状況を示す。

### 4.2　建設発生土による盛土への利用

　近年，都市開発の活発化は，地下利用の増大等に伴い，建設現場から発生する建設発生土の処分は，建設工事費の圧縮の中で，問題が顕在化されてきている。この中で，含水比の高い粘性土を盛土材として有効に利用する工法に土木用不織布が率先して使用される傾向にある。発生土と，排水層とを交互に盛り立て，盛土材の圧密（脱水）促進，強度増加を図る工法[5]で，この排水層に従来は良質な砂や礫を用いて，サンドイッチ工法と称され使われてきた工法ではあるが，この良質な砂や礫に代わって，土木用不織布が適用されるものである。また，本工法においては，従来の要求性能である排水機能に加え，高強度な織布との組み合わせにより，積極的に高含水比粘性土の盛土を排水と同時に補強させることもできる製品が開発され，より本分野への促進が図れるようになった。写真2に織布と組合わせた不織布製品を写真3にその実例を示す。

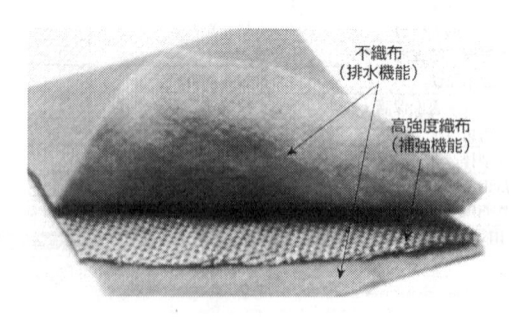

写真2　高強度な織布を組み合わせた製品

第9章　土木用不織布

写真3　サンドイッチ工法として使用された土木用不織布



文　　献

1) 日本工業規格, JIS L 0221：ジオシンセティックス用語, 1994
2) 国際ジオシンセティックス学会日本支部：2001年ジオシンセティックス使用量のアンケート調査結果, ジオシンセティックス技術情報, pp 3 〜 9, 2003. 7
3) ㈶土木研究センター：ジオテキスタイルを用いた補強土の設計・施工マニュアル(改訂版), p16, 2002. 2
4) ㈶土木研究センター：ジオテキスタイルを用いた軟弱路床上舗装の設計・施工マニュアル, 2001. 11
5) ㈶土木研究センター：建設発生土利用マニュアル, 1994. 7

# 第10章　不織布資材に要望される農業用途の動向

鈴木克昇*

## 1　はじめに

不織布が農業用途に利用されるようになってから約30年が経つ。それ以前の農業用保温資材として代表的な農業用塩化ビニールフィルム（以後，農ビ）や農業用ポリエチレンフィルム（以後，農ポリ）が密閉して保温するという機能であったのに対して，不織布は通気性，透水性があり，かつ保温効果のある新しい保温資材として受け入れられ広く使用されるようになった。その後，不織布のもつ優れた機能を生かして保温資材以外の他の農業用途へも広く利用されるようになっていった。

## 2　農業用資材としての不織布

不織布が使用されている農業資材の現状を用途別に簡単に紹介する。

### 2.1　カーテン資材

不織布が農業用途に利用された当初は，ハウス内の環境を改善することに目が向けられ，
① 冬場，あるいは夜間におけるハウス内の温度低下を抑えるための保温用
② 夜間等の結露防止用等の保温材
としての役割が中心であったがその後，
③ ハウス内における夏場の温度上昇を抑えるための遮熱用
④ 作物の育成を調整するための遮光用
といった目的に特化したカーテン資材が開発されており，ハウス内の農業資材の素材としての地位を確保している。

### 2.2　育苗用下敷き

もう一つの用途として不織布のもつフィルタ機能を応用した各種育苗の下敷き用資材がある。

---

＊　Katsunori Suzuki　ユニチカ㈱　スパンボンド事業本部　スパンボンド技術部

第 10 章　不織布資材に要望される農業用途の動向

写真 1　下敷き資材の使用状況

### 2.2.1　水稲用育苗時の下敷き資材（写真 1）

育苗床に敷くことにより，根が地面に入り込むことを防ぎ，根切りの作業が不要となる。また，水稲用の育苗は酸性土で行い，野菜の栽培は中性土で行われるが，この資材により根が地面に入り込むことを防ぐことから，ハウス内での育苗においても，育苗後に野菜の栽培をする際にも土壌のpH調整が不要となる。

### 2.2.2　ポットでの育苗時の下敷き資材

鉢の底から出た根が地面に入り込むことを防ぐだけでなく，灌水時にも泥のはね返りがないため鉢の汚れ防止，さらには鉢の中の過剰な水分を吸い出す，などの特長がある。また，この下敷き用には黒色の不織布が用いられるため防草用としても使用される。

### 2.3　べたがけ資材

不織布が農業用に使用され始めて10年あまりして，それまでの不織布は光透過率が低く農業における被覆資材としての利用も用途が限定されていたが，これが改良され，フィルムのトンネル栽培における内側の小トンネル，および不織布自体のトンネル栽培，そして作物に直接資材を被覆して栽培する方式のべたがけ資材として不織布が利用されるようになった。これらの用途では，保温性が重要であり，保温性に優れる資材として，従来は農ビや農ポリなどで代表されるフィルムが使用されてきたが，フィルムは通気性や透水性がないため結露およびトンネル内部の蒸れ，高温による作物への生育障害の危険性があり換気等の作業が必要不可欠であった。一方，不織布の場合は，フィルムに比べ保温性や透明性にはやや劣るが，通気性，透水性があり，資材

が軽量であるため作業の省力化と作業者への作業負担の軽減ができ，さらに露地での栽培において防風，防虫，防鳥にも効果が得られる．

## 3 近年の動向

農業用途に使用されてきた不織布資材は，使用され始めた当初より，ハウス内の環境改善，作物の育成環境の改善，および作業の省力化を目的に試験・開発されてきた．つまり，作業者が目に見えて効果がわかる部分である作物の生育状況および収穫量の改善，作業負担の軽減に主眼がおかれていた．

近年は，農作物の品質の向上を図り，品種の改良および，新しい栽培方法の検討がなされ，ハウス内の環境を重視した資材の開発から，作物の源である根っ子のより良い環境を作りだす資材の開発，および新しい栽培方法に必要な性能を備えた資材開発の点から農業用途に適した不織布の開発・検討がなされている．

こうした不織布資材に求められる性能は使用用途によって主要特性の要求レベルは若干異なるものの，不織布の特性である通気性，透水性等を効果的に利用した用途が主流となっている．

ここでは具体的な用途として，①移植用の苗木・幼木向けのポット資材（植木ポット），②作物への灌水および土壌・培地の水分調整資材（保水シート），③作物および培地交換時の作業省力化向け資材（透水・防根シート），④いちごの保護資材（内成らせシート）⑤果実の糖度向上資材（糖度アップシート）等を紹介する．

### 3.1 植木ポット

従来，樹木は苗木・幼木をある程度生長させてから出荷され，出荷時には根の周りの土と一緒に掘り起こし，根の部分を麻布あるいはむしろで包み縄等で縛った後，移植場所へ運び定植していた．しかし，この一連の移植作業は大変な労力を必要とし，さらには，木の根が掘り起こす範囲以上に広がっている場合は重要な根を切ってしまうこともあり，定植後の活着に影響が出る場合もあった．

このような問題を解消する方法として植樹ポットが開発された（写真2）．この植木ポットに求められる性能は①生育に重要な酸素の供給が容易で，生育が旺盛になるために十分な通気性があること，②ある程度の透水性が必要で，根周辺の水分過剰による根腐れを防ぐこと，③細い根がポットに突き刺さって止まり，カルスを形成し根巻きを防ぐこと，④太い根がポットの外に伸びるのを防ぐこと，といった点であるが，これらが不織布の持つ，通気性，透水性があり，広範囲に目付，厚みが選択できるといった特性とうまく合致しているため，植樹ポットの素材と

第10章　不織布資材に要望される農業用途の動向

写真2　植木ポットの使用状況

しては不織布が最も適している。

　しかしながら，現在主流で使用されている不織布製ポットの素材は，汎用樹脂(ポリエチレンテレフタレート(PET)，ポリプロピレン(PP)等)であり，移植時には，根巻きの作業を省くことができるが，定植の際にポットを樹木の根部より剥がす作業および使用後の資材を処分することが依然必要である。

　このことを改善し，これまで以上に作業負担を軽減し省力化するには，土壌中で分解し土へ帰る生分解性資材への切り替えが望まれる。さらに生分解性ポットの普及が進み，将来的には花や野菜等の育苗用へも普及することが期待される。

### 3.2　保水シート

　保水シートは水分および液体肥料を保持することができるシートで，土壌や培地の上部あるいは下部もしくは両方に敷設され，土壌や培地が乾燥することや水分過剰を防ぎ，根の周りの土壌水分を調整するシートである。土壌上部に保水シートを敷設した場合には，灌水において，灌水チューブ等によりシートに灌水することでシートを通じ土壌全体への灌水が可能で，上述の如く蒸散による乾燥を抑える効果により効率的な灌水が実現し，これまでよりも灌水の回数が減少できる。

　特に，鉢物類の生産では灌水作業に多大な労力が必要であったが，鉢物の下部にこのシートを敷設，あるいは，シートを鉢底面の穴より垂らし水を吸い上げることにより，鉢底面の穴からの

写真3　保水シートの敷設状況

灌水ができ，灌水作業の省力化と，シートの給排水機能により必要かつ十分な灌水が可能となった（写真3）。また，このような灌水方式とすることで，上方からの灌水で発生する泥はねによる作物への泥付着が無くなり，病気の発生および拡大の予防にもなる。

この用途に用いられる不織布には，不織布の特性である通気性や透水性に加え吸水・保水性が必要となり，不織布の形状としては，嵩高なマット（フェルト）状のニードルパンチ不織布が適している。

### 3.3　透水・防根シート

通常，栽培や収穫などの農作業はしゃがんで作業することが多い。そのため作業姿勢からくる作業者への負担を軽減する目的の栽培方法である高設栽培が普及してきている。特に苺の栽培ではこの高設栽培が広く実施されるようになった。この栽培方法は，栽培ベッドが高くなっているだけでなく，通常培地には土を使用していたが，土以外にも人工的な培地（ロックウール等）が使われるようになり，培地の軽量化による作業の省力化がなされるようになった。

この方法は露地栽培と異なり，ことのほか作物の根の管理や，培地内の水分の管理が重要となり，資材として，培地の底部には，水は通すが根は通さない透水・防根の性能を備えた資材が必要となる（写真4）。防根性は，この高設栽培では，通常，作物の苗を植え替えるのみで，シートおよび培地は数年使用するため根がシートに絡んだり，シートを通り抜けてしまうと，植え替え作業が困難となる。また，透水性においては，水が通らないと水が培地の中に溜まり，根が腐

第10章 不織布資材に要望される農業用途の動向

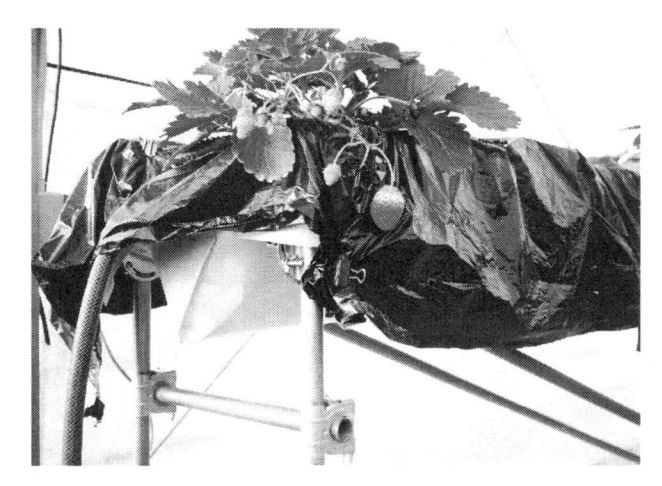

写真4 透水・防根シートの使用状況

るばかりか,軽量の人工培地であると培地が浮いてしまう不具合が起こりどちらも重要な性能である。

しかしながら,この透水と防根の性質は相反する性質であり,この用途に適した不織布は,十分な透水性を備えつつも,培地や作物の根が不織布の目に詰まらないあるいは詰まりにくい構成にすることが重要である。

### 3.4 いちごの内成らせシート

いちごは露地やハウス内にて栽培され,いちごの実は栽培される畝にて生育していた。このいちごの栽培には,マルチフィルムが,古くは,稲藁や牧草等が使用され,地温調整や雨および灌水による泥はね防止,土壌の乾燥や固結防止・雑草防止に役立てられてきた。

いちごは品種改良が各産地で頻繁になされ,味,大きさ,色,形あるいは病気に対する耐性等が改良されてきている。改良されたいちごの品種の中には味や形等は非常に良いが皮が柔らかく傷つきやすい品種や,培地の水分により傷みやすい品種がある。

この内成らせシートは,上述のような傷みやすいいちごの保護および培地による汚れを防止するために用いられる。この栽培方法は,栽培時に畝を二つ設け,いちごの実を二つの畝の内側にて生育させることから内成らせという(写真5)。このシートに要求される性能は,①いちごを傷つけないこと,②いちごの汁や水分が溜まった場合にいちごがいたむのを防ぐことである。これらの要求を満たすためには,柔軟性や通気性・透水性が必要であり,不織布の使用が適して

*213*

写真5　いちごの内成らせシートの使用状況

いるであろう。

## 3.5　糖度アップシート

　現在では，みかんを代表とする果実の糖度を上げる方法として，果樹が吸い上げる水の量を制限し果樹にストレスを与えることが一般的に知られている。昔からみかんの産地と言われている場所は，年間を通し雨が少なく，水はけの良い斜面で，かつ乾燥し易い土質で，根が地中方向に伸びにくい土地となっており，さらには海に近いところであることが特長であった。この特長は，雨が少なく，水はけが良いこと，および根が地中へ伸びにくいことから，果樹への水分供給が制限され結果として果実の糖度を向上させ，海による太陽光の反射で果実の色つきを良化させていた。つまり，このような好条件の畑以外では，高品質で高糖度の果実を作ることは，従来至難の業であった。

　しかし，果樹への水分供給を制限する資材を上手に使用し，資材による太陽光の反射により，従来果実生産に適していない環境であった産地でも十分糖度の上がった果実がえられることとなった（写真6）。

　この用途に利用される資材には，通常の不織布では備えにくい性能が要求され，地表から蒸散する水蒸気は通し，雨等の水は通さないという透湿・防水の性能および太陽光をある程度以上反射する性能が必要で，使用される資材としては極細繊維で構成された不織布，あるいは多孔質の

第10章　不織布資材に要望される農業用途の動向

写真6　糖度アップシート敷設状況

フィルムと不織布等の布帛を貼り合わせたものがある。

この資材は、まだ一部の産地でのみ使用されている程度であるが、今後、試験導入を経て全国の産地へと普及していくことであろう。

### 3.6　不織布資材の複合使用例

これまでに述べてきた農業用途の不織布はそれぞれの資材がさまざまな効果(作物の品質向上や作業者への負担軽減への効果)を得られる資材として利用されるようになった資材であるが、これらの資材を複数使用した栽培方法も実施されており、一例を紹介する。

この栽培方法はいちごの高設栽培の一種で、栃木県方式(図1)[1]として確立されているものである。具体的に説明すると、高設栽培には前述の透水・防根シートは通常使用されるが、この方式では、さらに前述の保水シートも使用され、保水シートは、培地の上および透水防根シートの下に敷設される。

培地の上のシートは培地上部からの灌水に利用され、病気の発生予防にも効果が見られる。透水・防根シートの下のシートは、シート下方に水や液肥を蓄えておき、下からの灌水(吸水)により水や肥料を与え、さらには透水・防根シートを湿潤状態に保持でき、透水・防根シートの乾燥による透水性の低下が予防でき、培地を良好な状態に保つことができる。

このように複数の不織布資材を効果的に使用することで、資材の使用期間の長期化および、肥

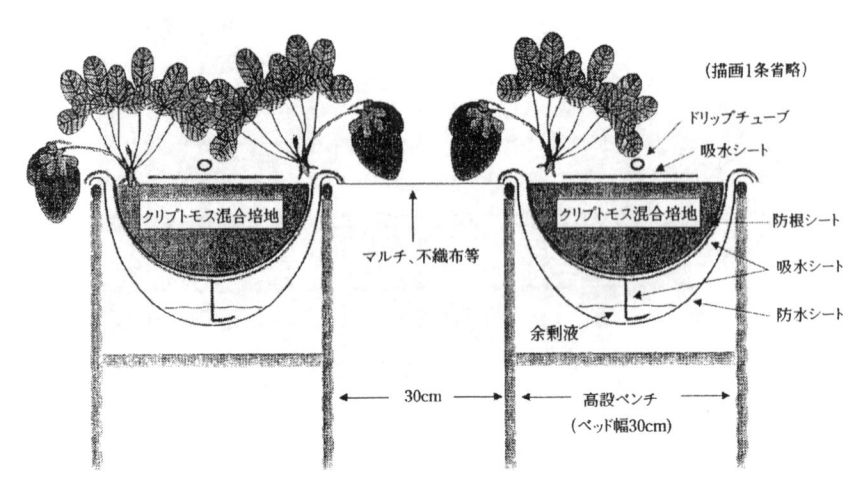

注) 1連ベンチの場合，30cm幅のベッドに2条植え
図1　閉鎖型養液管理システム図

料や農薬の使用量の低減及び適正化ができるようになる。

## 4　農業用途資材を取り巻く環境

　農業用途の不織布に関する近年の動向を用途例と共に述べてきたが，この農業用途の資材を取り巻く環境は，「廃棄物の処理及び清掃に関する法律」により，1997年には，農業用の使用済みプラスチックが産業廃棄物として定義され，さらに2000年には，産業廃棄物の野焼き等が禁止されたことにより，農家が自らの責任において適正に廃棄物を処理することが義務づけられている。
　また，認可されてない農薬等の使用禁止により，これまで散布していた害虫や病気対策用の農薬等が使用できなくなった。この影響により減農薬栽培が近年増加傾向を示しており，ますます農業用途資材への性能や効果に対する要求が高まることが予想され，農薬等の役目を代わりに果たすことを目的とした資材として，除草剤の使用を減らす目的での防草資材，害虫等の対策としての防虫資材，病気やさまざまな障害の発生を予防する資材が注目されるだろう。

第10章　不織布資材に要望される農業用途の動向

## 5　おわりに

　農業用途の資材に対する要望は，これまでハウス内の環境や作物の生育環境の改善による作物の品質向上や作物の周年栽培等による収穫量の向上に目が向けられてきたが，これからは，不織布の資材に限らず前述の法的規制を考慮することが必須となる。そのためには，使用済み資材の再利用（リサイクル）の推進や環境に優しい資材（生分解・光崩壊・天然資材）の使用推進が必要となるであろう。

　使用済みの資材の再利用についてはこれまでも種々検討されてきたが，現状ではまだ困難な課題であり，リサイクル率の向上にはさらに時間を要すると考えられる。そのため，農業資材の使用年数の長期化，および資材の軽量化を図るという方向で，廃棄物（ゴミ）排出量の減量が推し進められている。一方，環境に優しい素材を使用した資材の普及推進では，試験場や普及所，JA，販売店，篤農家およびメーカーの努力により現在では生分解性の樹脂を原料とした，農業用資材として，成型品資材，マルチフィルム，ロープ類，不織布ではべたがけ資材やポット資材向けに一部使用され始めている。しかしながら，農業資材全体から見ればまだまだ極少量であるため，これからも生分解性資材の農業分野への普及拡大が期待される。

　今後，最終的には全ての資材が生分解性の素材にて開発され，実用されることが望まれるが，当面は使用期間が3年未満程度の短期使用の資材には生分解性の素材が，そして使用期間が3～5年以上の長期使用の資材には現行品よりも長期間の使用が可能な資材が開発・使用されていくことと確信している。


**文　　献**

1) 松田　照男　2000　イチゴ　一歩先を行く栽培と経営　P156

# 第11章　新用途展開

## 1　光触媒空気清浄機

岡本誉士夫*

### 1.1　はじめに

　従来エネルギー変換材料であった光触媒が，ごく微量の汚染物質，たとえば悪臭や有害ガスの処理材料として研究され始めたのは1990年前後である。ダイキン工業は，1996年10月に，はじめて光触媒を利用した空気清浄機を開発し上市した。当時の家庭用空気清浄機は，従来の塵埃やタバコの煙を除去する集塵機能に付加して，脱臭や殺菌，カテキンによるウイルス除去機能を各社が訴求しはじめた頃で，市場の規模が100万台へと大きく伸びた時期でもあった。

　近年，マイナスイオンなどによる「癒し」，および，インフルエンザや新型肺炎SARSなどの影響による「除菌」に対する意識が高まり，空気清浄機の市場は拡大を続け2003年度は200万台を超える勢いである。

　当社は，「除菌」に着目し，アパタイトのタンパク質などの有機物を特異的に吸着する能力と光触媒の強力な酸化力を併せ持つ「光触媒チタンアパタイト」フィルタを搭載した空気清浄機を開発し[1,2]，世界に先駆け2003年8月に市場投入を行なった。

　本稿では，光触媒チタンアパタイトの概要，および，除菌性能の検証結果を中心に報告する。

### 1.2　光触媒チタンアパタイト

　ハイドロキシアパタイト（$Ca_{10}(PO_4)_6(OH)_2$）は，$Ca^{2+}$サイトではアミノ酸等の酸性基（$-COO^-$）を，陰イオンサイト（$HPO_4^{2-}$，$PO_4^{3-}$，$OH^-$）では塩基性基（$-NH^{3+}$）を吸着することが知られており，白血球の分離，タンパク質や脂質，ウイルスや細菌などの吸着能に優れた材料として，用途に応じてさまざまな形状のものが開発されつつある。

　富士通研究所の若村らによって開発された光触媒チタンアパタイトは，アパタイトにチタンイオンを導入することにより，アパタイトの有するタンパク質等の有機物を特異的に吸着する能力と，酸化チタンが有する光触媒機能，双方の特性を併せ持つことが報告[3]されている。

　さらに，本材料に関しては，太平化学産業の中川・松田らにより，光触媒チタンアパタイトの水系における吸着，および，光触媒活性による分解特性が報告[4,5]されている。

---

＊　Yoshio Okamoto　ダイキン工業㈱　空調生産本部　商品開発グループ　主任技師

第11章　新用途展開

## 1.3　光触媒チタンアパタイトの除菌性能の検証
### 1.3.1　電子顕微鏡による吸着状態の可視化
　光触媒チタンアパタイトが，インフルエンザウイルスや黄色ブドウ球菌を吸着する様子を電子顕微鏡での撮影により検証した。

#### (1)　インフルエンザウイルスの吸着
　「A型インフルエンザウイルス（H1N1，A/SWN/33）」を含む培養液を純水で希釈し，20mM-KP緩衝液で平衡化した光触媒チタンアパタイト粒子に吸着させる。次に，20mM-KP緩衝液で3回洗浄後，乾燥させ走査電子顕微鏡（Hitachi S4800）で観察した。
　微細なウイルスを捕獲した像を撮影することは非常に困難なため，山形大学医学部白澤信行助教授に協力いただき光触媒チタンアパタイト上に捕獲したウイルス粒子の撮影に成功した(図1)。

#### (2)　黄色ブドウ球菌の吸着
　黄色ブドウ球菌（HM11株）を生理的食塩水で洗浄し，沈査を生理的食塩水に再浮遊後，フィルタに吸着させる。次に，生理的食塩水で3回洗浄後，乾燥させ走査電子顕微鏡(Hitachi S4000)で観察した（図2）。

### 1.3.2　抗菌・抗ウイルス・毒素分解試験
　通常の抗菌剤を使用したフィルタの場合，細菌を殺すことができても死骸が残り，表面が細菌の死骸に覆われ抗菌作用が低下してしまう課題がある。一方，光触媒は，単に細菌を殺すだけでなく，その死骸，および，細菌から出る毒素まで分解できると考えられる。
　表1に，光触媒チタンアパタイトを担持した不織布フィルタの抗菌・抗ウイルス・毒素（エンテロトキシン：黄色ブドウ球菌生成毒素)分解試験結果を示す。光触媒チタンアパタイトフィル

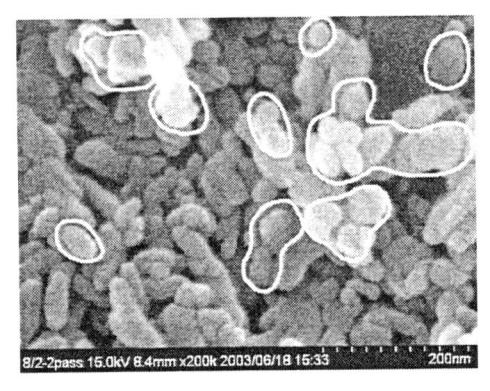

図1　インフルエンザウイルスの吸着

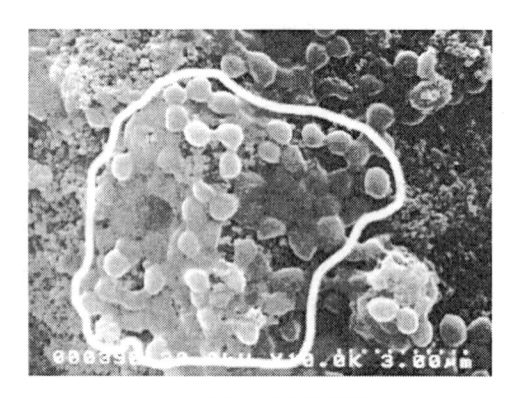

図2　黄色ブドウ球菌の吸着

表1　公的機関での検証結果

| 試験対象 | | 不活化率 | 試験機関・認定番号 |
|---|---|---|---|
| インフルエンザウイルス | | 99.99% | ㈶日本食品分析センター 第203052102号 |
| 抗菌 | 大腸菌（O-157） | 99.99% | ㈶日本食品分析センター 第203030567-001号 |
| | 黄色ブドウ球菌 | 99.99% | ㈶日本食品分析センター 第203030567-001号 |
| | クロカワカビ | 99.99% | ㈶日本食品分析センター 第203030567-001号 |
| 毒素 | エンテロトキシン | 99.9% | ㈶日本食品分析センター 第203050715-001号 |

タは除菌性能に優れているだけではなく，細菌が生成する毒素までも分解することが検証された。

### 1.3.3　アレルゲン不活化試験

　アレルゲンが体内に入ると，IgE抗体が生成され，肥満細胞と結合する。結合したIgE抗体とアレルゲンとが架橋し，肥満細胞からヒスタミンなどの刺激物質が放出され，血管や神経や粘膜を刺激し，せき・くしゃみ・鼻水などのアレルギー症状を発生する。

　すなわち，抗原が抗体へ結合しなければ，アレルギー反応は起こらないため，アレルゲンのIgE抗体結合部位を破壊することにより，アレルゲンを不活化することができると考えられる。

　そこで，光触媒チタンアパタイトフィルタのダニ，スギ花粉を対象としたアレルゲン不活化性能に関して，和歌山県立医科大学の鶴尾吉宏教授に協力いただき，評価試験を行った。

　①　1％BSA-PBS溶液をマイクロプレートに300$\mu$l/cell分注後，4℃で一晩保管PBS-Tにて

## 第11章 新用途展開

3回洗浄する。

② 光触媒チタンアパタイトに抗原(ダニ,スギそれぞれ)を添加する。抗原濃度300ng/ml,3000ng/ml,光触媒チタンアパタイト濃度10μg/mlとし,96穴マイクロプレートに200μlずつ分注する。

③ 分注後,ブラックライトを24時間照射。(光源(10WBLB:長さ300mm 3本)との距離は約10cm(UV強度約1mW/cm$^2$))。ブランクは光触媒チタンアパタイトなしで室温,遮光,24時間とした。

④ 24時間後にそれぞれ上清を用いて抗原量を測定した。

従来より,光触媒のアレルゲン不活化性能は知られているが,今回の試験結果より,光触媒チタンアパタイトのダニ,スギ花粉各抗原に対する99.6%以上の不活化効果が検証された。

### 1.3.4 花粉分解試験

通常,花粉は人の目や鼻や口に進入すると,水分により外側の殻が割れ中からアレルゲンが発生する。すなわち,アレルゲンを不活化するためには,まず,花粉の殻を分解する必要があると考えられる。そこで,光触媒チタンアパタイトとスギ花粉を混合し,乾燥状態で光を照射し電子顕微鏡での撮影により花粉の様子を確認した(図3)。

図3より,光触媒チタンアパタイトの強力な酸化分解反応により,花粉の殻が分解されていく

吸着前の花粉の様子　　　吸着後24時間後の様子

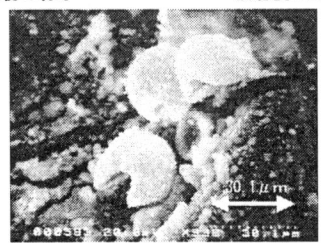

吸着後72時間後の様子

図3　スギ花粉分解試験結果

様子を可視化することができた。すなわち，花粉が鼻や目など湿度の高いところに付着し，破裂してアレルゲン物質を飛散する前に花粉の殻を分解し，アレルゲンそのものを不活化することができると考えられる。

### 1.4 家庭用空気清浄機への搭載

当社が上市している住宅用光触媒空気清浄機（光クリエール）の内部構造を図4に示す。

まず，最初の段にはプレフィルタが設置され，糸くずのような大きなごみや埃が除去される。次にプラズマイオン化部では，浮遊菌，ハウスダストやタバコ煙などの粒状物質はプラスに帯電され下流の不織布ロールフィルタで捕集される。不織布ロールフィルタの背面には光触媒チタンアパタイト，および，吸着剤が担持されている。

さらに，その下流には光触媒と吸着剤が担持されたコルゲート光触媒フィルタと，高寿命の冷陰極管タイプの紫外線ランプが4本設置されている。ランプは常時点灯しており，吸着された菌・ウイルス・臭気分子を光触媒作用で酸化分解し，吸着剤としての寿命を維持している。

### 1.5 まとめ

光触媒チタンアパタイトのウイルス・細菌の吸着性能を電子顕微鏡にて視覚的に確認した。また，光触媒チタンアパタイトを担持した不織布フィルタの抗菌，抗ウイルス，毒素分解性能を公

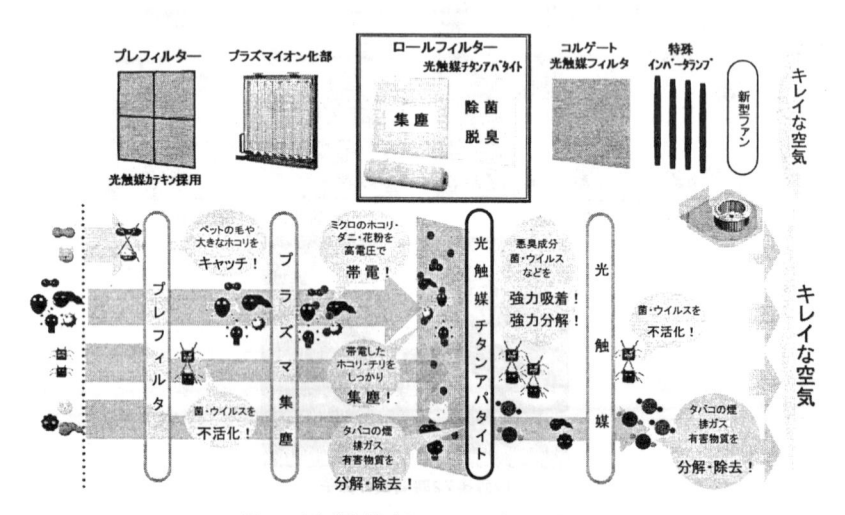

図4 空気清浄機（光クリエール）の内部構造

的機関において評価し，優れた除菌性能を有することを確認した。さらに，ダニ，スギ花粉各抗原に対するアレルゲン不活化性能を確認した。

## 1.6 今後の展開

「光触媒」は魔法の万能薬ではなく，化学反応は適切な量と，それにふさわしい条件のもとでのみ起きる現象である。今後，さまざまな用途展開と成長が見込める技術であるが，解決すべき課題も多い。

まず，光触媒による脱臭技術は投入する光エネルギー量によって限界処理量が決定される。光触媒は，徐々に付着し堆積するようなものに対しては有効であるが，一度に大量の物質を分解することは困難であり，特に，臭気の発生量が非常に多い場合には不向きである。さらに，光量が不十分な場合や反応時間が不十分な場合，中間体が発生する可能性が高い。

次に，光触媒は380nm以下の紫外線にのみ有効であるため，太陽光であれば数%，蛍光灯では効果が無い。近年，400nm以上の可視光領域にも応答のある光触媒が話題を呼んでおり，今後の研究成果が期待される。

## 文　献

1) Y. Okamoto and M. Wakamura et al.: Novel photocatalyst based on apatite and its application for air purification, 3rd International Workshop on the Utilization and Commercialization of Photocatalytic Systems, Coatings for Clean Surface, Water and Air Purification (2003)
2) 岡本　他：光触媒チタンアパタイトを搭載した空気清浄機の開発，建築環境・省エネルギー情報「IBEC」No.139 Vol24-4, 56-59 (2003)
3) M. Wakamura et al.: Photocatalysis by Calcium Hydroxyapatite Modified with Ti(IV): Albumin Decomposition and Bactericidal Effect, Langmuir 19, 3428-3431 (2003)
4) 中川　他：光触媒アパタイトの開発，第9回光触媒シンポジウム要旨集，104-105 (2002)
5) 松田　他：アパタイトの光触媒への応用について，PHOSPHORUS LETTER No.48 (2003)

## 2 生分解性不織布

松永 篤*

### 2.1 はじめに

自然環境下で分解するプラスチックとして生分解性プラスチックが注目され始め,不織布分野への応用も検討されている。市場に登場した90年代における生分解性プラスチックは「使用中は通常のプラスチックと同様に使え,使用後は自然界において微生物が関与して低分子化合物に分解させ,最終的には水や炭酸ガスなどに分解されるもの」と捉えられていた[1]。その後,国際標準化機構(ISO)の場で論議され,「特定の標準試験法の下で所定時間内でバクテリア,菌や藻類等微生物の作用によって指定された程度に分解を受けた場合,その材料は"生分解性"がある」とし,標準化試験法の下での所定量以上の生分解速度の確保を前提としている[1]。

現在,市場開拓が進んでいる生分解プラスチックには,微生物でポリマーを合成するもの,天然物を使用する物,化学合成でつくるもの,これらを複合したものがある。2003年4月時点で国内で実用展開されている生分解性プラスチックを分類して表1に示す。これらを大別すると,硬質樹脂の代表はポリ乳酸系(PLA),軟質樹脂はジオール・ジカルボン酸系(PBS),さらには

表1 代表的な生分解性ポリマーとその特性

| ポリマー | 商品名 | 製造企業 | 樹脂性質 |
|---|---|---|---|
| ポリヒドロキシブチレート | ビオグリーン | 三菱ガス化学 | 硬質 |
| ポリ(ヒドロキシブチレート/ヒドロキシヘキサノエート) | | 鐘淵化学工業 | 軟質 |
| ポリ乳酸 | Nature Works | Cargill Dow | 硬質 |
| | レイシア | 三井化学 | 硬質 |
| ポリカプロラクトン | TONE | Dow | 軟質 |
| | セルグリーン PH | ダイセル化学工業 | 軟質 |
| ポリ(カプロラクトン/ブチレンサクシネート) | セルグリーン CBS | | 軟質 |
| ポリブチレンサクシネート | ビオノーレ | 昭和高分子 | 軟質 |
| | GSPla | 三菱化学 | 軟質 |
| ポリ(ブチレンアジペート/テレフタレート) | Ecoflex | BASF | 軟質 |
| ポリ(テトラメチレンアジペート/テレフタレート) | Easter Bio GP | Eastman Chemicals | 軟質 |
| ポリ(エチレンテレフタレート/サクシネート) | Biomax | DuPont | 硬質 |
| 酢酸セルロース | セルグリーン PCA | ダイセル化学工業 | 硬質 |
| でんぷん/化学合成系 | Mater-Bi | Novamont/ケミテック | 硬質〜軟質 |

\* Atsushi Matsunaga ユニチカ㈱ スパンボンド技術部

## 第 11 章 新用途展開

でんぷん系が中心となって展開されている。

生分解性不織布といえば、短繊維不織布で以前より、「レーヨン」、「コットン」等天然素材を使用した不織布があるが、本稿ではあえて生分解性プラスチックからなる不織布について紹介する。

### 2.2 生分解プラスチックの成形性

生分解性ポリマーの成形加工性を支配する因子は結晶化速度と考えることができる。繊維の成形加工性、いわゆる溶融紡糸の場合には、冷却工程は極めて短く、この時間内に十分結晶化が進まないと、糸状は軟弱かつ粘着感の残ったものとなり糸状間でブロッキングを起こす。

生分解性プラスチックのなかでも、不織布への成形加工性に優れているのは、結晶化温度(Tc = 105℃) ならびにガラス転移温度 (Tg = 57℃) の高い PLA である。PLA は PET と比較的 Tg が近いことから、繊維化・不織布化は他の生分解性樹脂より優れており、国内では、東レ、カネボウ合繊、シンワ、ユニチカなどが展開している。

一方、Tg が低く、結晶化速度の遅いポリマーの場合には繊維化が困難となるが糸状冷却に工夫がなされ、このようなポリマーの繊維化・不織布化の研究・開発が各メーカーで進んでいる。

### 2.3 生分解プラスチックの環境分解特性

これら、生分解性不織布の最大の特徴である自然環境下での生分解速度であるが、でんぷん系、PBS 系は自然環境下での生分解速度はかなり速く、土壌中では通常 3 ヶ月前後で形状崩壊するまでに分解が進行する[2,3]。これは、土壌中にこれら化合物を分解する糸状菌などの微生物がかなり多く存在することを反映している。生分解機構はこれら微生物が菌体外に出すリパーゼなどの酵素による分解である[4]。

一方、PLA 系は高分子量 PLA を分解する微生物は自然環境中には少なく、比較的緩やかな分解挙動を示す。一般的に、土壌中や水中であれば、形状崩壊を起こすのに $3 \pm 0.5$ 年を要する。これは、分解機構が律速段階である加水分解により分解が始まり、ある程度分解が進むと次に微生物分解により加速され最終的に完全分解に至るという 2 段階の機構であることに起因する[5,6]。したがって、PLA 系は発酵熱が 60℃以上に達するコンポスト中では初期の加水分解が促進されるため、速やかに形状崩壊を起こし分解する。

図 1 には、PLA の環境分解特性の例として、PLA スパンボンドを地中栽培用植樹ポットとして約 4 年間にわたり分解挙動を試験した結果を紹介する。引張強力保持率がほぼ直線的に低下していることからも明らかなように、加水分解は着実に進行している。特に外力が加わらない静置下では 4 年後においても一定の形状を保っているが、外力が加わると形状崩壊ないしは細片

機能性不織布の新展開

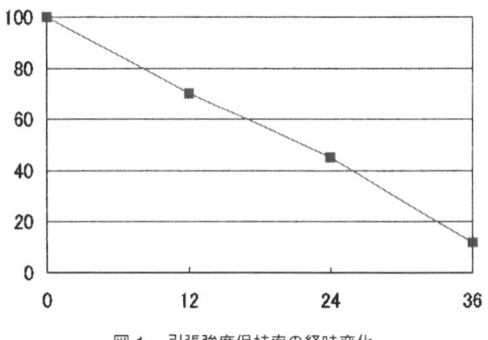

図1　引張強度保持率の経時変化

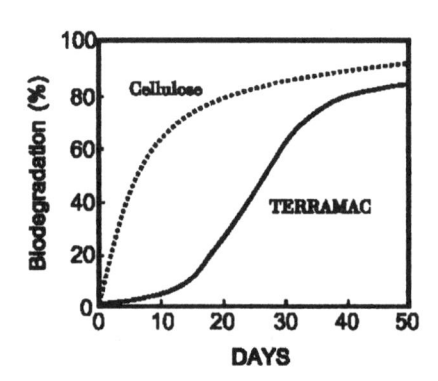

図2　好気性コンポスト試験

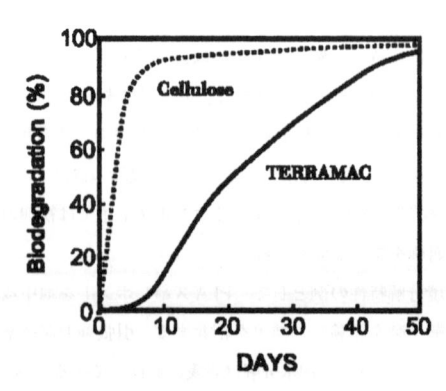

図3　嫌気性コンポスト試験

# 第11章 新用途展開

化するところまで分解が進行している。

図2，図3には，コンポスト中での分解挙動を示す。PLAスパンボンドは，ポジティブ・コントロールとしてのセルロースとほぼ同等の優れたコンポスト性を有する[7]。特に石油系生分解性プラスチックでは認められない嫌気性消化条件下でも分解される。

## 2.4 用途展開
### 2.4.1 農業・土木・園芸用途

上述の環境分解特性を適用できる用途としては，農業・土木・園芸用資材があげられる。農業分野では，農産廃物や使用済み農業資材の野焼きが禁止され，その廃棄物処理が問題となっている。農資材では，生分解性素材に対する期待が大きい。保温や霜よけを目的として用いられる「べたがけ」が代表的である。

【具体例】べたがけ，植樹ポット，ハウス内張カーテン，育苗床，植生シート，法面保護材，マルチシート，ドレイン材，防草シート，飛灰押えシート，トンネル

### 2.4.2 生活・雑貨・衛生用途

生活・雑貨・衛生用資材は生ゴミのような有機性廃棄物とともにコンポスト化処理されることが望ましいが，現在の日本のゴミ処理のインフラ整備の遅れもあって，なかなかコンポスト化処理できるというメリットが生かされていない。したがって，環境に優しい素材として製品化に取り組んでいる例が多い。

【具体例】ティーバッグ，使い捨てオムツ，カーペット基布，生ゴミ水切りネット，買い物袋，

## 2.5 最近の動向
### 2.5.1 行政の動向[1]

2002年に内閣府のBT（バイオテクノロジー）戦略体網，農林水産省のバイオ生分解素材の開発およびバイオマス・ニッポン（BN）総合戦略等，生分解素材が関連する施策が大きく進み，生分解性プラスチックは資源循環型社会の基盤資材として着実に前進している。

### 2.5.2 ポリマーメーカーの動向[1]

2002年の全世界での生分解性プラスチックの生産量は，7～8万トン程度に拡大したと思われる。カーギル・ダウが2001年11月にPLAの14万トン／年の製造設備を稼働させたことが背景にある。また，2001年から2002年にかけて，Novamont社およびBASF社は相次いで，Mater-BiおよびEcoflexの製造設備の増設を発表している。

一方，わが国を代表する生分解性プラスチックのメーカーである昭和高分子は，2004年を目指したビオノーレ製造設備の倍増体制への移行を示している。三菱化学／味の素は，将来，バイ

オベースのこはく酸および1,4-ブタンジオールから製造するPBS系生分解性プラスチック(GSPla)の生産を発表している。また，島津製作所から事業権譲渡を受けたトヨタ自動車のPLAは今後注目されるであろう。

## 2.6 今後の課題

ポリ乳酸は，前述したように成形性が他生分解性ポリマーよりも優れていることから，生分解性不織布として先行しているが，ポリ乳酸からなる不織布は硬いという欠点も併せ持っている。一例として，ポリ乳酸と軟質系ポリマーとの複合繊維の研究・開発が各不織布メーカーで盛んに実施されている[8]。この複合繊維からなる不織布は，ポリ乳酸の硬さを改質する目的とともに，ポリ乳酸の融点と軟質樹脂の融点差を利用した生分解性バインダー繊維としての機能が付加されるため実用化が期待される。

今後は，「柔軟」と「耐熱」が研究・開発のキーワードとなるであろう。「柔軟タイプ」とは，汎用樹脂でいうポリオレフィンに匹敵する柔らかさであり，「耐熱タイプ」とは具体的には，自動車用内装材を意識した不織布である。これら不織布の開発が今後のさらなる用途開発の切り口となるであろう。

## 文　献

1) ポリマーダイジェスト　2003・5
2) M. Mochizuki, T. Hayshi, K. Nakayama, and T. Matsuda, *Pure And Appl. Chem.*, **71** (11), 2177(1999)
3) 望月政嗣，村瀬繁満，稲垣まどか，冠　善博，工藤和成，繊維学会誌，**53** (9), 348 (1997)
4) M. Mochizuki, M. Hirano, Y. Kanmuri, K. Kudo and Y. Tokiwa, *J.Appl. Polym. sci.*, **55**, 389 (1995)
5) J. Lunt, *Polymer Degradation and Stability*, **59**, 145 (1998)
6) 望月政嗣，"生分解性高分子"，筏　義人編，アイピーシー (1999), P.292
7) 望月政嗣，"生分解性ケミカルスとプラスチック"，冨田耕右監修，シーエムシー (2000), P.145
8) 特開 2004-3073

《CMCテクニカルライブラリー》発行にあたって

　弊社は、1961年創立以来、多くの技術レポートを発行してまいりました。これらの多くは、その時代の最先端情報を企業や研究機関などの法人に提供することを目的としたもので、価格も一般の理工書に比べて遙かに高価なものでした。
　一方、ある時代に最先端であった技術も、実用化され、応用展開されるにあたって普及期、成熟期を迎えていきます。ところが、最先端の時代に一流の研究者によって書かれたレポートの内容は、時代を経ても当該技術を学ぶ技術書、理工書としていささかも遜色のないことを、多くの方々が指摘されています。
　弊社では過去に発行した技術レポートを個人向けの廉価な普及版《CMCテクニカルライブラリー》として発行することとしました。このシリーズが、21世紀の科学技術の発展にいささかでも貢献できれば幸いです。
2000年12月

株式会社　シーエムシー出版

---

機能性不織布
　─原料開発から産業利用まで─　　　　　　　　　　　　　　　　　(B0896)

2004年 5月31日　初　版　第1刷発行
2009年11月24日　普及版　第1刷発行

監　修　日向　　明　　　　　　　　　Printed in Japan
発行者　辻　　賢司
発行所　株式会社　シーエムシー出版
　　　　東京都千代田区内神田1-13-1　豊島屋ビル
　　　　電話 03(3293)2061
　　　　http://www.cmcbooks.co.jp

〔印刷　倉敷印刷株式会社〕　　　　　　　　© A. Hinata, 2009

定価はカバーに表示してあります。
落丁・乱丁本はお取替えいたします。

ISBN978-4-7813-0140-2 C3058 ¥3200E

本書の内容の一部あるいは全部を無断で複写（コピー）することは，法律で認められた場合を除き，著作者および出版社の権利の侵害になります。

## CMCテクニカルライブラリー のご案内

| 書籍情報 | 構成および内容 |
|---|---|
| **ゴム材料ナノコンポジット化と配合技術**<br>編集/鞠谷信三/西敏夫/山口幸一/秋葉光雄<br>ISBN978-4-7813-0087-0　B879<br>A5判・323頁　本体4,600円+税（〒380円）<br>初版2003年7月　普及版2009年6月 | 【配合設計】HNBR／加硫系薬剤／シランカップリング剤／白色フィラー／不溶性硫黄／カーボンブラック／シリカ・カーボン複合フィラー／難燃剤（EVA 他）／相溶化剤／加工助剤 他【ゴム系ナノコンポジットの材料】ゾル-ゲル法／動的架橋型熱可塑性エラストマー／医療材料／耐熱性／配合と金型設計／接着／TPE 他<br>執筆者：妹尾政宣／竹村泰彦／細谷 潔 他19名 |
| **有機エレクトロニクス・フォトニクス材料・デバイス**<br>―21世紀の情報産業を支える技術―<br>監修/長村利彦<br>ISBN978-4-7813-0086-3　B878<br>A5判・371頁　本体5,200円+税（〒380円）<br>初版2003年9月　普及版2009年6月 | 【材料】光学材料（含フッ素ポリイミド 他）／電子材料（アモルファス分子材料／カーボンナノチューブ 他）【プロセス・評価】配向・配列制御／微細加工【機能・基盤】変換／伝送／記録／変調・演算／蓄積・貯蔵（リチウム系二次電池）／【新デバイス】pn接合有機太陽電池／燃料電池／有機ELディスプレイ用発光材料 他<br>執筆者：城田靖彦／和田善玄／安藤慎治 他35名 |
| **タッチパネル―開発技術の進展―**<br>監修/三谷雄二<br>ISBN978-4-7813-0085-6　B877<br>A5判・181頁　本体2,600円+税（〒380円）<br>初版2004年12月　普及版2009年6月 | 構成および内容：光学式／赤外線イメージセンサー方式／超音波表面弾性波方式／SAW方式／静電容量式／電磁誘導方式デジタイザ／抵抗膜式／スピーカー体型／携帯端末向けフィルム／タッチパネル用印刷インキ／抵抗膜式タッチパネルの評価方法と装置／凹凸テクスチャ感を表現する静電触感ディスプレイ／画面特性とキーボードレイアウト<br>執筆者：伊勢有一／大久保諭隆／齊藤典生 他17名 |
| **高分子の架橋・分解技術**<br>―グリーンケミストリーへの取組み―<br>監修/角岡正弘／白井正充<br>ISBN978-4-7813-0084-9　B876<br>A5判・299頁　本体4,200円+税（〒380円）<br>初版2004年6月　普及版2009年5月 | 【基礎と応用】架橋剤と架橋反応（フェノール樹脂 他／架橋構造の解析（紫外線硬化樹脂／フォトレジスト用感光剤）／機能性高分子の合成（可逆的架橋／光架橋・熱分解系）【機能性材料開発の最近動向】熱を利用した架橋反応／UV硬化システム／電子線・放射線利用／リサイクルおよび機能性材料合成のための分解反応 他<br>執筆者：松本 昭／石倉慎一／合屋文明 他28名 |
| **バイオプロセスシステム**<br>-効率よく利用するための基礎と応用-<br>編集/清水 浩<br>ISBN978-4-7813-0083-2　B875<br>A5判・309頁　本体4,400円+税（〒380円）<br>初版2002年11月　普及版2009年5月 | 構成および内容：現状と展開（ファジィ推論／遺伝アルゴリズム 他）／バイオプロセス操作と培養装置（酸素移動現象と微生物反応の関わり）／計測技術（プロセス変数／物質濃度 他）／モデル化・最適化（遺伝子ネットワークモデリング）／培養プロセス制御（流加培養 他）／代謝工学（代謝フラックス解析）／応用（嗜好食品品質評価／医療用工学）他<br>執筆者：吉田敏臣／滝口 昇／岡本正宏 他22名 |
| **導電性高分子の応用展開**<br>監修/小林征男<br>ISBN978-4-7813-0082-5　B874<br>A5判・334頁　本体4,600円+税（〒380円）<br>初版2004年4月　普及版2009年5月 | 構成および内容：【開発】電気伝導／パターン形成法／有機ELデバイス【応用】線路形素子／二次電池／湿式太陽電池／有機半導体／熱電変換機能／アクチュエータ／防食被覆／調光ガラス／帯電防止材料／ポリマー薄膜トランジスタ 他【特許】出願動向／欧米における開発動向】ポリマー薄膜フィルムトランジスタ／新世代太陽電池 他<br>執筆者：中川善嗣／大森 裕／深海 隆 他18名 |
| **バイオエネルギーの技術と応用**<br>監修/柳下立夫<br>ISBN978-4-7813-0079-5　B873<br>A5判・285頁　本体4,000円+税（〒380円）<br>初版2003年10月　普及版2009年4月 | 構成および内容：【熱化学的変換技術】ガス化技術／バイオディーゼル【生物化学的変換技術】メタン発酵／エタノール発酵【応用】石炭・木質バイオマス混焼技術／木質を使った熱電供給の発電所／コージェネレーションシステム／木質バイオマスーペレット製造／焼酎副産物リサイクル設備／自動車用燃料製造装置／バイオマス発電の海外展開<br>執筆者：田中忠良／松村幸彦／美濃輪智朗 他35名 |
| **キチン・キトサン開発技術**<br>監修/平野茂博<br>ISBN978-4-7813-0065-8　B872<br>A5判・284頁　本体4,200円+税（〒380円）<br>初版2004年3月　普及版2009年4月 | 構成および内容：分子構造（βキチンの成層化合物形成）／溶媒／分解／化学修飾／酵素（キトサナーゼ／アロサミジン）／遺伝子（海洋細菌のキチン分解機構）／バイオ農林業（人工樹皮：キチンによる樹木皮組織の創傷治癒）／医薬・医療／食（ガン細胞障害活性テスト）／化粧品／工業（無電解めっき用前処理剤／生分解性高分子複合材料） 他<br>執筆者：金成正和／奥山健二／斎藤幸恵 他36名 |

※ 書籍をご購入の際は、最寄りの書店にご注文いただくか、㈱シーエムシー出版のホームページ（http://www.cmcbooks.co.jp/）にてお申し込み下さい。

## ≫ CMCテクニカルライブラリー のご案内 ≪

### 次世代光記録材料
監修／奥田昌宏
ISBN978-4-7813-0064-1　　B871
A5判・277頁　本体3,800円＋税（〒380円）
初版2004年1月　普及版2009年4月

構成および内容：【相変化記録とブルーレーザー光ディスク】相変化電子メモリー／相変化チャンネルトランジスタ／Blu-ray Disc技術／青紫色半導体レーザ／ブルーレーザー対応酸化物系追記型光記録膜 他【超高密度記録技術と材料】近接場光記録／3次元多層光メモリ／ホログラム光記録と材料／フォトンモード分子光メモリと材料 他
執筆者：寺尾元康／影山喜之／柚須圭一郎 他23名

### 機能性ナノガラス技術と応用
監修／平尾一之／田中修平／西井準治
ISBN978-4-7813-0063-4　　B870
A5判・214頁　本体3,400円＋税（〒380円）
初版2003年12月　普及版2009年3月

構成および内容：【ナノ粒子分散・析出技術】アサーマル・ナノガラス【ナノ構造形成技術】高次構造化／有機-無機ハイブリッド（気孔配向膜／ゾルゲル法）／外部場操作【光回路用技術】三次元ナノガラス光回路【光メモリ用技術】集光機能（光ディスクの市場／コバルト酸化物薄膜）／光メモリヘッド用ナノガラス（埋め込み回折格子） 他
執筆者：永金知浩／中澤達洋／山下 勝 他15名

### ユビキタスネットワークとエレクトロニクス材料
監修／宮代文夫／若林信一
ISBN978-4-7813-0062-7　　B869
A5判・315頁　本体4,400円＋税（〒380円）
初版2003年12月　普及版2009年3月

構成および内容：【テクノロジードライバ】携帯電話／ウェアラブル機器／RFIDタグ／タグチップ／マイクロコンピュータ／センシング・システム【高分子エレクトロニクス材料】エポキシ樹脂の高性能化／ポリイミドフィルム／有機発光デバイス用材料【新技術・新材料】超高速ディジタル信号伝送／MEMS技術／ポータブル燃料電池／電子ペーパー 他
執筆者：福岡義孝／八甫谷明彦／朝 智 他23名

### アイオノマー・イオン性高分子材料の開発
監修／矢野紳一／平沢栄作
ISBN978-4-7813-0048-1　　B866
A5判・352頁　本体5,000円＋税（〒380円）
初版2003年9月　普及版2009年2月

構成および内容：定義, 分類と化学構造／イオン会合体（形成と構造／転移）／物性・機能（スチレンアイオノマー／ESR分光法／多重共鳴法／イオンホッピング／溶液物性／圧力センサー機能／永久帯電他）／応用（エチレン系アイオノマー／ポリマー改質剤／燃料電池用高分子電解質膜／スルホン化EPDM／歯科材料（アイオノマーセメント）他）
執筆者：池田裕子／杏木祥一／舘野 均 他18名

### マイクロ/ナノ系カプセル・微粒子の応用展開
監修／小石眞純
ISBN978-4-7813-0047-4　　B865
A5判・332頁　本体4,600円＋税（〒380円）
初版2003年8月　普及版2009年2月

構成および内容：【基礎と設計】ナノ医療：ナノロボット 他【応用】記録・表示材料（重合法トナー 他）／ナノパーティクルによる薬物送達／化粧品・香料／食品（ビール酵母／バイオカプセル 他）／農薬／土木・建築（球状セメント 他）【微粒子技術】コアーシェル構造球状シリカ粒子／金・半導体ナノ粒子／Pbフリーはんだボール 他
執筆者：山下 俊／三島健司／松山 清 他39名

### 感光性樹脂の応用技術
監修／赤松 清
ISBN978-4-7813-0046-7　　B864
A5判・248頁　本体3,400円＋税（〒380円）
初版2003年8月　普及版2009年1月

構成および内容：医療用（歯科領域／生体接着・創傷被覆剤／光硬化性キトサンゲル）／光硬化, 熱硬化併用樹脂（接着剤のシート化）／印刷（フレキソ印刷／スクリーン印刷）／エレクトロニクス（層間絶縁膜材料／可視光硬化型シール剤／半導体ウェハ加工用粘・接着テープ）／塗料, インキ（無機・有機ハイブリッド塗料／デュアルキュア塗料） 他
執筆者：小出 武／石原雅之／岸本芳男 他16名

### 電子ペーパーの開発技術
監修／面谷 信
ISBN978-4-7813-0045-0　　B863
A5判・212頁　本体3,000円＋税（〒380円）
初版2001年11月　普及版2009年1月

構成および内容：【各種方式（要素技術）】非水系電気泳動型電子ペーパー／サーマルリライタブル／カイラルネマチック液晶／フォトンモードでのフルカラー書き換え記録方式／エレクトロクロミック方式／消去再生可能な乾式トナー作像方式 他【応用開発技術】理想的ヒューマンインターフェース条件／ブックオンデマンド／電子黒板 他
執筆者：堀田吉彦／関根啓子／植田秀昭 他11名

### ナノカーボンの材料開発と応用
監修／篠原久典
ISBN978-4-7813-0036-8　　B862
A5判・300頁　本体4,200円＋税（〒380円）
初版2003年8月　普及版2008年12月

構成および内容：【現状と展望】カーボンナノチューブ 他【基礎科学】ピーポッド 他【合成技術】アーク放電法によるナノカーボン／金属内包フラーレンの量産技術／2層ナノチューブ【実際技術】燃料電池／フラーレン誘導体を用いた有機太陽電池／水素吸着現象／LSI配線ビア／単一電子トランジスタ／電気二重層キャパシター／導電性樹脂
執筆者：宍戸 潔／加藤 誠／加藤立久 他29名

※書籍をご購入の際は、最寄りの書店にご注文いただくか、㈱シーエムシー出版のホームページ（http://www.cmcbooks.co.jp/）にてお申し込み下さい。

# CMCテクニカルライブラリーのご案内

## プラスチックハードコート応用技術
監修／井手文雄
ISBN978-4-7813-0035-1　　　　B861
A5判・177頁　本体2,600円＋税（〒380円）
初版2004年3月　普及版2008年12月

**構成および内容**：【材料と特性】有機系（アクリレート系／シリコーン系 他）／無機系／ハイブリッド系（光カチオン硬化型 他）【応用技術】自動車用部品／携帯電話向けUV硬化型ハードコート剤／眼鏡レンズ（ハイインパクト加工）／建築材料（建材化粧シート／環境問題／光ディスク【市場動向】PVC床コーティング／樹脂ハードコート 他
**執筆者**：栢木 實／佐々木裕／山谷正明 他8名

## ナノメタルの応用開発
編集／井上明久
ISBN978-4-7813-0033-7　　　　B860
A5判・300頁　本体4,200円＋税（〒380円）
初版2003年8月　普及版2008年11月

**構成および内容**：機能材料（ナノ結晶軟磁性合金／バルク合金／水素吸蔵 他）／構造用材料（高強度合金／原子力材料／蒸着ナノAl合金膜 他）／分析・解析技術（高分解能電子顕微鏡／放射光回折・分光法 他）／製造技術（粉末固化成形／放電焼結法／微細精密加工／電解析出法 他）／応用（時効析出アルミニウム合金／ピーニング用高硬度投射材 他）
**執筆者**：牧野彰宏／沈 宝龍／福永博俊 他49名

## ディスプレイ用光学フィルムの開発動向
監修／井手文雄
ISBN978-4-7813-0032-0　　　　B859
A5判・217頁　本体3,200円＋税（〒380円）
初版2004年2月　普及版2008年11月

**構成および内容**：【光学高分子フィルム】設計／製膜技術 他【偏光フィルム】高機能性／染料系 他【位相差フィルム】λ/4波長板 他【輝度向上フィルム】集光フィルム・プリズムシート 他【バックライト用】導光板／反射シート 他【プラスチックLCD用フィルム基板】ポリカーボネート／プラスチックTFT 他【反射防止】ウェットコート 他
**執筆者**：綱島研二／斎藤 拓／善如寺芳弘 他19名

## ナノファイバーテクノロジー －新産業発掘戦略と応用－
監修／本宮達也
ISBN978-4-7813-0031-3　　　　B858
A5判・457頁　本体6,400円＋税（〒380円）
初版2004年2月　普及版2008年10月

**構成および内容**：【総論】現状と展望／ファイバーにみるナノサイエンス 他／海外の現状【基礎】ナノ紡糸（カーボンナノチューブ 他）／ナノ加工（ポリマークレイナノコンポジット／ナノボイド 他）／ナノ計測（走査プローブ顕微鏡 他）【応用】ナノバイオニック産業（バイオチップ 他）／環境調和エネルギー産業（バッテリーセパレータ 他）
**執筆者**：梶 慶輔／梶原莞爾／赤池敏宏 他60名

## 有機半導体の展開
監修／谷口彬雄
ISBN978-4-7813-0030-6　　　　B857
A5判・283頁　本体4,000円＋税（〒380円）
初版2003年10月　普及版2008年10月

**構成および内容**：【有機半導体素子】有機トランジスタ／電子写真用感光体／有機LED（リン光材料）／色素増感太陽電池／二次電池／コンデンサ／圧電・焦電／インテリジェント材料（カーボンナノチューブ／薄膜から単一分子デバイスへ 他）【プロセス】分子配列・配向制御／有機エピタキシャル成長／超薄膜作製／インクジェット製膜【索引】
**執筆者**：小林俊介／堀田 收／柳 久雄 他23名

## イオン液体の開発と展望
監修／大野弘幸
ISBN978-4-7813-0023-8　　　　B856
A5判・255頁　本体3,600円＋税（〒380円）
初版2003年2月　普及版2008年9月

**構成および内容**：合成（アニオン交換法／酸エステル法 他）／物理化学（極性評価／イオン拡散係数 他）／機能性溶媒（反応場への適用／分離・抽出溶媒／光化学反応 他）／機能設計（イオン伝導／液晶型／非ハロゲン系 他）／高分子化（イオンゲル／両性電解質／DNA 他）／イオニクスデバイス（リチウムイオン電池／太陽電池／キャパシタ 他）
**執筆者**：萩原理加／宇恵 誠／菅 孝剛 他25名

## マイクロリアクターの開発と応用
監修／吉田潤一
ISBN978-4-7813-0022-1　　　　B855
A5判・233頁　本体3,200円＋税（〒380円）
初版2003年1月　普及版2008年9月

**構成および内容**：【マイクロリアクターとは】特長／構造体・製作技術／流れの制御と計測技術／世界の最先端の研究動向／化学合成・エネルギー変換・バイオプロセス／化学工業のための新生技術 他【マイクロ合成化学】有機合成反応／触媒反応と重合反応【マイクロ化学工学】マイクロ単位操作研究／マイクロ化学プラントの設計と制御
**執筆者**：菅原 徹／細川和生／藤井輝夫 他22名

## 帯電防止材料の応用と評価技術
監修／村田雄司
ISBN978-4-7813-0015-3　　　　B854
A5判・211頁　本体3,000円＋税（〒380円）
初版2003年7月　普及版2008年8月

**構成および内容**：処理剤（界面活性剤系／シリコン系／有機ホウ素系 他）／ポリマー材料（金属薄膜形成帯電防止フィルム 他）／繊維（導電材混入型／金属化合物型 他）／用途別（静電気対策包装材料／グラスライニング／衣料 他）／評価技術（エレクトロメータ／電荷減衰測定／空間電荷分布の計測）／評価基準（床、作業表面、保管棚 他）
**執筆者**：村田雄司／後藤伸也／細川泰徳 他19名

※書籍をご購入の際は、最寄りの書店にご注文いただくか、㈱シーエムシー出版のホームページ（http://www.cmcbooks.co.jp/）にてお申し込み下さい。

## CMCテクニカルライブラリー のご案内

### 強誘電体材料の応用技術
監修／塩﨑 忠
ISBN978-4-7813-0014-6　　　　　B853
A5判・286頁　本体4,000円＋税　（〒380円）
初版2001年12月　普及版2008年8月

構成および内容：【材料の製法, 特性および評価】酸化物単結晶／強誘電体セラミックス／高分子材料／薄膜（化学溶液堆積法 他）／強誘電性液晶／コンポジット【応用とデバイス】誘電（キャパシタ 他）／圧電（弾性表面波デバイス／フィルタ／アクチュエータ 他）／焦電・光学／記憶・記録・表示デバイス／【新しい現象および評価法】材料、製法
執筆者：小松隆一／竹中 正／田實佳郎　他17名

### 自動車用大容量二次電池の開発
監修／佐藤 登／境 哲男
ISBN978-4-7813-0013-9　　　　　B852
A5判・275頁　本体3,800円＋税　（〒380円）
初版2003年12月　普及版2008年7月

構成および内容：【総論】電動車両システム／市場展望【ニッケル水素電池】材料技術／ライフサイクルデザイン【リチウムイオン電池】電解液と電極の最適化による長寿命化／安全性【鉛電池】42V システムの展望／劣化機構の解析【キャパシタ】ハイブリッドトラック・バス【電気自動車とその周辺技術】電動コミュータ／急速充電器 他
執筆者：堀江英明／竹下秀夫／押谷政彦　他19名

### ゾル-ゲル法応用の展開
監修／作花済夫
ISBN978-4-7813-0007-8　　　　　B850
A5判・208頁　本体3,000円＋税　（〒380円）
初版2000年5月　普及版2008年7月

構成および内容：【総論】ゾル-ゲル法の概要【プロセス】ゾルの調製／ゲル化と無機バルク体の形成／有機・無機ナノコンポジット／セラミックス繊維／乾燥、焼結【応用】ゾル-ゲル法バルク材料の応用／薄膜材料／粒子・粉末材料／ゾル-ゲル法応用の新展開（微細パターニング／太陽電池／蛍光体／高活性触媒／木材改質）／その他の応用　他
執筆者：平野眞一／余語利信／坂本 渉　他28名

### 白色LED照明システム技術と応用
監修／田口常正
ISBN978-4-7813-0008-5　　　　　B851
A5判・262頁　本体3,600円＋税　（〒380円）
初版2003年6月　普及版2008年6月

構成および内容：白色LED研究開発の状況：歴史的背景／光源の基礎特性／発光メカニズム／青色LED、近紫外LEDの作製（結晶成長／デバイス作製 他／高効率近紫外LEDと白色LED（ZnSe系白色LED 他）／実装化技術（蛍光体とパッケージング 他）／応用と実用化（一般照明装置の製品化 他）／海外の動向, 研究開発予測および市場性 他
執筆者：内田裕士／森 哲／山田陽一　他24名

### 炭素繊維の応用と市場
編著／前田 豊
ISBN978-4-7813-0006-1　　　　　B849
A5判・226頁　本体3,000円＋税　（〒380円）
初版2000年11月　普及版2008年6月

構成および内容：炭素繊維の特性（分類／形態／市販炭素繊維製品／性質／周辺繊維 他）／複合材料の設計・成形・後加工・試験検査／最新応用技術／炭素繊維・複合材料の用途分野別の最新動向（航空宇宙分野／スポーツ・レジャー分野／産業・工業分野 他）／メーカー・加工業者の現状と動向（炭素繊維メーカー／特許からみたCFメーカー／FRP成形加工業者／CFRPを取り扱う大手ユーザー 他）他

### 超小型燃料電池の開発動向
編ャ／神谷信行／梅田 實
ISBN978-4-88231-994-8　　　　　B848
A5判・235頁　本体3,400円＋税　（〒380円）
初版2003年6月　普及版2008年5月

構成および内容：直接形メタノール燃料電池／マイクロ燃料電池・マイクロ改質器／二次電池との比較／固体高分子電解質膜／電極材料／MEA（膜電極接合体）／平面積層方式／燃料の多様化（アルコール, アセタール系／ジメチルエーテル／水素化ホウ素燃料／アスコルビン酸／グルコース 他）／計測評価法（セルインピーダンス／パルス負荷 他）
執筆者：内田 勇／田中秀治／畑中達也　他10名

### エレクトロニクス薄膜技術
監修／白木靖寛
ISBN978-4-88231-993-1　　　　　B847
A5判・253頁　本体3,600円＋税　（〒380円）
初版2003年5月　普及版2008年5月

構成および内容：計算化学による結晶成長制御手法／常圧プラズマCVD技術／ラダー電極を用いたVHFプラズマ応用薄膜形成技術／触媒化学気相堆積法／コンビナトリアルテクノロジー／パルスパワー技術／半導体薄膜の作製（高誘電体ゲート絶縁膜 他）／ナノ構造磁性薄膜の作製とスピントロニクスへの応用（強磁性トンネル接合（MTJ）他）他
執筆者：久保百司／宮本 明　他23名

### 高分子添加剤と環境対策
監修／大勝靖一
ISBN978-4-88231-975-7　　　　　B846
A5判・370頁　本体5,400円＋税　（〒380円）
初版2003年5月　普及版2008年4月

構成および内容：総論（劣化の本質と防止／添加剤の相乗・拮抗作用 他）／機能維持剤（紫外線吸収剤／アミン系／イオウ系／リン系／金属捕捉剤 他）／機能付与剤（加工／光化学性／電気性／表面性／バルク性 他）／添加剤の分析と環境対策（高温ガスクロによる分析／変色トラブルの解析例／内分泌かく乱化学物質／添加剤と法規制 他）
執筆者：飛田悦男／児島史利／石井玉樹　他30名

※ 書籍をご購入の際は、最寄りの書店にご注文いただくか、㈱シーエムシー出版のホームページ（http://www.cmcbooks.co.jp/）にてお申し込み下さい。

## CMCテクニカルライブラリーのご案内

### 農薬開発の動向 -生物制御科学への展開-
監修／山本 出
ISBN978-4-88231-974-0　　　　B845
A5判・337頁　本体5,200円＋税（〒380円）
初版2003年5月　普及版2008年4月

構成および内容：殺菌剤（細胞膜機能の阻害剤 他）／殺虫剤（ネオニコチノイド系剤 他）／殺ダニ剤（神経作用性 他）／除草剤・植物成長調節剤（カロチノイド生合成阻害剤 他）／製剤／生物農薬（ウイルス剤 他）／天然物／遺伝子組換え作物／昆虫ゲノム研究の害虫防除への展開／創薬研究へのコンピュータ利用／世界の農薬市場／米国の農薬規制
執筆者：三浦一郎／上原正浩／織田雅次　他17名

### 耐熱性高分子電子材料の展開
監修／柿本雅明・江坂 明
ISBN978-4-88231-973-3　　　　B844
A5判・231頁　本体3,200円＋税（〒380円）
初版2003年5月　普及版2008年3月

構成および内容：【基礎】耐熱性高分子の分子設計／耐熱性高分子の物性／低誘電率材料の分子設計／光反応性耐熱性材料の分子設計【応用】耐熱注型材料／ポリイミドフィルム／アラミド繊維紙／アラミドフィルム／耐熱性粘着テープ／半導体封止用成形材料／その他注目材料（ベンゾシクロブテン樹脂／液晶ポリマー／BTレジン 他）
執筆者：今井淑夫／竹市 力／後藤幸平　他16名

### 二次電池材料の開発
監修／吉野 彰
ISBN978-4-88231-972-6　　　　B843
A5判・266頁　本体3,800円＋税（〒380円）
初版2003年5月　普及版2008年3月

構成および内容：【総論】リチウム系二次電池の技術と材料・原理と基本材料構成【リチウム系二次電池材料】コバルト系・ニッケル系・マンガン系・有機系正極材料／炭素系・合金系・その他非炭素系負極材料／イオン電池用電解液／ポリマー・無機固体電解質 他【新しい蓄電素子とその材料編】プロトン・ラジカル電池 他【海外の状況】
執筆者：山﨑信幸／荒井 創／櫻井庸司　他27名

### 水分解光触媒技術 -太陽光と水で水素を造る-
監修／荒川裕則
ISBN978-4-88231-963-4　　　　B842
A5判・260頁　本体3,600円＋税（〒380円）
初版2003年4月　普及版2008年2月

構成および内容：酸化チタン電極による水の光分解の発見／紫外光応答性一段光触媒による水分解の達成（炭酸塩添加法／Ta系酸化物へのドーパント効果 他）／紫外光応答性二段光触媒による水分解／可視光応答性光触媒による水分解の達成（レドックス媒体／色素増感光触媒）／太陽電池材料を利用した水の光電気化学的分解／海外での取り組み
執筆者：藤嶋 昭／佐藤真理／山下弘巳　他20名

### 機能性色素の技術
監修／中澄博行
ISBN978-4-88231-962-7　　　　B841
A5判・266頁　本体3,800円＋税（〒380円）
初版2003年3月　普及版2008年2月

構成および内容：【総論】計算化学による色素の分子設計 他【エレクトロニクス機能】新規フタロシアニン化合物 他【情報表示機能】有機EL材料 他【情報記録機能】インクジェットプリンタ用色素／フォトクロミズム 他【染色・捺染の最新技術】超臨界二酸化炭素流体を用いる合成繊維の染色 他【機能性フィルム】近赤外線吸収色素 他
執筆者：蛭田公広／谷口彬雄／雀部博之　他22名

### 電波吸収体の技術と応用 II
監修／橋本 修
ISBN978-4-88231-961-0　　　　B840
A5判・387頁　本体5,400円＋税（〒380円）
初版2003年3月　普及版2008年1月

構成および内容：【材料・設計編】狭帯域・広帯域・ミリ波電波吸収体【測定法編】材料定数／電波吸収量【材料編】ITS（弾性エポキシ・ITS用吸音電波吸収体 他）／電子部品（ノイズ抑制・高周波シート 他）／ビル・建材・電波暗室（透明電波吸収体 他）【応用編】インテリジェントビル／携帯電話など小型デジタル機器／ETC【市場編】市場動向
執筆者：宗 哲／栗原 弘／戸高嘉彦　他32名

### 光材料・デバイスの技術開発
編集／八百隆文
ISBN978-4-88231-960-3　　　　B839
A5判・240頁　本体3,400円＋税（〒380円）
初版2003年4月　普及版2008年1月

構成および内容：【ディスプレイ】プラズマディスプレイ 他【有機光・電子デバイス】有機EL素子／キャリア輸送材料 他【発光ダイオード(LED)】高効率発光メカニズム／白色LED 他【半導体レーザ】赤外半導体レーザ 他【新機能光デバイス】太陽光発電／光記録技術 他【環境調和型光・電子半導体】シリコン基板上の化合物半導体 他
執筆者：別井圭一／三上明義／金丸正剛　他10名

### プロセスケミストリーの展開
監修／日本プロセス化学会
ISBN978-4-88231-945-0　　　　B838
A5判・290頁　本体4,000円＋税（〒380円）
初版2003年1月　普及版2007年12月

構成および内容：【総論】有名反応のプロセス化学的評価 他【基礎的反応】触媒的不斉炭素－炭素結合形成反応／進化するBINAP化学 他【合成の自動化】ロボット合成／マイクロリアクター 他【工業的製造プロセス】7-ニトロインドール類の工業的製造法の開発／抗高血圧薬塩酸エホニジピン原薬の製造研究／ノスカール錠用固体分散体の工業化 他
執筆者：塩入孝之／富岡 清／左右田 茂　他28名

※書籍をご購入の際は、最寄りの書店にご注文いただくか、㈱シーエムシー出版のホームページ（http://www.cmcbooks.co.jp/）にてお申し込み下さい。